中国基础研究竞争力报告2024

中国科学院武汉文献情报中心
科技大数据湖北省重点实验室 ◎研发

钟永恒 刘 佳 王 辉 等◎著

China's Basic Research Competitiveness Report 2024

科学出版社

北京

内 容 简 介

本书基于国家自然科学基金、财政科学技术支出、学术论文、发明专利、基础研究创新平台、高端人才的相关数据，构建基础研究竞争力指数，对全球主要城市及中国各地区的基础研究竞争力展开分析。本书分为三大部分。第一部分是中国基础研究竞争力整体评价报告。该部分从基础研究投入和基础研究产出两个方面展开，并对其基本数据进行分析及可视化展示。第二部分是中国省域基础研究竞争力报告。该部分以各省级行政单元为研究对象，基于国家自然科学基金、财政科学技术支出、学术论文、发明专利、基础研究创新平台、高端人才的相关数据，对我国各地区的基础研究竞争力进行分析与排名；然后分别从优势学科分布及其重点研究方向、主要学科发文及影响力情况、基本科学指标数据库学科及机构分布、发明专利申请优势领域和优势机构等维度介绍具体情况，揭示各地区基础研究的现状。第三部分是国际主要城市基础研究竞争力报告。该部分以城市为研究对象，对全球主要城市的基础研究竞争力进行分析与排名；然后从世界一流大学、高被引科学家、国际奖励、学术论文等维度介绍主要城市的基础研究现状。

本书适合科研机构科研人员、科技管理部门管理者、科技服务部门工作者阅读和参考。

图书在版编目（CIP）数据

中国基础研究竞争力报告. 2024 / 钟永恒等著. -- 北京 ： 科学出版社，2025. 3. -- ISBN 978-7-03-081659-7

Ⅰ. G322

中国国家版本馆 CIP 数据核字第 2025LW6888 号

责任编辑：张　莉 / 责任校对：邹慧卿
责任印制：师艳茹 / 封面设计：有道文化

科 学 出 版 社 出版
北京东黄城根北街 16 号
邮政编码：100717
http://www.sciencep.com
北京九州迅驰传媒文化有限公司印刷
科学出版社发行　各地新华书店经销
*
2025 年 3 月第　一　版　　开本：787×1092　1/16
2025 年 3 月第一次印刷　　印张：14 1/2
字数：337 000
定价：98.00 元
（如有印装质量问题，我社负责调换）

《中国基础研究竞争力报告 2024》研究组

组　　长　钟永恒

副 组 长　刘　佳　王　辉

成　　员　孙　源　李贞贞　张萌萌　刘盼盼

　　　　　何慧丽　宋姗姗

研发单位　中国科学院武汉文献情报中心

　　　　　科技大数据湖北省重点实验室

基础研究是指以认识自然现象与自然规律为直接目的，而不是以社会实用为直接目的的研究，其成果多具有理论性，需要通过应用研究的环节才能转化为现实生产力。随着科技创新深入发展，基础研究中科学问题的复杂性、系统性越来越高，科学目标的导向性、计划性越来越强，科研活动的规模化、组织化程度越来越高，科研产出对经济社会的推动力、影响力越来越大①。基础研究既是知识生产的主要源泉和科技发展的先导与动力，同时也是一个国家或地区科技发展水平的标志，代表着一个国家或地区的科技实力。

作为整个科学体系的源头和所有技术问题的总机关，基础研究的重要性不言而喻。世界主要发达国家和地区不断强化基础研究战略部署，全球科技竞争不断向基础研究前移。党的十八大以来，我国高度重视基础研究。《党和国家机构改革方案》明确组建中央科技委员会，加强党中央对科技工作的集中统一领导，统筹推进国家创新体系建设和科技体制改革②。2024年10月25日，国务院常务会议审议通过《国家自然科学基金条例》，标志着国家自然科学基金将迎来17年来的首次重大调整。

各地区加大力度强化基础研究。比如，四川省科技厅印发《四川省基础学科研究中心建设工作指引》，全面启动基础学科研究中心建设工作。江苏省出台《江苏省加强基础研究行动方案》，实施"1820"基础研究策源行动，投入1.3亿元建设江苏省物理、应用数学、合成生物三大基础科学中心，面向战略性新材料、人工智能、原子制造、类脑科学等前沿领域实施104项基础研究重点项目，其中，以南京大学为主体的省物理科学研究中心获得5000万元经费支持。

基础研究财政投入持续增长。国家统计局数据显示，2024年，我国基础研究经费支出2497亿元，同比增长10.5%；占整体研发经费比重为6.91%，延续了逐年攀升的好势头。越来越多的企业等社会力量通过多种方式资助基础研究，积极支持创新人才培养和前沿科技发展。从奖励原创基础研究的"未来科学大奖"，到致力于前沿科技的民办新型研究型大学西湖大学；从腾讯发起成立支持青年基础研究的"科学探索奖"，到出资启动聚焦原始创新、鼓励

① 中共中国科学院党组. 筑牢高水平科技自立自强的根基[EB/OL]. http://www.qstheory.cn/dukan/qs/2023-08/01/c_1129776369.htm[2023-08-18].

② 中华人民共和国中央人民政府. 中共中央 国务院印发《党和国家机构改革方案》[EB/OL]. https://www.gov.cn/gongbao/content/2023/content_5748649.htm[2023-03-16].

自由探索、公益属性的"新基石研究员项目";再到阿里巴巴达摩院出资设立"青橙奖",奖励在信息技术、芯片、智能制造等基础研究领域取得突破的青年科学家。企业等社会力量积极参与资助基础研究,体现了勇攀科技高峰的社会共识[①]。

基础研究人才队伍建设持续加强。中共中央、国务院印发《国家"十四五"期间人才发展规划》和《关于进一步加强青年科技人才培养和使用的若干措施》,从科研支持、职业发展、生活保障、身心健康等方面做出专门部署,鼓励青年科技人才在国家重大科技任务中"挑大梁""当主角"。《求是》杂志发表习近平总书记重要文章《加强基础研究 实现高水平科技自立自强》[②],文章强调,"加强基础研究,归根结底要靠高水平人才""必须下气力打造体系化、高层次基础研究人才培养平台,让更多基础研究人才竞相涌现"。习近平总书记的重要论述为加强我国基础研究人才队伍建设提供了根本遵循。国家自然科学基金青年学生基础研究项目(本科生)于2023年启动,旨在支持具有科研潜力的本科生在基础研究领域开展创新性研究。首批试点高校包括清华大学、北京大学、复旦大学、南京大学、中国科学技术大学、浙江大学、上海交通大学和武汉大学。每个项目资助金额为10万元人民币,资助期限不超过2年。

基础研究为发展新质生产力提供科学支撑和创新源泉。发展新质生产力,就要从根本上强化基础研究,走好科技创新的"最先一公里",激发创新的源头活水,推动以"科学—技术—产业—经济"为范式的动力传导和能量传递,提高科技进步贡献率和全要素效率[③]。中国基础研究竞争力的评价及其评价策略研究受到学术界、管理界、企业界的持续关注。为了服务基础研究科技创新,中国科学院武汉文献情报中心中国产业智库大数据中心、科技大数据湖北省重点实验室长期跟踪监测世界发达国家和地区,以及我国各级政府科技创新、基础研究的发展态势、政策规划、创新平台、投入产出等数据信息,建成了基础研究大数据体系和知识服务系统,通过大数据分析和可视化呈现,反映先进国家和地区的基础研究发展轨迹,总结基础研究发展规律;客观评价全球重要城市及中国各地区、各机构的基础研究综合竞争力,明确各地区的基础研究优势学科方向和重点研究机构,辅助基础研究管理工作与政策制定。

《中国基础研究竞争力报告2024》作为中国科学院武汉文献情报中心中国产业智库大数据中心、科技大数据湖北省重点实验室持续发布的年度报告,基于国家自然科学基金、财政科学技术支出、学术论文、发明专利、基础研究创新平台、高端人才的相关数据,构建基础研究竞争力指数,对全球主要城市及中国各地区的基础研究竞争力展开分析。本书分为三部分。第一部分是中国基础研究竞争力整体评价报告。该部分从基础研究投入和基础研究产出两个方面展开,并对其基本数据进行分析及可视化展示。第二部分是中国省域基础研究竞争力报告。该部分以各省级行政单元(省、自治区、直辖市,以下简称各地区)为研究对象,对我国各地区的基础研究竞争力进行分析与排名;然后分别从优势学科分布及其重点研究方向、主要学科发文及影响力情况、基本科学指标(Essential Science Indicators,ESI)数据库

① 赵永新. 为基础研究注入更多"源头活水" [N]. 人民日报,2025-03-03(013).
② 习近平. 加强基础研究 实现高水平科技自立自强[J]. 求是,2023(15):4-9.
③ 国家自然科学基金委员会. 窦贤康:发展新质生产力的科学根基和动力源泉[EB/OL]. https://www.nsfc.gov.cn/publish/portal0/tab440/info92985.htm[2024-06-26].

学科及机构分布、发明专利申请优势领域和优势机构等维度介绍具体情况，揭示各地区基础研究的现状。第三部分是国际主要城市基础研究竞争力报告。该部分以城市为研究对象，对全球主要城市的基础研究竞争力进行分析与排名；然后从世界一流大学、高被引科学家、国际奖励、学术论文等维度介绍主要城市的基础研究现状。

钟永恒、刘佳、王辉、孙源、李贞贞、张萌萌参与了主要研究工作，以及本书的构思与结构设计。其中，钟永恒负责选题、指导写作和统稿；刘佳参与基础研究竞争力指数构建、初稿撰写和统稿；王辉参与基础研究竞争力指数构建和统稿；孙源参与全书数据的统计分析；李贞贞参与全书图表的可视化制作；张萌萌负责书稿数据收集、整理，参与统稿工作；刘盼盼、何慧丽、宋姗姗参与部分研究工作。

本书的完成得到了"以'用'为导向科技创新体系建设研究""'十五五'期间基础研究领域科学发展态势及研究需求预测""'十五五'基础研究重点方向和任务研究"等项目的资助。

基础研究涉及领域、学科众多，具有创新性和前瞻性，由于本书作者专业和水平所限，对诸多问题的理解难免不尽准确，如有不妥之处，请各位专家、读者提出宝贵意见和建议，以便进一步修改和完善。

中国科学院武汉文献情报中心
科技大数据湖北省重点实验室　　钟永恒
2024 年 12 月

目　录

图 目 录

表 目 录

第1章 导 论

1.1 研究目的与意义

基础研究是整个科学体系的源头，是所有技术问题的总机关。基础研究是指以认识自然现象与自然规律为直接目的，而不是以社会实用为直接目的的研究，其成果多具有理论性，需要通过应用研究的环节才能转化为现实生产力。随着科技创新深入发展，基础研究中科学问题的复杂性、系统性越来越高，科学目标的导向性、计划性越来越强，科研活动的规模化、组织化程度越来越高，科研产出对经济社会的推动力、影响力越来越大[1]。基础研究既是知识生产的主要源泉和科技发展的先导与动力，也是一个国家或地区科技发展水平的标志，代表着一个国家或地区的科技实力。

基础研究是科技创新的源头和先导，是实现高水平科技自立自强的根基和前提。基础研究是催生原始创新、推动创新体系整体效能提升的动力源泉，是培育新质生产力、激活发展新动能、推动高质量发展的关键保障。18世纪，热力学在理论上取得重大突破，促进了蒸汽机技术的发展和广泛应用，拉开了第一次产业革命的序幕，人类步入"蒸汽时代"。19世纪，随着电磁感应现象的发现，电力技术成为科技研究的重点，引发第二次产业革命，人类迈入"电气时代"。20世纪，相对论、量子力学、信息科学、天体物理学等基础理论的进步，使原子能、电子计算机和空间技术等得到广泛应用，人类走向"信息时代"。随着人工智能技术的成熟，21世纪人类步入"智能时代"。从科技革命发展的态势看，要抢抓科学革命发展机遇，必须从底层做起，推动原创性、颠覆性科技创新，实现基础研究与产业研发的底层耦合与深度联动、理论与技术的闭环反馈与快速迭代，为发展新质生产力开辟新领域新赛道，塑造新动能新优势[2]。

我国党和政府高度重视基础研究。2023年2月21日，二十届中共中央政治局进行第三次集体学习，内容是加强基础研究。习近平总书记发表重要讲话——《加强基础研究 实现高水平科技自立自强》，强调："加强基础研究，是实现高水平科技自立自强的迫切要求，是建设世界科技强国的必由之路。""要协同构建中国特色国家实验室体系，布局建设基础学科研究中心，加快建设基础研究特区，超前部署新型科研信息化基础平台，形成强大的基础研究骨干网络。"[3] 2024 年 2 月 21 日，习近平总书记在中共中央政治局第三次集体学习时发表重要讲话一周年之际，国家自然科学基金委员会（以下简称自然科学基金委）组织召开基础研究科学家座谈会，进一步深入学习贯彻习近平总书记重要讲话精神，畅谈新时代我国基础研究和人才培养取得的历史成就，研讨交流持续提升科学基金资助效能，加强高层次人才培养，推动基础研究高质量发展的思路举措。2024 年 5 月，国务院决定对《国家科学技术奖励条例》作出修改，将第三条修改为："国家科学技术奖应当坚持国家战略导向，与国家重大战略需要和中长期科技发展规划紧密结合。国家加大对自然科学基础研究和应用基础研究的奖励。"2024 年 7 月，《中共中央关于进一步全面深化改革 推进中国式现代化的决定》提出，加强有组织的基础研究，提高科技支出用于基础研究比重，完善竞争性支持和稳定支持相结合的基础研究投入机制，鼓励有条件的地方、企业、社会组织、个人支持基础研究，支持基础研究选题多样化，鼓励开展高风险、高价值基础研究。

我国基础研究经费总量随着全社会研发投入的增长连年攀升，原始创新能力显著增强。2022 年，我国基础研究经费首次突破 2000 亿元，2023 年达到 2212 亿元，占研发经费支出比重为 6.65%，连续 5 年保持 6% 以上。自然科学基金委 2024 年度部门预算显示，基础研究 2024 年预算数为 407.11 亿元，比 2023 年执行数增加 55.33 亿元，增长 15.73%。从总量上看，我国研发经费仅次于美国，位居世界第二。从结构上看，基础研究投入虽然逐年提高，但占整体研发经费的比重仍远低于主要发达国家 15%～25% 的水平，同期美国为 17.2%，法国则高达 25%。《中华人民共和国国民经济和社会发展第十四个五年规划和 2035 年远景目标纲要》中提出将基础研究经费投入占研发经费投入比重提高到 8% 以上。北京大学光华管理学院院长刘俏认为，如果我国基础研究投入未来能达到 15% 甚至更高，"我们将在提升全要素生产率上创造一种新的历史可能性"[4]。

2023 年，基础前沿方向重大原创成果持续涌现，基础研究整体实力显著增强。2023 年，我国全球创新指数（Global Innovation Index，GII）排名位居第 12，是前 30 名中唯一的中等收入经济体。2024 年 2 月 29 日，自然科学基金委发布了 2023 年度"中国科学十大进展"，分别为人工智能大模型为精准天气预报带来新突破、揭示人类基因组暗物质驱动衰老的机制、发现大脑"有形"生物钟的存在及其节律调控机制、农作物耐盐碱机制解析及应用、新方法实现单碱基到超大片段 DNA 精准操纵、揭示人类细胞 DNA 复制起始新机制、"拉索"发现史上最亮伽马暴的极窄喷流和十万亿电子伏特光子、玻色编码纠错延长量子比特寿命、揭示光感受调节血糖代谢机制、发现锂硫电池界面电荷存储聚集反应新机制。

世界已经进入大科学时代，国家重大科技基础设施是推动科技创新、突破关键核心技术的利器，是提升我国基础研究和应用研究水平、促进相关领域国际科技合作的重要支撑。当前，我国大科学装置建设进入了前所未有的快速发展期，现有的大科学装置"家族"已有 77 个成员，34 个建成运行，43 个处于建设或规划中，其中就包括中国天眼、正负电子对撞机、人造太阳等国之重器[5]。重大科技基础设施还有力支撑了国家创新高地建设的战略布局，北京怀柔、上海张江、安徽合肥、大湾区 4 个综合性国家科学中心主要依托重大科技基础设施集群建设。此外，加强国家实验室同全国重点实验室战略协同，形成中国特色国家实验室体系，是强化国家战略科技力量、提升国家创新体系整体效能的重要途径。国家实验室致力于打造成为突破型、引领型、平台型一体化的新型科研机构，按照"四个面向"（面向世界科技前沿、面向经济主战场、面向国家重大需求、面向人民生命健康）的要求，开展领域内战略性、前瞻性、基础性重大科学问题和关键核心技术研究。目前，北京中关村国家实验室、昌平国家实验室、怀柔国家实验室和上海张江实验室已经挂牌成立。同时，为打造"国家实验室预备队"，各省政府积极响应，省实验室在地方实践中应运而生。省实验室是各省面向国家战略目标和本省战略需求，围绕重大科学前沿、重要科技任务及关键核心技术突破而打造的科技创新平台。

基础研究和原始创新在中国式现代化征程中的作用愈加重要，任重道远。中国基础研究竞争力的评价及其评价策略研究受到学术界、管理界、企业界持续关注。《中国基础研究竞争力报告》的价值主要体现在以下四个方面。

一是长期跟踪国内外基础研究的发展态势、政策规划、投入产出等数据信息，建立起一套基础研究数据资源的标准管理系统，持续跟踪监测世界发达国家和地区及我国各级政府基础研究各项指标进展情况，形成基础研究大数据体系，通过大数据分析和可视化呈现，反映各地区基础研究发展轨迹，总结基础研究发展规律。

二是客观评价中国各地区基础研究综合竞争力，通过数据分析挖掘，凝练各地区基础研究优势学科方向和重点研究机构，辅助基础研究管理工作与政策制定。

三是为相关政府部门、相关高校与科研机构判断自身基础研究发展状况、制定政策和措施提供参考。

四是为相关政府部门、相关高校与科研机构有重点、有针对性地开展学科资助，完善学科布局结构，优化学科资源配置，推动学科高质量发展，争创更多一流学科提供参考。

1.2　研究内容

1.2.1　基础研究竞争力的内涵

基础研究竞争力概念由竞争力概念演变而来。竞争力一般意义上是指两个或两个以上竞争主体（国家、地区、企业、产品等）在竞争过程中所表现出来的相对优势、比较差距、吸引力与收益力的一种综合能力[6]。在国内外研究中，基础研究竞争力研究主要是从基础研究投入、基础研究队伍与基地建设、基础研究产出三个角度展开。基础研究投入一般包括基础研究经费投入和科技计划（专项、基金），其中，基础研究经费来源于国家财政投入、地方政府投入、企业投入、社会捐赠等；科技计划（专项、基金）包括国家自然科学基金、国家科技重大专项、国家重点研发计划、技术创新引导专项（基金）、基地人才专项。基础研究队伍包括从事基础研究的人员、高水平学者等；基础研究基地包括国家实验室、全国重点实验室、重大科学技术基础设施等。基础研究产出包括学术论文、专利、专著和科技奖励等。

　　笔者认为，基础研究竞争力主要是研究涉及基础研究的资源投入与成果产出的能力，具体体现在基础研究的科研经费投入、项目数量、队伍情况、基地数量、产出成果等方面。本书主要从国家自然科学基金、财政科学技术支出、学术论文、发明专利、基础研究创新平台、高端人才等角度研究中国省域基础研究竞争力，从世界一流大学、高被引科学家、国际奖励、学术论文等角度研究国际城市基础研究竞争力。

1.2.2　本书的框架结构

　　本书基于国家自然科学基金、财政科学技术支出、学术论文、发明专利、基础研究创新平台、高端人才的相关数据，构建基础研究竞争力指数，对全球主要城市及中国各地区的基础研究竞争力进行分析。本书主要分为三大部分。第一部分是中国基础研究竞争力整体评价报告。该部分从基础研究投入和基础研究产出两个方面展开，并对其基本数据进行分析及可视化展示。第二部分是中国省域基础研究竞争力报告。该部分以各省级行政单元为研究对象，基于国家自然科学基金、财政科学技术支出、学术论文、发明专利、基础研究创新平台、高端人才的相关数据，对我国各地区的基础研究竞争力进行评价分析与排名；然后分别从优势学科分布及其重点研究方向、主要学科发文及影响力情况、国家自然科学基金项目资助重点机构、基本科学指标数据库学科及机构分布、发明专利申请优势领域和优势机构等维度介绍具体情况，揭示各地区基础研究的现状。第三部分是国际主要城市基础研究竞争力报告。该部分以城市为研究对象，对全球主要城市的基础研究竞争力进行评价分析与排名；然后从世界一流大学、高被引科学家、国际奖励、学术论文等维度介绍主要城市的基础研究现状。

1.3　研究方法

1.3.1　主要分析指标

1.3.1.1　国家自然科学基金

　　1986年，为推动我国科技体制改革，变革科研经费拨款方式，国务院设立了国家自然科学基金，这是我国实施科教兴国战略和人才强国战略的一项重要举措。作为我国支持基础研究的主要渠道之一，国家自然科学基金有力地促进了我国基础研究持续、稳定和协调发展，已经成为我国国家创新体系的重要组成部分。

　　国家自然科学基金委员会主要分为九大学部：数学物理科学部、化学科学部、生命科学部、地球科学部、工程与材料科学部、信息科学部、管理科学部、医学科学部、交叉科学部。依据源于知识体系逻辑结构、促进知识与应用融通、突出学科交叉融合的原则，自然科学基金委按照基础科学、技术科学、生命与医学、交叉融合四个板块构筑资助布局，夯实学科发展基础，打破学科交叉壁垒，构建全面协调可持续发展的高质量学科体系。其中，基础科学板块主要由数学、力学、天文、物理、化学、地学等组成，着重面向世界科技前沿，强化基础科学发展，贡献人类知识体系，为各领域前沿技术创新培育先发优势。2024年，自然科学基金委根据基础研究发展的新形势和新要求，进一步优化分类申请与评审模式，将四类科学问题属性简化为"自由探索类基础研究"和"目标导向类基础研究"两类研究属性。"自由探索类基础研究"是指选题源于科研人员好奇心或创新性学术灵感，且不以满足现阶段应用需求为目的的原创性、前沿性基础研究；"目标导向类基础研究"是指以经济社会发展需要或国家需求为牵引的基础研究[7]。

本书重点关注自然科学基金委资助的面上项目、青年科学基金项目和地区科学基金项目。面上项目支持从事基础研究的科学技术人员在科学基金资助范围内自主选题，开展创新性的科学研究，促进各学科均衡、协调和可持续发展。青年科学基金项目支持青年科学技术人员在科学基金资助范围内自主选题，开展基础研究工作，培养青年科学技术人员独立主持科研项目、进行创新研究的能力，激励青年科学技术人员的创新思维，培养基础研究后继人才。地区科学基金项目支持隶属于内蒙古自治区、宁夏回族自治区、青海省、新疆维吾尔自治区、新疆生产建设兵团、西藏自治区、广西壮族自治区、海南省、贵州省、江西省、云南省、甘肃省、吉林省延边朝鲜族自治州、湖北省恩施土家族苗族自治州、湖南省湘西土家族苗族自治州、四川省凉山彝族自治州、四川省甘孜藏族自治州、四川省阿坝藏族羌族自治州、陕西省延安市和陕西省榆林市依托单位的全职科学技术人员在科学基金资助范围内开展创新性的科学研究，培养和扶植该地区的科学技术人员，稳定和凝聚优秀人才，为区域创新体系建设与经济、社会发展服务。

1.3.1.2　财政科学技术支出

财政经费投入是基础研究持续发展的重要前提和根本保障。财政科学技术支出是指为支持科技创新发展的政府财政资金投入，是国家科技进步、科技政策制定及战略布局的资金基础，科研院所、高校及企业是其主要的执行主体。财政科技支出管理是政府部门对一般公共预算中用于科技事业发展的部分所进行的决策、计划、组织、协调和监督活动的总称，包括科技经费拨付、经费预算、经费监管、绩效评价等内容。其目的是通过对财政科技资金的组织、协调和监督控制，引导科技资源的流向，使其更好地服务于科技活动[8]。

当前，我国科技战略规划对基础研究多元投入相关问题极为重视。2018 年，国务院发布《关于全面加强基础科学研究的若干意见》，提出"建立基础研究多元化投入机制"。2022 年开始施行的新修订的《中华人民共和国科学技术进步法》第 20 条提出："国家财政建立稳定支持基础研究的投入机制。国家鼓励有条件的地方人民政府结合本地区经济社会发展需要，合理确定基础研究财政投入，加强对基础研究的支持。国家引导企业加大基础研究投入，鼓励社会力量通过捐赠、设立基金等方式多渠道投入基础研究，给予财政、金融、税收等政策支持。"[9]这为新时期我国加强基础研究和完善投入机制指明了前进方向，提供了根本遵循。

1.3.1.3　学术论文

学术论文是对某个科学领域中的学术问题进行研究后表述科学研究成果的文章，具有学术性、科学性、创造性、学理性。SCI 论文是指美国科学引文索引（Science Citation Index，SCI）收录的论文，科学引文索引是由美国科学信息研究所（Institute for Scientific Information，

ISI) 1961 年创办的引文数据库，是国际公认的进行科学统计与科学评价的主要检索工具之一。科学引文索引以其独特的引证途径和综合全面的科学数据，通过统计大量的引文，得出某期刊某论文在某学科内的影响因子、被引频次、即时指数等量化指标，以此对期刊、论文等进行分析与排行。一般认为，被引频次高，说明该论文在其所研究的领域里产生了巨大的影响，被国际同行重视，学术水平高。学术论文是基础研究学术产出的代表性形式之一，而 SCI 论文主要来自自然科学基础研究领域，因此 SCI 相关指标常被应用于评价基础研究的成果产出及其影响力。

本书采用 8 个 SCI 论文相关指标：论文数、论文被引频次、篇均论文被引频次、高水平论文数、国际合作率、国际合作度、学科优势度、研究热点。

（1）论文数：指被 Web of Science 核心合集科学引文索引数据库（Science Citation Index Expanded，SCIE）收录，且文献类型为论文（article）、文献综述（review article）、网络首发（early access）、会议（meeting）、社论（editorial material）或书信（letter）的文献（以下简称 SCI 论文）数量。其中某省的论文数，是指某省作为第一作者地址的论文数；某机构的论文数，是指某机构作为第一作者所属机构的论文数。

（2）论文被引频次：指论文被来自 Web of Science 核心合集的论文引用的次数。

（3）篇均论文被引频次：指平均每篇 SCI 论文被来自 Web of Science 核心合集的论文引用的次数。

（4）高水平论文数：指发表在《自然》（*Nature*）、《科学》（*Science*）和《细胞》（*Cell*）（简称 NSC）等国际一流顶尖期刊主刊的研究论文数。

（5）国际合作率：指国际合作 SCI 论文数占全部 SCI 论文数的百分比，反映合作的广度。某省（自治区、直辖市）的国际合作论文数指该省（自治区、直辖市）学者与国外学者合作发表的 SCI 论文数。学科国际合作论文率指某学科的国际合作 SCI 论文数占该学科全部 SCI 论文数的百分比。计算方式为：（国际合作 SCI 论文数/全部 SCI 论文数）×100%。

（6）国际合作度：指平均与每个国家合作的 SCI 论文数，反映国际合作的深度。某省（自治区、直辖市）某学科国际合作度是指某省（自治区、直辖市）某学科平均与每个国家合作的 SCI 论文数。计算方式为：某省（自治区、直辖市）某学科全部国际合作 SCI 论文数/某省（自治区、直辖市）某学科全部 SCI 论文合作国家数。

（7）学科优势度：指某省（直辖市、自治区）某学科较其他学科的优势程度。计算方式为：［某学科某省（直辖市、自治区）论文数/某省（直辖市、自治区）所有学科平均论文数］×60%+［某学科某省（直辖市、自治区）篇均被引量/某省（直辖市、自治区）所有学科篇均被引量］×40%。

（8）研究热点：指某一时期内有内在联系、数量相对较多的一组文献共同探讨的科学问题或专题。论文的关键词表征了论文的研究主题，是对论文主题的高度概括和精炼，是规范化的语言。关键词频次的高低以及关键词两两共同出现在同一篇论文中的频次可以在一定程度上反映研究主题的热度和潜在关系。

本书中，学科分类体系按照 Web of Science 核心合集的细分学科分类体系，共包括 252 个学科类别。在此基础上，剔除历史与哲学、逻辑学、文学、体育学、科学教育等学科，剩余 170 个学科，作为本书的主要研究对象。

1.3.1.4　基本科学指标

ESI 是衡量科学研究绩效、跟踪科学发展趋势的评价工具。ESI 以 10 年为一个周期，对全球所有研究机构在近 11 年被 SCIE 和社会科学引文索引数据库（Social Sciences Citation Index，SSCI）收录的文献类型为 article 或 review 的论文进行统计，按总被引频次高低确定衡量研究绩效的阈值，每隔两月发布各学科世界排名前 1% 的研究机构榜单。被 SCIE、SSCI 收录的每种期刊对应一个学科，其中综合类期刊中的部分论文对应到其他学科[10]。

ESI 在以下方面进行了应用研究：①分析评价科学家、期刊、研究机构以及国家或地区在 22 个学科中的排名情况。②评价发现学科的研究热点和前沿研究成果。③评价高校的优势学科、提升潜势学科，以及学术竞争力的评价分析，为学科建设规划提供决策依据。④通过分析学科领域的热点论文，把握研究前沿。⑤分析某一学科的高被引论文及机构，寻求科研合作伙伴和调整科研研究方向。⑥评价某一学科在世界范围内的影响与竞争情况[11]。

本书采用 5 个 ESI 相关指标：ESI 学科、高被引论文数、热点论文数、国际合作论文数、学科规范化引文影响力。

（1）ESI 学科：某机构在某学科发表的论文总被引频次排列在全球该学科研究机构前 1% 时，该机构的该学科即进入 ESI，通常被称为 "ESI 学科"。

（2）高被引论文数：按照同一年同一个学科发表论文的被引频次由高到低进行排序，排在前 1% 的论文数量。

（3）热点论文数：按照同一年同一个学科发表论文的被引频次由高到低进行排序，排在前 1% 的论文数量。

（4）国际合作论文数：含一位或多位国际共同作者的论文数量。

（5）学科规范化引文影响力（Category Normalized Citation Impact，CNCI）：由科睿唯安（Clarivate Analytics）于 2021 年提出，是排除了学科领域、出版年、文献类型等因素的无偏指标，不仅可以用以实现跨学科论文学术影响力的比较，而且可以将论文与全球平均水平进行对比。如果 CNCI>1，说明该论文的学术表现超过了全球平均水平；反之则说明该论文的学术表现低于全球平均水平。计算方式如下：

$$\text{CNCI} = \frac{C}{e_{ftd}}$$

其中，C 表示论文实际被引次数，e 表示论文期望引用次数或基线数值，f、t、d 分别表示论文所属学科、出版年、文献类型。

1.3.1.5　发明专利

专利是由国家专利主管机关（国家知识产权局）授予申请人在一定期限内对其发明创造所享有的独占实施的专有权，我国现行《中华人民共和国专利法》（2020 年修正）中所指的专利包括发明、实用新型和外观设计。其中发明创造专利具备突出的实质性特点和显著的进步，具有较高的创造性、新颖性，发明创造专利的申请量和拥有量是衡量一个国家或地区科技水平高低的重要指标，可以从侧面反映一个国家或地区的创新能力、科技水平和市场化程度[12]。

本书选用 3 个发明专利指标：发明专利申请量、有效发明专利拥有量、专利合作条约（patent cooperation treaty，PCT）专利申请量。

（1）发明专利申请量：指某地区或某机构申请的发明专利数量。发明专利要经过实质审查，满足创造性、新颖性、实用性才能获得授权，相比实用新型和外观设计创新程度更高。

（2）有效发明专利拥有量：指某地区或某机构拥有的有效发明专利数量。有效专利指的是在法定保护期内按时缴纳年费的专利，相比失效、无效、放弃、撤回、权利被迫终止的专利质量更高。

（3）PCT 专利申请量：指地区或某机构申请的 PCT 专利数量。PCT 专利是指通过《专利合作条约》渠道提交的国际专利申请，可以用来衡量专利质量。

1.3.1.6 基础研究创新平台

创新平台是指由政府或某一组织牵头，通过政策支撑、投入引导，汇集具有科技关联性的多主体创新要素，形成规模的投资额度与条件设施，以开展关系到科技重大突破、长远发展、国家经济稳定需求的创新活动，以支撑行业和区域自主创新与科技进步的集成系统，是国家创新体系的重要组成部分。基础研究创新平台是当今企业、高校、科研院所进行基础研究的重要载体，根据国家国防、科技、经济、社会发展的需要，由政府投资建设，集成各类科技资源，开展以基础研究为主要科技活动的"科技创新基地"，代表性形式包括国家重大科学基础设施、实验室体系（国家实验室、全国重点实验室、企业全国重点实验室、地方重点实验室、国防安全实验室、特殊类型全国重点实验室等）、科学研究中心、野外科学观测站等[13]。

国家重大科技基础设施，有时也称大科学装置，是为探索未知世界、发现自然规律、引领技术变革提供极限研究手段的大型复杂科学技术研究装置或系统。作为国家创新体系的重要组成部分，重大科技基础设施是解决重点产业"卡脖子"问题、支撑关键核心技术攻关、保障经济社会发展和国家安全的物质技术基础，是抢占全球科技制高点、构筑竞争新优势的战略必争之地[14]。重大科技基础设施从规划设计到建设运作的整体过程都由国家主导，具有满足国家战略需求的内在性能；规模庞大、结构复杂，在运作实际中呈现包容开放性质；作为一种科研中介组织，具有将科学研究成果转为先进产业的功能职责[15]。

国家"十四五"规划中明确提出"以国家战略性需求为导向推进创新体系优化组合，加快构建以国家实验室为引领的战略科技力量。聚焦量子信息、光子与微纳电子、网络通信、人工智能、生物医药、现代能源系统等重大创新领域组建一批国家实验室，重组全国重点实验室，形成结构合理、运行高效的实验室体系"[16]。实验室体系在基础研究创新平台中得到高度重视。全国重点实验室是国家科技创新体系的重要组成部分，是国家组织高水平基础研究和应用基础研究、聚集和培养优秀科技人才、开展高水平学术交流、科研装备先进的重要基地，包含学科全国重点实验室、企业全国重点实验室、省部共建全国重点实验室等不同类型。其主要任务是针对学科发展前沿和国民经济、社会发展及国家安全的重要科技领域和方向，开展创新性研究。2018 年 6 月，《关于加强国家重点实验室建设发展的若干意见》提出"实验室经优化调整和新建，数量稳中有增，总量保持在 700 个左右"[17]。自 2018 年底开始，国家重点实验室推进重组，重组后改名为"全国重点实验室"。经不完全统计，目前已有超 300 个全国重点实验室获批或重组完成。

省实验室是新型举国体制下汇聚各类创新资源、打造国家战略科技力量的重要平台[18]。省实验室可以发挥地方政府积极性，探索自下而上的实验室建设路径，为组建国家实验室创造条件，以此为基础条件加快杰出科学家的培养。我国第一家省实验室诞生于浙江省，2017 年 9 月 6 日，由浙江省人民政府、浙江大学、阿里巴巴集团共同创建的之江实验室挂牌成立。此后，上海张江实验室、广州生物岛实验室等省实验室相继成立。2018 年 4 月，广东省首批 4 家省实验室举行揭牌仪式，省实验室由试点进入推广阶段。广东举全省之力，出台《广东省实验室建设管理办法（试行）》和《广东省实验室建设省级财政投入资金管理办法（试行）》，为省实验室建设提供有效的制度保障。随后，江苏、安徽、湖北、河南、山东、四川、天津、湖南等地竞相成立省实验室，一股省实验室建设热潮在全国掀起[19]。截至 2024 年 10 月，全国有 25 个省（自治区、直辖市）布局筹建的省实验室已有 120 余家。

省级重点实验室是由省级政府确认并支持建设的区域性科技创新平台，承担着科技创新、基础研究和为地方经济服务的任务。在地区科研事业发展过程中，省级重点实验室起到了重要作用，关系到地区能否获得足够科技人才和创新能力，从而影响地区科技现代化发展[20]。

本书重点关注基础研究创新平台中的国家重大科技基础设施、国家实验室、国家研究中心、全国重点实验室、省实验室和省级重点实验室情况。

1.3.1.7　高端人才

党的十八大以来，我国大力推进创新驱动发展战略和人才强国战略，把引进、培养和使用高端人才作为实现中华民族伟大复兴事业的重要举措。党的二十大报告指出，"教育、科技、人才是全面建设社会主义现代化国家的基础性、战略性支撑。必须坚持科技是第一生产力、人才是第一资源、创新是第一动力，深入实施科教兴国战略、人才强国战略、创新驱动发展战略，开辟发展新领域新赛道，不断塑造发展新动能新优势。"[21]高端人才是人才群体的引领者、科技创新的原动力、社会进步的推动者、经济发展的主力军，往往决定着国家和地区的核心竞争力[22]。笔者认为，高端人才是指对前沿科学研究、科技创新或某一领域发挥引领作用的科学家、研究人员以及其他具有潜力的创新创业人才，如院士、国家杰出青年科学基金获得者、优秀青年科学基金获得者，以及作为高端人才后备军的青年科学基金获得者、博士后等。

其中，院士是我国最具代表性的高端人才。院士是世界历史上国家科学院成员的学术荣誉称号，享有崇高的学术地位。在中国，院士通常是指中国科学院院士或中国工程院院士。中国科学院是中国自然科学最高学术机构，也是科学技术最高咨询机构、自然科学与高技术综合研究发展的机构；中国工程院是中国工程技术界最高学术机构，兼有荣誉性和咨询性。中国科学院于 1955 年建立了学部委员制，后于 1993 年将学部委员改称中国科学院院士，这是国家在科技领域设立的最高学术称号。中国工程院院士是中国工程科学技术方面的最高学术称号，于 1994 年 6 月设立。

自 2014 年开始，科睿唯安每年会通过 ESI 发布"高被引科学家"名单，遴选全球最具影响力的科研精英。2018 年，"高被引科学家"名单开始新增交叉学科领域。一般而言，高被引科学家是战略科技人才的代表，其发表的研究成果具有很强的原创性和颠覆性，可以被视为引领未来发展方向的重要科技力量[23]。因此，本书将入选 ESI "高被引科学家"名单的科学家作为高水平基础研究人才的对象。

1.3.1.8 科学奖励

科学奖励是有关科学共同体对特定科学发现成果的共识性学术认可评价，是反映科学发展重要突破、进展脉络和趋势的一扇窗口[24, 25]。由于国际科学奖项类型多样，综合考虑到各类奖项数据的可获取性、国际知名度及基础研究代表性，经过文献研究、专家咨询等，本书最终选择诺贝尔奖和菲尔兹奖作为基础研究领域的代表性科学奖励。诺贝尔奖是世界公认的自然科学领域最高荣誉奖，获奖人数已成为衡量一个国家原始创新能力和科技水平的重要指标[26]。菲尔兹奖由国际数学家联盟（International Mathematical Union，IMU）评定，被视为"数学界的诺贝尔奖"，由挪威政府设立，是数学界的最高荣誉之一。

1.3.1.9 世界一流大学

大学既是培养人才的摇篮，也是科技创新的重要阵地[27]。创新型大学在国家创新体系中占据重要地位，特别是在基础研究和知识创新方面发挥着不可替代的作用。因此，一个国家的创新型大学的数量和水平也是衡量其创新能力的重要方面[28]。当前国际公认的四大权威大学排名为《美国新闻与世界报道》（*U. S. News & World Report*）发布的全球最佳大学排名（简称 US News 世界大学排名）、英国《泰晤士高等教育》（*Times Higher Education*）发布的世界大学排名（简称 THE 世界大学排名）、英国国际教育市场咨询公司夸夸雷利·西蒙兹（Quacquarelli Symonds）发布的年度世界大学排名（简称 QS 世界大学排名）、上海交通大学高等教育研究院发布的世界大学学术排名（简称 ARWU）。其中 THE 世界大学排名偏重教学与研究影响力，因此本书以 THE 世界大学排名榜单作为评价世界一流大学的依据。

1.3.1.10 基础研究竞争力指数

本书从投入、产出和成长三个维度，构建基础研究竞争力指数（Basic Research Competitiveness Index，BRCI）。

（1）中国基础研究竞争力

投入（I）维度由财政科学技术支出经费（IU_1）、通过争取国家自然科学基金项目数（IU_2）、通过争取国家自然科学基金项目金额（IU_3）、截至 2022 年底拥有国家级基础研究创新平台数（IU_4）、截至 2022 年底拥有高端人才数（IU_5）组成。其中，国家级基础研究创新平台数（IU_4）=国家实验室数+国家研究中心数×0.8+国家重大基础设施数×0.5+全国重点实验室数×0.1。投入维度各指标无量纲化处理后，得到某地区投入指数计算公式为：$I_I=IU_1×6+IU_2×4+IU_3×4+IU_4×16+IU_5×10$。

产出（O）维度由发表 SCI 论文数（OU_1）、SCI 论文篇均被引频次（OU_2）、高水平论文数（OU_3）、发明专利申请量（OU_4）、有效发明专利拥有量（OU_5）、PCT 专利申请量（OU_6）组成。产出维度各指标无量纲化处理后，得到某地区产出指数计算公式为：

$O_i=OU_1\times8+OU_2\times8+OU_3\times12+OU_4\times6+OU_5\times8+OU_6\times8$。

成长（G）维度由争取国家自然科学基金项目数增长率（GU_1）、争取国家自然科学基金项目经费增长率（GU_2）、SCI 论文数增长率（GU_3）、有效发明专利拥有量增长率（GU_4）组成。成长维度各指标无量纲化处理后，得到某地区成长指数计算公式为：$G_i=GU_1+GU_2+GU_3\times5+GU_4\times3$。

根据投入指数、产出指数和成长指数，形成了中国基础研究竞争力指数，计算方法如下：

$$BRCI = I_i + O_i + G_i$$

式中，I_i 表示投入指数，O_i 表示产出指数，G_i 表示成长指数。

（2）国际城市基础研究竞争力

国际城市基础研究竞争力指数从投入、产出和成长三个维度构建。在具体指标选择上，侧重国际的横向比较，需要更加注重国际化的指标，如世界一流大学数、国际科学奖励数、高被引科学家数；减少仅适用于中国科技创新实际的指标，如中国科学院院士数、中国工程院院士数。

投入（I）维度由高被引科学家数（IU_1）、世界一流大学数（IU_2）组成。其中，世界一流大学数根据 THE 世界大学排名顺序设置不同的权重，权重设置方案如表 1-1 所示。投入维度各指标无量纲化处理后，得到某城市投入指数计算公式为：$I_i=IU_1\times15+IU_2\times15$。

表 1-1　世界一流大学数权重设置方案

排名顺序	权重
1～100	1.0
101～200	0.8
201～500	0.5
501～1000	0.2
1001～2000	0.1

产出（O）维度由获得国家奖励数（OU_1）、发表 SCI 论文数（OU_2）、SCI 论文篇均被引频次（OU_3）、高水平论文数（OU_4）组成。产出维度各指标无量纲化处理后，得到某城市产出指数计算公式为：$O_i=OU_1\times20+OU_2\times10+OU_3\times10+OU_4\times20$。

成长（G）维度由 SCI 论文数增长率（GU_1）测度。成长维度各指标无量纲化处理后，得到某城市成长指数计算公式为：$G_i=GU_1\times10$。

根据投入指数、产出指数和成长指数，形成了国际城市基础研究竞争力指数，计算方法如下：

$$BRCI = I_i + O_i + G_i$$

式中，I_i 表示投入指数，O_i 表示产出指数，G_i 表示成长指数。

在计算基础研究竞争力指数时，由于各指标的数量级和单位不同，如万元、比率、个、篇、件等，因此需要对指标值进行无量纲化处理，以消除指标间量纲的影响。本书采用正态分布的累计分布函数对基础研究竞争力指数中的数据无量纲化处理。

正态分布 $N(\mu, \sigma^2)$ 的分布函数为：

$$F(x) = \frac{1}{\sqrt{2\pi}\sigma} \int_{-\infty}^{x} e^{-\frac{(x-\mu)^2}{2\sigma^2}} \mathrm{d}x, \quad -\infty < x < +\infty$$

式中，x 为代入值，μ 为期望，σ 为方差。

采用正态分布累积分布函数，可以实现边际效益递减的预期。期望值取中位数或平均值，方差衡量数据的波动情况，两个参数可以根据实际数据进行动态调整。采用正态分布累积分布函数计算，可实现三个目的：一是量大的比量小的更优；二是控制得分边界；三是可根据实际数据情况进行动态调整。

由于基础研究竞争力指标原始数据均未通过正态性检验，因此本书中的数据采用 Box-Cox 广义幂变换方法，一定程度上能够减小不可观测的误差和预测变量的相关性，对基础研究竞争力指数的各组指标原始数据进行正态化处理。经过 Box-Cox 变换的各组指标数据均通过正态性检验，再利用正态分布的累计分布函数对变换后的指标数据无量纲化处理。指数计算过程涉及的指标数值均为无量纲化处理后的数值。

1.3.2　数据来源及分析工具

本书原始数据涵盖国家自然科学基金、财政科学技术支出、SCI 论文、ESI、发明专利、基础研究创新平台、人才队伍、学科分析等数据。其中，国家自然科学基金数据来自国家自然科学基金网络信息系统（ISIS 系统）和《国家自然科学基金委员会 2022 年度报告》，财政科学技术支出数据来自国家及各省（自治区、直辖市）统计局官方网站，SCI 论文数据来自科睿唯安旗下的 Web of Science 核心合集数据库，ESI 数据来自科睿唯安旗下的 ESI 指标数据库，发明专利数据来自北京合享智慧科技有限公司的 incoPat 数据库，基础研究创新平台数据来自科学技术部以及各省（自治区、直辖市）科技厅官方网站，人才队伍数据来自中国科学院、中国工程院、科学技术部、自然科学基金委等机构网站，学科分析数据来自科睿唯安旗下的 InCites 数据库。

数据获取时间为 2024 年 6 月 1 日～9 月 30 日。数据经中国产业智库大数据平台采集、清洗、整理和集成分析。

本章参考文献

[1] 中共中国科学院党组. 筑牢高水平科技自立自强的根基[EB/OL]. http://www.qstheory.cn/dukan/qs/2023-08/01/c_1129776369. htm[2023-08-18].

[2] 窦贤康. 以基础研究高质量发展支撑世界科技强国建设[J]. 中国党政干部论坛，2024（5）：5-10.

[3] 习近平. 加强基础研究 实现高水平科技自立自强[J]. 求是，2023（15）：4-9.

[4] 刘俏. 加大基础研究投入，助力高质量发展[EB/OL]. https://baijiahao.baidu.com/s?id=1759295658133743330&wfr=spider&for= pc[2023-08-18].

[5] 徐甘，文小琴，曾群. 共享的巨构：国家重大科技基础设施设计初探——以深圳光明科学城启动区项目为例[J]. 时代建筑，2024（3）：110-117.

[6] 姜爱林. 竞争力与国际竞争力的几个基本问题[J]. 经济纵横，2003（11）：48-53.

[7] 国家自然科学基金委员会. 2024 年度国家自然科学基金改革举措[EB/OL]. https://www.nsfc.gov.cn/publish/portal0/ tab1505/[2024-09-17].

[8] 张洁，倪慧群，郭志丹，等. 财政科技支出管理与绩效评价应用研究——基于广东省高校科研经费管理视角[J]. 会计之支，2019（17）：105-110.

[9] 新华社. 中华人民共和国科学技术进步法[EB/OL]. https://www.8ov.cn/xinwen/2021-12/25/content_5664471.htm[2023-08-28].

[10] 管翠中，范爱红，贺维平，等. 学术机构入围 ESI 前 1%学科时间的曲线拟合预测方法研究——以清华大学为例[J]. 图书情报工作，2016，60（22）：88-93.

[11] 颜惠，黄创. ESI 评价工具及其改进漫谈[J]. 情报理论与实践，2016，39（5）：101-104.

[12] 毕胜. 中国近五年专利申请现状及其原因分析[J]. 中国高新科技，2020（3）：43-44.

[13] 袁润松. 基础研究创新平台运行效率评价及其影响因素研究[D]. 长沙：中南大学，2010.

[14] 中华人民共和国国家发展和改革委员会. “十四五”规划《纲要》名词解释之 24|重大科技基础设施[EB/OL] [2021-12-24]. https://www.ndrc.gov.cn/fggz/fzzlgh/gjfzgh/202112/t20211224_1309273.html.

[15] 刘庆龄，曾立. 国家重大科技基础设施的功能性质与建设策略[J]. 科学管理研究，2023，41（2）：35-44.

[16] 中华人民共和国中央人民政府. 中华人民共和国国民经济和社会发展第十四个五年规划和 2035 年远景目标纲要[EB/OL]. http://www.gov.cn/xinwen/2021-03/13/content_5592681.htm[2021-03-13].

[17] 中华人民共和国中央人民政府. 关于加强国家重点实验室建设发展的若干意见[EB/OL] [2023-09-10]. https://www.gov.cn/zhengce/zhengceku/2018-12/31/content_5442073.htm.

[18] 何科方. 省实验室科技人才生态建构——以之江实验室的发展为例[J]. 科学学研究，2024，42（9）：1833-1842.

[19] 何科方. 我国省实验室的缘起与发展[J]. 科学管理研究，2023，41（6）：27-34.

[20] 吴娟，徐晓英. 省级重点实验室建设管理中存在的问题及对策建议[J]. 管理观察，2019（15）：112-113.

[21] 习近平. 高举中国特色社会主义伟大旗帜 为全面建设社会主义现代化国家而团结奋斗——在中国共产党第二十次全国代表大会上的报告[EB/OL]. https://www.gov.cn/xinwen/2022-10/25/content_5721685.htm[2024-07-27].

[22] 张波. 国内高端人才研究：理论视角与最新进展[J]. 科学学研究，2018，36（8）：1414-1420.

[23] 李兵，徐辉，车尧，等. 全球量子信息技术高水平基础研究人才分布特征与研究主题分析[J]. 中国科技资源导刊，2023，55（6）：39-48，71.

[24] 任晓亚，张志强. 基于国际权威科学奖励的科学发现规律研究述评[J]. 情报学报，2022，41（2）：202-216.

[25] 任晓亚，张志强. 主要科技领域国际权威奖项规律及其驱动因素分析[J]. 情报学报，2019，38（9）：881-893.

[26] 陈瑞飞，韩霞，韩学影，等. 政府资助科技人才成长路径研究：基于 21 世纪日本诺贝尔科学奖获得者的特征分析[J]. 科学管理研究，2023，41（3）：151-160.

[27] 中文期刊网. 加强高校基建项目全过程管理的探索[EB/OL]. http://www.baywatch.cn/guanlilunwen/xiangmuguanlilunwen/183086.html[2022-05-31].

[28] 赵蓉英，郭凤娇. 中国一流学科发展之质量[J]. 高教发展与评估，2016，32（3）：1-10，98-99.

第2章 中国基础研究综合分析

2.1 中国基础研究概况

2023 年，全国研究与试验发展（R&D）经费支出 33 357.1 亿元，比 2022 年（2574.2 亿元）增长 8.4%。研究与试验发展经费投入强度为 2.65%，比 2022 年提高 0.09 个百分点。按研究与试验发展人员全时工作量计算的人均经费为 46.1 万元。

按照活动类型看，全国基础研究经费 2259.1 亿元，比 2022 年增长 11.6%；应用研究经费 3661.5 亿元，比 2022 年增长 5.1%；试验发展经费 27 436.5 亿元，比 2022 年增长 8.5%。基础研究经费所占比重为 6.77%，比 2022 年提升 0.2 个百分点；应用研究和试验发展经费所占比重分别为 11.0%和 82.2%。

按照活动主体分布看，各类企业研究与试验发展经费 25 922.2 亿元，比 2022 年增长 8.6%；政府属研究机构经费 3856.3 亿元，比 2022 年增长 1.1%；高等学校经费 2753.3 亿元，比 2022 年增长 14.1%；其他主体经费 825.3 亿元，比 2022 年增长 21.8%。企业、政府属研究机构、高等学校经费所占比重分别为 77.7%、11.6%和 8.3%。

按照地区分布看，研究与试验发展经费投入超过千亿元的省（直辖市）有 12 个，分别为广东省（4802.6 亿元）、江苏省（4212.3 亿元）、北京市（2947.1 亿元）、浙江省（2640.2 亿元）、山东省（2386.0 亿元）、上海市（2049.6 亿元）、湖北省（1408.2 亿元）、四川省（1357.8 亿元）、湖南省（1283.9 亿元）、安徽省（1264.7 亿元）、河南省（1211.7 亿元）和福建省（1171.7 亿元）。研究与试验发展经费投入强度（与地区生产总值之比）超过全国平均水平的省（直辖市）有 7 个，依次为北京市（6.73%）、上海市（4.34%）、天津市（3.58%）、广东省（3.54%）、江苏省（3.29%）、浙江省（3.20%）和安徽省（2.69%）（表 2-1）。

表 2-1　2023 年各地区研究与试验发展经费情况

地区	研究与试验发展经费/亿元（全国排名）	R&D 经费投入强度/ %
全国	33 357.1	2.65
北京市	2 947.1（3）	6.73
上海市	2 049.6（6）	4.34
江苏省	4 212.3（2）	3.29
广东省	4 802.6（1）	3.54
浙江省	2 640.2（4）	3.20
湖北省	1 408.2（7）	2.52
山东省	2 386.0（5）	2.59
四川省	1 357.8（8）	2.26
安徽省	1 264.7（10）	2.69
陕西省	846.0（14）	2.50
湖南省	1 283.9（9）	2.57
辽宁省	676.4（16）	2.24
天津市	599.2（18）	3.58
黑龙江省	229.3（21）	1.44
河南省	1 211.7（11）	2.05
福建省	1 171.7（12）	2.16
吉林省	210.2（25）	1.55
重庆市	746.7（15）	2.48
甘肃省	156.2（26）	1.32
江西省	604.1（17）	1.88
云南省	346.7（19）	1.15
海南省	89.8（28）	1.19
河北省	912.1（13）	2.08
贵州省	211.4（24）	1.01
新疆维吾尔自治区	115.5（27）	0.6
广西壮族自治区	228.1（22）	0.84
山西省	298.2（20）	1.16
宁夏回族自治区	85.5（29）	1.61
内蒙古自治区	228.1（22）	0.93
青海省	30.3（30）	0.80
西藏自治区	7.2（31）	0.30

资料来源：科技大数据湖北省重点实验室根据《2023 年全国科技经费投入统计公报》整理

注：地区排序同基础研究竞争力指数排序

2023 年，美国科学引文索引收录的中国论文（根据第一作者署名的机构地址筛选）共773 209 篇，全球排名第 1 位，SCI 论文数五十强学科见表 2-2。中国 SCI 论文发文领先学科主要分布在多学科材料、电子与电气工程、环境科学、物理化学、应用物理学等。其中，多学科材料共发表 SCI 论文 93 424 篇，占全部 SCI 论文数的 12.08%；电子与电气工程共发表

SCI 论文 65 701 篇，占全部 SCI 论文数的 8.50%；环境科学共发表 SCI 论文 55 214 篇，占全部 SCI 论文数的 7.14%。

表 2-2　2023 年中国 SCI 论文数五十强学科

排名	学科	SCI 论文数/篇	排名	学科	SCI 论文数/篇
1	多学科材料	93 424	26	分析化学	15 104
2	电子与电气工程	65 701	27	光学	14 599
3	环境科学	55 214	28	神经科学	14 550
4	物理化学	51 913	29	多学科工程	14 534
5	应用物理学	51 642	30	生物技术与应用微生物学	13 917
6	多学科化学	50 844	31	绿色与可持续科技	13 295
7	能源与燃料	36 608	32	力学	13 015
8	化学工程	35 986	33	细胞生物学	12 763
9	纳米科学与技术	34 153	34	聚合物学	12 623
10	人工智能	32 172	35	实验医学	12 074
11	生物化学与分子生物学	28 954	36	应用化学	11 838
12	计算机信息系统	24 615	37	免疫学	11 133
13	土木工程	23 102	38	内科学	10 846
14	环境工程	22 799	39	环境与职业健康	10 784
15	凝聚态物理	22 392	40	应用数学	10 649
16	药学与药理学	21 102	41	自动控制	10 392
17	肿瘤学	20 293	42	影像科学	10 253
18	光学	20 181	43	遥感	10 207
19	冶金	19 962	44	建造技术	9 704
20	多学科	19 923	45	微生物学	9 572
21	机械工程	19 791	46	数学	9 399
22	食品科学	18 912	47	遗传学	9 105
23	仪器与仪表	18 905	48	外科学	8 991
24	分析化学	17 599	49	多学科物理学	8 669
25	多学科地球科学	17 359	50	计算机跨学科应用	8 477

资料来源：科技大数据湖北省重点实验室

2023 年，国家知识产权局授权国内外发明专利 920 797 件，与 2022 年同期相比，发明专利授权量增加 122 450 万件，同比上涨 15.34%，其中授权国内发明专利 819 234 件。国家知识产权局受理 PCT 国际专利申请 73 812 件，其中，中国申请人通过 PCT 途径提交国际专利申请 68 780 件[1]。发明专利申请量五十强技术领域及申请量如表 2-3 所示。中国发明专利技术领域分布显示，电子数字数据处理，数据处理系统或方法，材料的测试或分析，数字信息的传输，图像、视频识别或理解是研发活跃领域。

表 2-3　2023 年中国发明专利申请量五十强技术领域及申请量

排序	IPC 号	分类号含义	申请量/件
1	G06F	电子数字数据处理	159 578

续表

排序	IPC 号	分类号含义	申请量/件
2	G06Q	专门适用于行政、商业、金融、管理、监督或预测目的的数据处理系统或方法；其他类目不包含的专门适用于行政、商业、金融、管理、监督或预测目的的处理系统或方法	56 670
3	G01N	借助于测定材料的化学或物理性质来测试或分析材料	51 734
4	H04L	数字信息的传输，例如电报通信（电报和电话通信的公用设备入 H04M）	48 687
5	G06V	图像、视频识别或理解	36 963
6	G06T	图像数据处理	35 311
7	H01M	用于直接转变化学能为电能的方法或装置，例如电池组	27 682
8	H04W	无线通信网络（广播通信入 H04H；使用无线链路来进行非选择性通信的通信系统，如无线扩展入 H04M1/72）	24 989
9	A61K	医用、牙科用或梳妆用的配制品（专门适用于将药品制成特殊的物理或服用形式的装置或方法 A61J 3/00；空气除臭、消毒或灭菌，或者绷带、敷料、吸收垫或外科用品的化学方面，或材料的使用入 A61L；肥皂组合物入 C11D）	24 686
10	G01R	测量电变量；测量磁变量（指示谐振电路的正确调谐入 H03J3/12）	23 166
11	H01L	半导体器件；其他类目中不包括的电固体器件（使用半导体器件的测量入 G01；一般电阻器入 H01C；磁体、电感器、变压器入 H01F；一般电容器入 H01G；电解型器件入 H01G9/00；电池组、蓄电池入 H01M；波导管、谐振器或波导型线路入 H01P；线路连接器、汇流器入 H01R；受激发射器件入 H01S；机电谐振器入 H03H；扬声器、送话器、留声机拾音器或类似的声机电传感器入 H04R；一般电光源入 H05B；印刷电路、混合电路、电设备的外壳或结构零部件、电气元件的组件的制造入 H05K；在具有特殊应用的电路中使用的半导体器件见应用相关的小类）	21 058
12	H02J	供电或配电的电路装置或系统；电能存储系统	21 048
13	A61B	诊断；外科；鉴定（分析生物材料入 G01N，如 G01N 33/48）	19 396
14	C12N	微生物或酶；其组合物（杀生剂、害虫驱避剂或引诱剂，或含有微生物、病毒、微生物真菌、酶、发酵物的植物生长调节剂，或从微生物或动物材料产生或提取制得的物质入 A01N63/00；药品入 A61K；肥料入 C05F）；繁殖、保藏或维持微生物；变异或遗传工程；培养基（微生物学的试验介质入 C12Q1/00）	18 827
15	H04N	图像通信，如电视	18 236
16	B01D	分离（用湿法从固体中分离固体入 B03B、B03D，用风力跳汰机或摇床入 B03B，用其他干法入 B07；固体物料从固体物料或流体中的磁或静电分离，利用高压电场的分离入 B03C；离心机、涡旋装置入 B04B；旋膜装置入 B04C；用于从含液物料中挤出液体的压力机本身入 B30B 9/02）	17 878
17	C02F	水、废水、污水或污泥的处理（通过在物质中产生化学变化使有害的化学物质无害或降低危害的方法入 A62D 3/00；分离、沉淀箱或过滤设备入 B01D；有关处理水、废水或污水生产装置的水运容器的特殊设备，例如用于制备淡水入 B63J；为防止水的腐蚀用的添加物质入 C23F；放射性废液的处理入 G21F 9/04）	15 531
18	B01J	化学或物理方法，例如，催化作用或胶体化学；其有关设备	15 455
19	B23K	钎焊或脱焊；焊接；用钎焊或焊接方法包覆或镀敷；局部加热切割，如火焰切割；用激光束加工（用金属的挤压来制造金属包覆产品入 B21C 23/22；用铸造方法制造衬套或包覆层入 B22D 19/08；用浸入方式的铸造入 B22D 23/04；用烧结金属粉末制造复合层入 B22F 7/00；机床上的仿形加工或控制装置入 B23Q；不包含在其他类目中的包覆金属或金属包覆材料入 C23C；燃烧器入 F23D）	15 103
20	B65G	运输或贮存装置，例如装载或倾卸用输送机、车间输送机系统或气动管道输送机（包装用的入 B65B；搬运薄的或细丝状材料如纸张或细丝入 B65H；起重机入 B66C；便携式或可移动的举升或牵引器具，如升降机入 B66D；用于装载或卸载目的的升降货物的装置，如叉车，入 B66F9/00；不包括在其他类目中的瓶子、罐、罐头、木桶、桶或类似容器的排空入 B67C9/00；液体分配或转移入 B67D；将压缩的、液化的或固体化的气体灌入容器或从容器内排出入 F17C；流体用管道系统入 F17D）	14 958
21	B29C	塑料的成型或连接；塑性状态材料的成型，不包含在其他类目中的；已成型产品的后处理，例如修整（制作预型件入 B29B 11/00；通过将原本不相连接的层结合成为各层连在一起的产品来制造层状产品入 B32B 7/00 至 B32B 41/00）	14 143

续表

排序	IPC 号	分类号含义	申请量/件
22	G01M	机器或结构部件的静或动平衡的测试；其他类目中不包括的结构部件或设备的测试	13 337
23	G05B	一般的控制或调节系统；这种系统的功能单元；用于这种系统或单元的监视或测试装置（应用流体作用的一般流体压力执行器或系统入 F15B；阀门本身入 F16K；仅按机械特征区分的入 G05G；传感元件见相应小类，例如 G12B，G01、H01 的小类；校正单元见相应的小类，例如 H02K）	13 092
24	G01S	无线电定向；无线电导航；采用无线电波测距或测速；采用无线电波的反射或再辐射的定位或存在检测；采用其他波的类似装置	11 859
25	C04B	石灰；氧化镁；矿渣；水泥；其组合物，例如：砂浆、混凝土或类似的建筑材料；人造石；陶瓷（微晶玻璃陶瓷入 C03C 10/00）；耐火材料（难熔金属的合金入 C22C）；天然石的处理	11 218
26	C08L	高分子化合物的组合物（基于可聚合单体的组成成分入 C08F、C08G；人造丝或纤维入 D01F；织物处理的配方入 D06）	10 621
27	C07D	杂环化合物（高分子化合物入 C08）	10 615
28	F24F	空气调节；空气增湿；通风；空气流作为屏蔽的应用（从尘、烟产生区消除尘、烟入 B08B 15/00；从建筑物中排除废气的竖向管道入 E04F17/02；烟道末端入 F23L17/02）	10 596
29	H05K	印刷电路；电设备的外壳或结构零部件；电气元件组件的制造	10 237
30	G01B	长度、厚度或类似线性尺寸的计量；角度的计量；面积的计量；不规则的表面或轮廓的计量	9 790
31	G02B	光学元件、系统或仪器（G02F 优先；专用于照明装置或系统的光学元件入 F21V1/00 至 F21V13/00；测量仪器见 G01 类有关小类，例如，光学测距仪入 G01C；光学元件、系统或仪器的测试入 G01M11/00；眼镜入 G02C；摄影、放映或观看用的装置或设备入 G03B；声透镜入 G10K11/30；电子和离子"光学"入 H01J；X 射线"光学"入 H01J、H05G1/00；结构上与放电管相组合的光学元件入 H01J5/16，H01J29/89，H01J37/22；微波"光学"入 H01Q；光学元件与电视接收机的组合入 H04N5/72；彩色电视系统的光学系统或布置入 H04N9/00；特别适用于透明或反射区域的加热布置入 H05B3/84）	9 480
32	B24B	用于磨削或抛光的机床、装置或工艺（用电蚀入 B23H；磨料或有关喷射入 B24C；电解浸蚀或电解抛光入 C25F 3/00）；磨具磨损表面的修理或调节；磨削，抛光剂或研磨剂的进给	9 403
33	E02D	基础；挖方；填方（专用于水利工程的入 E02B）；地下或水下结构物	9 391
34	C12Q	包含酶、核酸或微生物的测定或检验方法（免疫检测入 G01N33/53）；其所用的组合物或试纸；这种组合物的制备方法；在微生物学方法或酶学方法中的条件反应控制	9 218
35	A01G	园艺；蔬菜、花卉、稻、果树、葡萄、啤酒花或海菜的栽培；林业；浇水（水果、蔬菜、啤酒花等类植物的采摘入 A01D46/00；繁殖单细胞藻类入 C12N1/12）	8 774
36	B23P	金属的其他加工；组合加工；万能机床（仿形加工或控制装置入 B23Q）	8 732
37	H04B	传输	8 647
38	E21B	土层或岩石的钻进（采矿、采石入 E21C；开凿立井、掘进平巷或隧洞入 E21D）；从井中开采油、气、水、可溶解或可熔化物质或矿物泥浆	8 642
39	G05D	控制非电变量	8 529
40	B25J	机械手；装有操纵装置的容器（单独采摘水果、蔬菜、啤酒花或类似作物的自动装置入 A01D 46/30；外科用的针头操纵器入 A61B 17/062；与滚轧机有关的机械手 B21B 39/20；与锻压机有关的机械手入 B21J 13/10；夹持轮子或其部件的装置入 B60B 30/00；起重机入 B66C；用于核反应堆中所用的燃料或其他材料的处理设备入 G21C 19/00；机械手与加有防辐射的小室或房间的组合结构入 G21F 7/06）	8 464
41	G01C	测量距离、水准或者方位；勘测；导航；陀螺仪；摄影测量学或视频测量学（液体水平面的测量入 G01F；无线电导航，通过利用无线电波的传播效应，例如多普勒效应，传播时间来测定距离或速度，利用其他波的类似装置入 G01S）	8 417
42	G16H	医疗保健信息学，即专门用于处置或处理医疗或健康数据的信息和通信技术	7 800
43	B08B	一般清洁；一般污垢的防除（刷子入 A46；家庭或类似清洁装置入 A47L；颗粒从液体或气体中分离入 B01D；固体分离入 B03，B07；一般对表面喷射或涂敷液体或其他流体材料入 B05；用于输送机的清洗装置入 B65G 45/10；对瓶子同时进行清洗、灌注和封装的入 B67C 7/00；一般腐蚀或积垢的防止入 C23；街道、永久性道路、海滨或陆地的清洗入 E01H；专门用于游泳池或仿海滨浴场浅水池或池子的部件、零件或辅助设备清洁的入 E04H 4/16；防止或清除静电荷入 H05F）	7 418

续表

排序	IPC 号	分类号含义	申请量/件
44	C07C	无环或碳环化合物（高分子化合物入 C08；有机化合物的电解或电泳生产入 C25B 3/00，C25B 7/00）	7 236
45	C07K	肽（含有 β-内酰胺的肽入 C07D；在分子中除了形成本身的肽环外不含有任何其他的肽键的环状二肽，如哌嗪-2，5-二酮入 C07D；环肽型麦角生物碱入 C07D 519/02；单细胞蛋白质、酶入 C12N；获得肽的基因工程方法入 C12N 15/00）	7 186
46	B21D	金属板或管、棒或型材的基本无切削加工或处理；冲压金属（线材的加工或处理入 B21F）	7 168
47	C22C	合金（合金的处理入 C21D、C22F）	7 051
48	G06N	基于特定计算模型的计算机系统	6 876
49	E04G	脚手架、模壳；模板；施工用工具或其他建筑辅助设备，或其应用；建筑材料的现场处理；原有建筑物的修理，拆除或其他工作	6 798
50	B60L	电动车辆动力装置	6 700

资料来源：科技大数据湖北省重点实验室

2.2　中国与全球主要国家和地区基础研究投入比较分析

2.2.1　中国和全球主要国家 R&D 经费投入比较

R&D 经费及其投入强度（研究与试验发展经费投入/国内生产总值）是以直观的量化方式比较各个国家或地区的基础研究资助强度差异，是国际上用于衡量一国或一个地区在科技创新方面努力程度的重要指标。

根据《全球创新指数 2024》，全球研究与试验发展经费投入强度排名前三位的国家分别是以色列、韩国、美国，投入强度分别为 6.0%、5.2%、3.6%，以色列、韩国、瑞典在 2019～2022 年四年间，在研究与试验发展经费投入强度方面始终保持全球前三的地位。2023 年，我国研究与试验发展经费投入强度继续保持为 2.4%，全球排名第 14 位（表 2-4），已达到中等发达国家水平。

表 2-4　2023 年全球研究与试验发展经费投入强度排名前二十的国家

国家	2019 年研究与试验发展经费投入强度（排名）	2020 年研究与试验发展经费投入强度（排名）	2021 年研究与试验发展经费投入强度（排名）	2022 年研究与试验发展经费投入强度（排名）	2023 年研究与试验发展经费投入强度（排名）
以色列	4.6%（1）	4.9%（1）	4.9%（1）	5.4%（1）	6.0%（1）
韩国	4.6%（1）	4.5%（2）	4.6%（2）	4.8%（2）	5.2%（2）
美国	2.8%（9）	2.8%（9）	3.1%（8）	3.5%（4）	3.6%（3）
比利时	2.6%（11）	2.8%（9）	2.9%（10）	3.5%（4）	3.4%（4）
瑞典	3.4%（3）	3.3%（3）	3.4%（3）	3.5%（3）	3.4%（4）
日本	3.2%（5）	3.3%（3）	3.2%（4）	3.3%（6）	3.4%（6）
瑞士	3.4%（3）	3.3%（3）	3.2%（6）	3.1%（8）	3.3%（7）
奥地利	3.2%（5）	3.2%（6）	3.2%（5）	3.2%（7）	3.2%（8）
德国	3.0%（8）	3.1%（7）	3.2%（6）	3.1%（8）	3.1%（9）
芬兰	2.8%（9）	2.8%（9）	2.8%（11）	2.9%（11）	3.0%（10）

续表

国家	2019 年研究与试验发展经费投入强度（排名）	2020 年研究与试验发展经费投入强度（排名）	2021 年研究与试验发展经费投入强度（排名）	2022 年研究与试验发展经费投入强度（排名）	2023 年研究与试验发展经费投入强度（排名）
英国	1.7%（21）	1.8%（21）	1.7%（22）	2.9%（11）	2.9%（11）
丹麦	3.1%（7）	3.1%（7）	2.9%（9）	3.0%（10）	2.9%（12）
冰岛	2.2%（12）	2.0%（16）	2.4%（12）	2.5%（12）	2.7%（13）
中国	2.1%（15）	2.2%（12）	2.2%（13）	2.4%（13）	2.4%（14）
荷兰	2.0%（17）	2.2%（12）	2.2%（15）	2.3%（15）	2.3%（15）
法国	2.2%（12）	2.2%（12）	2.2%（14）	2.4%（13）	2.2%（16）
新加坡	2.2%（12）	1.9%（17）	1.8%（19）	1.9%（19）	2.2%（17）
斯洛文尼亚	1.9%（18）	1.9%（17）	2.0%（17）	2.1%（17）	2.1%（18）
捷克共和国	1.8%（20）	1.9%（17）	1.9%（18）	2.0%（18）	2.0%（19）
爱沙尼亚	1.4%（25）	1.6%（22）	1.8%（21）	1.8%（22）	1.8%（20）

资料来源：科技大数据湖北省重点实验室根据《全球创新指数》（*Global Innovation Index*）整理

2.2.2 中国和全球主要国家 R&D 人员投入比较

每百万人口中的全职研发人员比例是反映国家创新能力的重要指标。根据《全球创新指数 2024》，2023 年，瑞典每百万人口中的全职研究人员数为 9929.2 人，全球排名第 1 位；韩国每百万人口中的全职研究人员数为 9467.2 人，全球排名第 2 位；丹麦每百万人口中的全职研究人员数为 8735.6 人，全球排名第 3 位。我国每百万人口中的全职研发人员数为 1702.9 人，全球排名第 43 位（表 2-5），较 2022 年上升了 5 位，仍有很大的发展空间。

表 2-5　2023 年中国和全球研究与试验发展人员投入人数排名前二十的国家（单位：人/百万人口）

国家	2019 年研究与试验发展人员投入人数（排名）	2020 年研究与试验发展人员投入人数（排名）	2021 年研究与试验发展人员投入人数（排名）	2022 年研究与试验发展人员投入人数（排名）	2023 年研究与试验发展人员投入人数（排名）
瑞典	7268.2（4）	7536.5（4）	7734.8（3）	7930.4（2）	9929.2（1）
韩国	7514.4（3）	7980.4（3）	8407.8（1）	8713.6（1）	9467.2（2）
丹麦	7923.2（2）	8065.9（2）	7739.4（2）	7692.2（3）	8735.6（3）
芬兰	6707.5（6）	6861.1（5）	7227.6（4）	7527.4（4）	8073.2（4）
新加坡	6729.7（5）	6802.5（6）	6821.1（5）	7287.3（5）	7488.4（5）
挪威	6407.5（7）	6466.7（7）	6673.7（6）	6699.1（6）	7351.5（6）
比利时	4905.5（14）	5023.3（16）	5425.4（12）	5750.1（11）	6963.9（7）
冰岛	6118.9（8）	6088.3（8）	6088.3（7）	6088.3（7）	6865.2（8）
奥地利	5439.8（9）	5733.1（9）	5868.6（8）	5751.6（10）	6669.2（9）
荷兰	5007.1（13）	5604.5（10）	5796.1（9）	5911.7（8）	6532.6（10）
瑞士	5257.4（11）	5450.5（12）	5450.5（11）	5552.2（12）	5999.4（11）
德国	5036.2（12）	5211.9（15）	5381.7（13）	5393.1（14）	5824.6（12）
葡萄牙	4350.5（20）	4537.6（21）	4905.6（18）	5214.8（15）	5744.3（13）
日本	5304.9（10）	5331.2（13）	5374.6（14）	5454.7（13）	5646.8（14）
爱尔兰	4288.6（21）	5243.1（14）	5282.4（15）	4769.1（20）	5505.3（15）

续表

国家	2019 年研究与试验发展人员投入人数（排名）	2020 年研究与试验发展人员投入人数（排名）	2021 年研究与试验发展人员投入人数（排名）	2022 年研究与试验发展人员投入人数（排名）	2023 年研究与试验发展人员投入人数（排名）
加拿大	4263.8（24）	4325.6（23）	4516.3（21）	4860.5（19）	5423.9（16）
斯洛文尼亚	4467.8（17）	4854.6（18）	5052.3（17）	4932.3（16）	5414.3（17）
法国	4441.1（18）	4715.3（19）	4687.2（20）	4926.2（17）	5085.8（18）
新西兰	4052.4（24）	5529.5（11）	5529.5（10）	5854.1（9）	5084.4（19）
美国	4256.3（23）	4412.4（23）	4408.2（22）	4829.1（19）	4932.3（20）
中国	1234.8（46）	1307.1（48）	1471.3（45）	1584.9（48）	1702.9（43）

资料来源：科技大数据湖北省重点实验室根据《全球创新指数》（Global Innovation Index）整理

2.3 中国与全球主要国家和地区基础研究产出比较分析

2.3.1 全球主要国家 SCI 论文产出比较

2023 年，中国 SCI 论文数 773 209 篇，排名世界第 1 位。SCI 论文数排名前十位的国家依次是中国、美国、印度、英国、德国、意大利、日本、俄罗斯、加拿大和韩国（表 2-6）。

表 2-6　2023 年 SCI 论文数世界二十强名单

排名	区域	2019 年 SCI 论文数（排名）	2020 年 SCI 论文数（排名）	2021 年 SCI 论文数（排名）	2022 年 SCI 论文数（排名）	2023 年 SCI 论文数（排名）
	全球	2 736 749	3 519 735	3 516 641	3 296 358	3 209 420
1	中国	561 098（2）	588 226（2）	662 907（1）	729 454（1）	773 209（1）
2	美国	665 938（1）	635 754（1）	610 000（2）	568 276（2）	560 425（2）
3	印度	134 742（5）	148 612（4）	160 088（3）	171 532（3）	164 136（3）
4	英国	171 365（3）	157 207（3）	159 628（4）	139 328（4）	136 075（4）
5	德国	138 714（4）	128 626（5）	134 848（5）	127 559（5）	120 302（5）
6	意大利	100 086（7）	106 713（6）	107 958（7）	102 999（7）	100 113（6）
7	日本	112 268（6）	105 873（7）	110 955（6）	103 606（6）	98 861（7）
8	俄罗斯	83 645（13）	75 500（14）	67 532（14）	60 220（14）	81 197（8）
9	加拿大	88 989（8）	85 370（9）	86 741（9）	80 143（9）	76 765（9）
10	韩国	77 856（13）	75 900（13）	80 164（11）	76 269（10）	74 971（10）
11	法国	81 402（12）	76 304（12）	77 506（13）	72 460（12）	68 332（11）
12	澳大利亚	84 168（10）	78 809（11）	80 850（10）	73 897（11）	67 975（12）
13	巴西	77 365（14）	80 723（10）	79 671（12）	68 957（13）	67 001（13）
14	俄罗斯	83 645（13）	75 500（14）	67 532（14）	60 220（14）	57 065（14）
15	土耳其	—	—	—	57 062（15）	56 977（15）
16	伊朗	58 888（15）	62 333（15）	61 571（15）	56 260（16）	51 495（16）
17	荷兰	46 562（16）	43 620（16）	45 161（16）	42 494（17）	40 926（17）
18	波兰	—	—	—		37 622（18）

续表

排名	区域	2019 年 SCI 论文数（排名）	2020 年 SCI 论文数（排名）	2021 年 SCI 论文数（排名）	2022 年 SCI 论文数（排名）	2023 年 SCI 论文数（排名）
19	瑞士	31 888（18）	29 944（18）	31 057（18）	29 470（19）	28 517（19）
20	沙特阿拉伯	17 261（35）	28 395（25）	17 261（35）（22）	28 395（25）（20）	28 395（20）

资料来源：科技大数据湖北省重点实验室

注：本表中统计的中国 SCI 论文数不包含港澳台地区的数据，国别按第一作者所在国家统计

2.3.2 全球主要国家专利产出比较

2023 年，中国经初步审查合格并公布的发明专利申请共 483.71 万件，稳居全球第一位，排列第 2 位、第 3 位、第 4 位的分别是美国、日本和韩国（表 2-7）。

表 2-7 2019～2023 年全球主要国家专利申请量

序号	区域	2019 年专利申请量/项	2020 年专利申请量/项	2021 年专利申请量/项	2022 年专利申请量/项	2023 年专利申请量/项
	全球	3 532 523	4 161 661	4 812 748	5 854 981	6 344 859
1	中国	2 782 236	3 470 210	4 518 193	4 579 869	4 837 050
2	美国	284 635	299 381	2 750 881	285 287	324 553
3	日本	210 831	204 658	198 920	112 272	137 432
4	韩国	154 086	166 409	167 317	88 323	116 238
5	印度	25 435	31 096	25 245	55 728	94 998
6	英国	172 929	169 852	83 696	78 129	76 989
7	土耳其	49 648	51 281	71 048	77 248	57 169
8	德国	64 405	63 784	60 538	54 360	54 447
9	俄罗斯	33 676	28 711	35 157	21 885	27 288
10	澳大利亚	17 560	22 207	19 404	19 045	22 215

资料来源：科技大数据湖北省重点实验室

注：本表中统计的专利申请量仅包含 incoPat 收录的专利申请量，不等于各国实际申请的专利数量。中国的数据不包括港澳台地区的相关数据

本章参考文献

[1] 国家知识产权局. 2023 年知识产权统计年报[EB/OL]. https://www.cnipa.gov.cn/tjxx/jianbao/year2023/indexy.html[2023-08-30].

第3章 中国省域基础研究竞争力报告

3.1 中国省域基础研究竞争力指数

采用中国基础研究竞争力指数计算方法，代入对应时间期限内财政科学技术支出、争取国家自然科学基金、基础研究创新平台建设、专利、论文、高端人才等数据，得出中国省域基础研究竞争力指数排行榜（图3-1）。

综合考虑各地区基础研究竞争力得分与排名情况，我国31个省（自治区、直辖市）的基础研究竞争力可分为5个梯队。

第一梯队包括北京市、上海市、江苏省和广东省。北京市的基础研究资源雄厚，其BRCI为88.9600，高于其他地区，基础研究综合竞争力最强，上海市、江苏省、广东省的BRCI大于80小于90，基础研究综合竞争力很强。

第二梯队包括浙江省、湖北省、山东省、四川省、安徽省和陕西省，其BRCI大于60小于80，基础研究综合竞争力较强。

第三梯队包括湖南省、辽宁省、天津市、黑龙江省、河南省和福建省，其BRCI大于50小于60，基础研究综合竞争力一般。

第四梯队包括吉林省、重庆市、甘肃省、江西省、云南省、海南省、河北省、贵州省、新疆维吾尔自治区、广西壮族自治区和山西省，其BRCI大于40小于50，基础研究综合竞争力较弱。

第五梯队包括宁夏回族自治区、内蒙古自治区、青海省和西藏自治区，其BRCI均小于40，基础研究综合竞争力很弱。

从我国31个省（自治区、直辖市）在基础研究投入、产出和成长三个维度的表现情况来看（表3-1和图3-2），基础研究投入指数高于全国平均水平的有11个地区，分别是北京市、上海市、江苏省、广东省、湖北省、浙江省、四川省、安徽省、陕西省、山东省、湖南省。

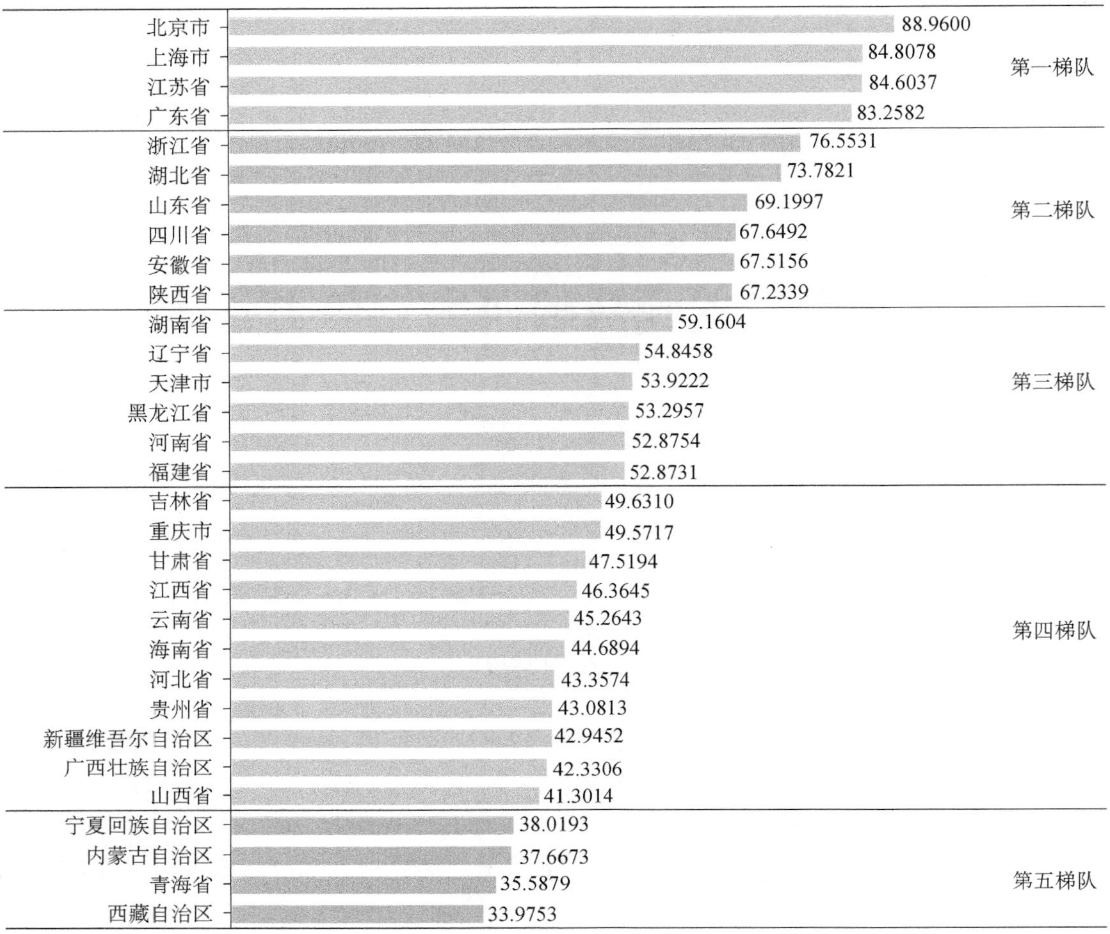

图 3-1　2023 年中国省域基础研究竞争力指数排名

资料来源：科技大数据湖北省重点实验室

基础研究产出指数高于全国平均水平的有 14 个地区，分别是北京市、江苏省、广东省、上海市、浙江省、湖北省、山东省、陕西省、安徽省、四川省、湖南省、福建省、辽宁省、天津市。基础研究成长指数高于全国平均水平的有 13 个地区，分别是海南省、吉林省、甘肃省、新疆维吾尔自治区、黑龙江省、四川省、陕西省、河南省、云南省、辽宁省、重庆市、湖南省、安徽省。总体来看，基础研究投入与产出密切相关，基础研究投入高的地区，产出水平也较高。

表 3-1　2023 年中国省域基础研究竞争力指数分析

地区	基础研究竞争力指数	投入指数（排名）	产出指数（排名）	成长指数（排名）
北京市	88.9600（1）	39.41（1）	45.91（1）	3.64（30）
上海市	84.8078（2）	37.98（2）	42.95（4）	3.88（29）
江苏省	84.6037（3）	34.91（3）	45.5（2）	4.2（28）
广东省	83.2582（4）	34.79（4）	44.22（3）	4.25（27）
浙江省	76.5531（5）	30.13（6）	41.64（5）	4.79（20）
湖北省	73.7821（6）	32.59（5）	36.86（6）	4.33（26）
山东省	69.1997（7）	27.83（10）	36.38（7）	4.99（15）

续表

地区	基础研究竞争力指数	投入指数（排名）	产出指数（排名）	成长指数（排名）
四川省	67.6492（8）	29.99（7）	31.4（10）	6.25（6）
安徽省	67.5156（9）	29.76（8）	32.61（9）	5.15（13）
陕西省	67.2339（10）	28.35（9）	32.7（8）	6.18（7）
湖南省	59.1604（11）	23.36（11）	30.59（11）	5.21（12）
辽宁省	54.8458（12）	21.54（13）	27.91（13）	5.39（10）
天津市	53.9222（13）	21.24（14）	27.78（14）	4.91（16）
黑龙江省	53.2957（14）	19.93（16）	26.82（15）	6.54（5）
河南省	52.8754（15）	22.35（12）	24.9（17）	5.63（8）
福建省	52.8731（16）	18.7（20）	29.44（12）	4.74（21）
吉林省	49.631（17）	18.04（23）	24.65（18）	6.94（2）
重庆市	49.5717（18）	19.14（18）	25.14（16）	5.29（11）
甘肃省	47.5194（19）	20.01（15）	20.74（22）	6.77（3）
江西省	46.3645（20）	19.49（17）	22.35（19）	4.53（23）
云南省	45.2643（21）	18.73（19）	21.11（21）	5.42（9）
海南省	44.6894（22）	17.52（24）	20.01（25）	7.15（1）
河北省	43.3574（23）	18.62（21）	20.32（24）	4.42（25）
贵州省	43.0813（24）	17.35（25）	21.22（20）	4.51（24）
新疆维吾尔自治区	42.9452（25）	18.15（22）	18.16（27）	6.63（4）
广西壮族自治区	42.3306（26）	17.17（26）	20.61（23）	4.56（22）
山西省	41.3014（27）	16.79（27）	19.64（26）	4.87（17）
宁夏回族自治区	38.0193（28）	15.32（30）	17.68（28）	5.02（14）
内蒙古自治区	37.6673（29）	15.94（28）	16.87（29）	4.86（18）
青海省	35.5879（30）	15.02（31）	15.77（30）	4.79（19）
西藏自治区	33.9753（31）	15.5（29）	15.6（31）	2.87（31）

资料来源：科技大数据湖北省重点实验室

注：地区排序同基础研究竞争力指数排序

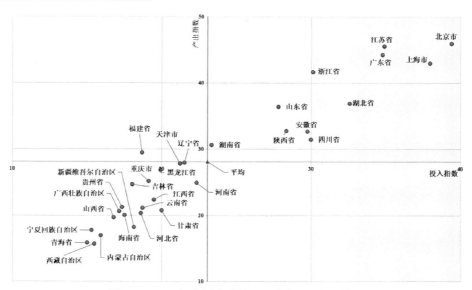

图 3-2　2023 年中国省域基础研究投入-产出情况

资料来源：科技大数据湖北省重点实验室

2017～2023 年，省域基础研究竞争激烈。北京市基础研究竞争力全国排名第一位，上海市、江苏省、广东省基础研究竞争异常激烈，排名起伏不定，但一直保持在全国排名前四位；浙江省从 2018 年开始进入前五强行列后一直保持该排名。湖北省自 2018 年开始一直保持第六位；四川省基础研究竞争力排名上升 1 位，位列第八；安徽省基础研究竞争力被反超，下降 1 位，位列第九（图 3-3）。

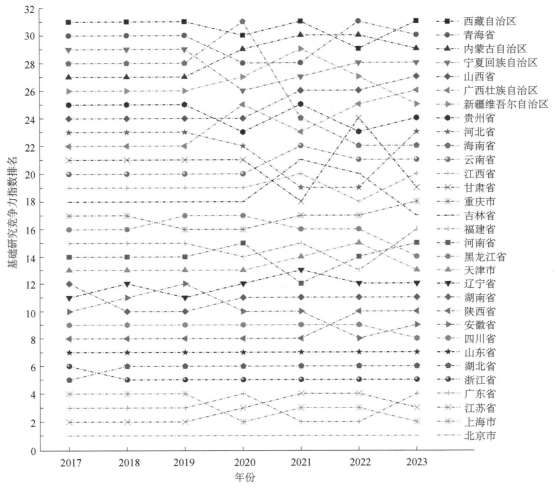

图 3-3　2017～2023 年中国省域基础研究竞争力指数排名变化趋势图

3.2　中国省域基础研究投入产出概况

3.2.1　科学技术支出经费

2023 年，全国一般公共预算支出中科学技术支出 10 566.82 亿元，比 2022 年增长 5.43%[1]。国家财政实际科学技术支出 11 995.8 亿元，比 2022 年增加 867.4 亿元，增长 7.8%[2]。2013～2023 年我国科学技术支出经费及增幅变化见图 3-4，2023 年我国各地区科学技术支出经费见表 3-2。

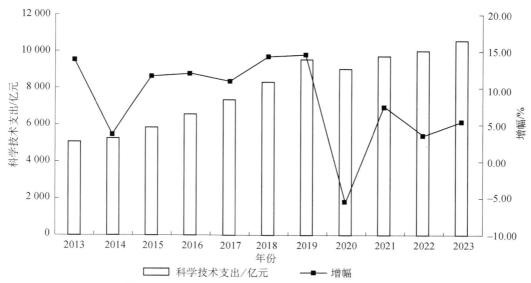

图 3-4　2013～2023 年我国科学技术支出经费变化情况

资料来源：科技大数据湖北省重点实验室根据政府公告整理

表 3-2　2023 年我国各地区科学技术支出经费一览

地区	科学技术支出经费/亿元（排名）	地区	科学技术支出经费/亿元（排名）
北京市	431.92（7）	吉林省	38.5（28）
上海市	528.1（5）	重庆市	102.54（17）
江苏省	761.46（3）	甘肃省	58.6（25）
广东省	971.35（1）	江西省	244.3（11）
浙江省	787.48（2）	云南省	61.33（24）
湖北省	397.84（8）	海南省	69.54（23）
山东省	322.7（9）	河北省	131.04（15）
四川省	244.12（12）	贵州省	80.56（19）
安徽省	535.34（4）	新疆维吾尔自治区	53.9（26）
陕西省	134.18（14）	广西壮族自治区	106.67（16）
湖南省	314.04（10）	山西省	84.14（18）
辽宁省	78.93（20）	宁夏回族自治区	28.06（29）
天津市	77.03（21）	内蒙古自治区	74.97（22）
黑龙江省	49.41（27）	青海省	11.86（30）
河南省	463.8（6）	西藏自治区	8.31（31）
福建省	146.92（13）		

资料来源：科技大数据湖北省重点实验室根据各地区政府公告整理

注：地区排序同基础研究竞争力指数排序

3.2.2　国家自然科学基金

2023 年，自然科学基金委共批准资助项目 5.25 万项，资助经费 318.79 亿元。全年资助面上项目、青年科学基金项目和地区科学基金项目共 46 627 项，批准经费合计 179.39 亿元，占批准经费总量的 56.27%。围绕"四个面向"部署战略性研究，启动实施"集成芯片前沿技术科学基础"等重大研究计划 3 项，资助重点项目 751 项，部署重大项目 53 项，资助国家重大科研仪器研制项目 67 项。持续扩大联合基金范围，江苏省、江西省和浙江省宁波市加入区域创新发展联合基金，目前已有 29 个省（自治区、直辖市）和 12 家中央企业分别加入区域/企业创新发展联合基金，与 9 个行业部门分别设立 10 个联合基金，全年共资助联合基金项目 1160 项。2023 年度协议期内吸引委外资金 29.40 亿元，相当于中央财政投入的 8.66%。接受北京小米公益基金会捐赠 1 亿元，实现科学基金接受社会捐赠零的突破。

其中，资助面上项目 20 321 项，直接费用 100.51 亿元，较 2022 年减少 151 项，降幅 0.74%，支持开展创新性的科学研究，促进学科均衡、协调和可持续发展；资助青年科学基金项目 22 768 项（不含港澳地区依托单位获资助项目），资助经费 67.67 亿元，较 2022 年增加 583 项，增幅 2.63%，支持青年科学技术人员独立开展基础研究工作，培育基础研究后继人才；资助地区科学基金项目 3538 项，直接费用 11.22 亿元，比 2022 年增加 17 项，增幅 0.48%，在特定地区培养和凝聚优秀基础研究人才，助力区域高质量发展[3]。

2023 年我国各地区国家自然科学基金数据见表 3-3。

表 3-3　2023 年我国各地区国家自然科学基金数据一览

地区	国家自然科学基金面上项目		国家自然科学基金青年科学基金项目		国家自然科学基金地区科学基金项目	
	项目数量/项（排名）	项目经费/万元（排名）	项目数量/项（排名）	项目经费/万元（排名）	项目数量/项（排名）	项目经费/万元（排名）
北京市	3 276（1）	162 015（1）	3 206（1）	93 300（1）	—	—
上海市	2 173（2）	106 852.5（2）	2 014（4）	59 730（4）	—	—
江苏省	2 114（3）	104 450（3）	2 319（3）	69 190（3）	—	—
广东省	2 085（4）	102 533.5（4）	2 339（2）	69 300（2）	—	—
浙江省	1 234（5）	61 021（5）	1 579（5）	47 120（5）	—	—
湖北省	1 090（7）	54 324.5（6）	1 190（8）	35 260（8）	12（14）	370.2（14）
山东省	1 094（6）	54 188（7）	1 275（6）	38 170（6）	—	—
四川省	955（8）	47 521.5（8）	1 053（9）	31 560（9）	6（16）	186（16）
安徽省	808（9）	39 896.5（9）	771（11）	23 020（11）	—	—
陕西省	766（10）	37 839.5（10）	1 201（7）	35 960（7）	38（11）	1 212.7（11）
湖南省	579（11）	28 653.5（11）	787（10）	23 530（10）	18（13）	567（13）
辽宁省	565（12）	27 978.5（12）	542（13）	16 190（13）	—	—
天津市	556（13）	27 474.5（13）	530（15）	15 840（15）	—	—
黑龙江省	468（14）	23 295.5（14）	414（17）	12 360（17）	—	—
河南省	465（15）	22 887.5（15）	725（12）	21 740（12）	—	—
福建省	422（16）	20 830（16）	421（16）	12 530（16）	—	—
吉林省	346（17）	17 197（17）	300（18）	9 000（18）	23（12）	734.2（12）
重庆市	334（18）	16 569.5（18）	538（14）	16 090（14）	—	—

续表

地区	国家自然科学基金面上项目		国家自然科学基金青年科学基金项目		国家自然科学基金地区科学基金项目	
	项目数量/项（排名）	项目经费/万元（排名）	项目数量/项（排名）	项目经费/万元（排名）	项目数量/项（排名）	项目经费/万元（排名）
甘肃省	199（19）	9 947（19）	184（22）	5 490（22）	284（6）	8 966.4（6）
江西省	169（20）	8 452（20）	207（21）	6 210（21）	758（1）	23 954.7（1）
云南省	147（21）	7 353（21）	172（23）	5 130（23）	488（3）	15 482.1（3）
海南省	139（22）	6 930（22）	123（24）	3 670（24）	236（7）	7 465.8（7）
河北省	103（23）	5 128.5（23）	231（20）	6 930（20）	—	—
贵州省	62（24）	3 101（24）	102（26）	3 040（26）	454（4）	14 435.2（4）
新疆维吾尔自治区	48（25）	2 391.5（25）	61（27）	1 830（27）	286（5）	9 155.1（5）
广西壮族自治区	45（26）	2 282（26）	112（25）	3 360（25）	535（2）	16 947.3（2）
山西省	34（27）	1 684（27）	275（19）	8 240（19）	—	—
宁夏回族自治区	25（28）	1 251（28）	34（29）	1 020（29）	121（9）	3 833.6（9）
内蒙古自治区	11（29）	563（29）	49（28）	1 470（28）	229（8）	7 260.7（8）
青海省	7（30）	346（30）	14（30）	420（30）	39（10）	1 240（10）
西藏自治区	2（31）	100（31）	0（31）	0（31）	11（15）	360（15）
总计	20 321	1005 057	22 768	676 700	3 538	112 171

资料来源：科技大数据湖北省重点实验室根据《国家自然科学基金委员会 2023 年度报告》整理

注：地区排序同基础研究竞争力指数排序

3.2.3　基础研究创新平台和高端人才

截至 2024 年 5 月，全国共有国家重大科技基础设施 104 个，国家实验室 15 个，国家研究中心 6 个，全国重点实验室 362 个。各地区的国家基础研究创新平台情况如表 3-4 所示。国家实验室和国家研究中心基本分布在北京市、广东省、上海市、湖北省等地区，具备发挥规模效应的基础。在地区分布方面，我国国家重点实验室有明显差异。东中部地区，尤其是北京市、上海市、江苏省、浙江省、山东省等地区的国家重点实验室数量普遍较多，学科型和企业型实验室实力雄厚；其中仅北京市就有 77 个；西部地区的国家重点实验室数量普遍偏少[4]。

截至 2024 年 9 月，全国共有两院院士 1785 人（不含港澳台地区院士、外籍院士与已故院士）。中国科学院院士总数为 836 人，其中数学物理学部 157 人，化学部 126 人，生命科学和医学部 150 人，地学部 142 人，信息技术科学部 110 人，技术科学部 151 人[5]。中国工程院院士总数为 949 人，其中，机械与运载工程学部 132 人，信息与电子工程学部 139 人，化工、冶金与材料工程学部 115 人，能源与矿业工程学部 125 人，土木、水利与建筑工程学部 106 人，环境与轻纺工程学部 74 人，农业学部 90 人，医药卫生学部 128 人，工程管理学部 65 人（其中跨学部院士 25 人）[6]。各地区拥有的高端人才如表 3-4 所示，从高端人才的工作单位所属地区来看，拥有高端人才数量前五位的地区是北京市、上海市、江苏省、陕西省、湖北省，其中北京市的人才集聚优势最为明显。

表 3-4　2023 年我国各地区国家基础研究创新平台、高端人才数据一览

地区	国家重大基础设施/个（排名）	国家实验室/个（排名）	国家研究中心/个（排名）	全国重点实验室/个（排名）	高端人才/人（排名）
北京市	23（1）	3（1）	3（1）	77（1）	807（1）
上海市	14（2）	3（1）	—	35（2）	174（2）
江苏省	5（7）	1（4）	—	35（2）	107（3）
广东省	12（3）	2（3）	—	15（8）	52（7）
浙江省	2（11）	1（4）	—	21（4）	59（6）
湖北省	9（5）	1（4）	1（2）	18（6）	64（5）
山东省	2（11）	1（4）	—	21（4）	37（12）
四川省	10（4）	1（4）	—	15（8）	52（7）
安徽省	9（5）	1（4）	1（2）	7（17）	38（11）
陕西省	3（8）	—	—	15（8）	77（4）
湖南省	—	—	—	11（13）	48（10）
辽宁省	—	—	1（2）	11（13）	52（7）
天津市	1（15）	—	—	17（7）	31（13）
黑龙江省	1（15）	—	—	12（12）	31（13）
河南省	—	—	—	13（11）	16（18）
福建省	—	—	—	2（21）	21（16）
吉林省	1（15）	—	—	2（21）	28（15）
重庆市	—	—	—	10（15）	12（19）
甘肃省	3（8）	—	—	9（16）	18（17）
江西省	—	—	—	3（19）	7（24）
云南省	2（11）	—	—	3（19）	12（19）
海南省	—	1（4）	—	1（24）	3（25）
河北省	2（11）	—	—	4（18）	9（22）
贵州省	1（15）	—	—	1（24）	3（25）
新疆维吾尔自治区	3（8）	—	—	1（24）	10（21）
广西壮族自治区	—	—	—	1（24）	2（28）
山西省	—	—	—	2（21）	8（23）
宁夏回族自治区	—	—	—	—	2（28）
内蒙古自治区	—	—	—	—	—
青海省	—	—	—	—	3（25）
西藏自治区	1（15）	—	—	—	2（28）

资料来源：科技大数据湖北省重点实验室

注：地区排序同基础研究竞争力指数排序

3.2.4　学术论文和专利

2023 年，全国发表 SCI 论文 86.37 万篇，篇均被引 4.32 次，高水平论文共 384 篇，进入相关学科的 ESI 全球前 1% 行列的机构有 861 个；发明专利申请共 151.14 万件。各地区 SCI 论文数及发明专利申请量见表 3-5。

表 3-5　2023 年我国各地区 SCI 论文、入选 ESI 机构及发明专利数据一览

地区	SCI 论文数/篇（排名）	SCI 论文篇均被引频次/次（排名）	高水平论文数/篇（排名）	入选 ESI 机构数/个（排名）	发明专利申请量/件（排名）
北京市	118 329（1）	4.16（16）	121（1）	184（1）	205 179（2）
上海市	63 015（3）	4.24（14）	52（2）	57（3）	97 066（5）
江苏省	86 649（2）	4.51（6）	32（3）	53（4）	191 877（3）
广东省	60 701（4）	4.37（10）	24（5）	78（2）	240 223（1）
浙江省	49 863（5）	4.34（11）	27（4）	38（7）	117 996（4）
湖北省	45 762（7）	4.68（3）	21（6）	51（5）	59 068（8）
山东省	47 107（6）	4.47（7）	8（12）	41（6）	96 906（6）
四川省	43 147（9）	4.13（18）	11（9）	30（10）	53 454（9）
安徽省	25 210（12）	4.21（15）	16（7）	21（13）	67 093（7）
陕西省	44 692（8）	4.61（5）	12（8）	30（9）	41 729（10）
湖南省	31 140（10）	4.92（1）	4（15）	21（12）	35 007（11）
辽宁省	29 739（11）	4.41（8）	6（14）	34（8）	25 496（16）
天津市	23 472（14）	4.67（4）	4（15）	21（13）	24 263（17）
黑龙江省	22 066（15）	4.8（2）	3（18）	15（18）	14 726（20）
河南省	23 987（13）	4.08（19）	1（22）	22（11）	30 637（13）
福建省	19 448（17）	4.32（12）	11（9）	19（15）	33 730（12）
吉林省	16 451（18）	4.39（9）	3（18）	17（16）	17 576（19）
重庆市	20 240（16）	4.31（13）	—	14（20）	30 517（14）
甘肃省	11 339（21）	4.03（20）	1（22）	10（23）	7 052（26）
江西省	11 908（20）	4.15（17）	—	17（16）	20 186（18）
云南省	10 563（23）	3.58（27）	10（11）	15（18）	12 493（21）
海南省	3 839（27）	3.95（21）	4（15）	5（28）	4 681（28）
河北省	12 699（19）	3.2（28）	2（20）	14（20）	28 929（15）
贵州省	7 804（25）	3.82（23）	7（13）	8（26）	11 954（23）
新疆维吾尔自治区	6 021（26）	3.6（26）	1（22）	9（25）	5 484（27）
广西壮族自治区	10 988（22）	3.91（22）	0（26）	13（22）	12 471（22）
山西省	9 947（24）	3.67（24）	2（20）	10（23）	11 387（24）
宁夏回族自治区	2 291（29）	3.67（25）	—	3（29）	3 518（29）
内蒙古自治区	3 814（28）	2.92（29）	1（22）	6（27）	8 248（25）
青海省	1 193（30）	2.43（30）	—	1（30）	1 790（30）
西藏自治区	290（31）	2.29（31）	—	1（30）	625（31）
合计	863 714	4.32	384	861	1 511 361

资料来源：科技大数据湖北省重点实验室

注：地区排序同基础研究竞争力指数排序

2023 年，发表 SCI 论文数量前五的地区是北京市、江苏省、上海市、广东省、浙江省，论文数分别为 118 329 篇、86 649 篇、63 015 篇、60 701 篇、49 863 篇。发明专利申请数量排名前五的地区是广东省、北京市、江苏省、浙江省、上海市，专利申请量分别为 240 223 件、205 179 件、191 877 件、117 996 件、97 066 件。

综合各地区SCI学科在2023年的发文数与篇均被引量，筛选出各地区基础研究较为活跃的SCI学科，即学科优势度在该地区排名前十位的SCI学科（表3-6），各地区基础研究优势学科及高频词详见"3.3 中国省域基础研究竞争力分析"部分。综合各地区SCI学科在2023年的发文数量和在全国范围内的排名位次，筛选出各地区在全国较为突出的SCI学科（表3-7）。突出学科具体筛选标准如下。一是，各地区论文数排名靠前的学科。二是，考虑到不同梯队地区论文数排名靠前的学科数量也不同，为进一步突出重点，按照不同梯队确定细分标准：①第一梯队，选择各地区论文数排名靠前的3个名次的学科，且每个学科的发表论文数在50篇及以上。考虑到北京市大多数学科的论文数均在全国领先，因此仅选择北京市排名第1位的学科，上海市、江苏省、广东省均选择论文数在全国排名第1位、第2位、第3位的学科。②第二梯队，选择各地区论文数排名靠前的5个名次的学科，且每个学科的发表论文数在30篇及以上。若存在特殊情况，例如浙江省无论文数排名第1位的学科，则选择其论文数排名第2位、第3位、第4位、第5位、第6位的学科，其他地区依次类推。③第三梯队，选择各地区论文数排名靠前的7个名次的学科，且每个学科的发表论文数在20篇及以上。④第四梯队，选择各地区论文数排名靠前的9个名次的学科，且每个学科的发表论文数在20篇及以上；若存在特殊情况，例如广西壮族自治区排名靠前的9个名次的学科，依次为排名第7位、第9位、第12位、第13位、第14位、第15位、第16位、第17位、第18位的学科，由于排名第7位、第9位、第12位学科的发表论文数均未达到20篇，故仅选择排名第13位、第14位、第15位、第16位、第17位、第18位的学科，其他地区依次类推。⑤第五梯队，选择各地区论文数排名靠前的11个名次的学科，且每个学科的发表论文数在20篇及以上。

表3-6 2023年各地区基础研究SCI优势学科

地区	本地区优势学科（优势度）
北京市	多学科材料（6.05）；电子与电气工程（5.26）；环境科学（4.78）；应用物理学（3.73）；多学科化学（3.63）；物理化学（3.53）；能源与燃料（3.33）；人工智能（2.96）；纳米科学与技术（2.93）；化学工程（2.75）
上海市	多学科材料（6.51）；电子与电气工程（4.37）；多学科化学（4.31）；物理化学（3.96）；应用物理学（3.76）；纳米科学与技术（3.47）；环境科学（3.18）；化学工程（2.73）；人工智能（2.72）；能源与燃料（2.6）
江苏省	多学科材料（6.53）；电子与电气工程（4.7）；环境科学（4.3）；物理化学（4.14）；多学科化学（4.02）；应用物理学（3.82）；化学工程（3.31）；纳米科学与技术（3.03）；能源与燃料（3.02）；环境工程（2.4）
广东省	多学科材料（6.08）；多学科化学（4.14）；环境科学（4.08）；电子与电气工程（4.02）；物理化学（3.83）；应用物理学（3.51）；纳米科学与技术（3.38）；生物化学与分子生物学（2.74）；人工智能（2.69）；肿瘤学（2.46）
浙江省	多学科材料（5.91）；电子与电气工程（4.28）；多学科化学（3.98）；环境科学（3.87）；物理化学（3.72）；应用物理学（3.63）；纳米科学与技术（3.07）；化学工程（2.87）；生物化学与分子生物学（2.64）；人工智能（2.58）
湖北省	多学科材料（6.56）；电子与电气工程（4.59）；环境科学（4.37）；物理化学（4）；多学科化学（3.89）；应用物理学（3.85）；能源与燃料（3.32）；纳米科学与技术（3.03）；化学工程（2.73）；人工智能（2.3）
山东省	多学科材料（6.25）；物理化学（4.65）；环境科学（4.57）；多学科化学（3.89）；电子与电气工程（3.7）；应用物理学（3.61）；化学工程（3.61）；能源与燃料（3.39）；纳米科学与技术（2.94）；环境工程（2.57）
四川省	多学科材料（6.09）；电子与电气工程（5.28）；物理化学（3.8）；应用物理学（3.74）；多学科化学（3.7）；环境科学（3.18）；化学工程（2.88）；纳米科学与技术（2.84）；能源与燃料（2.81）；人工智能（2.57）

地区	本地区优势学科（优势度）
安徽省	多学科材料（7.49）；电子与电气工程（6.52）；应用物理学（4.43）；物理化学（4.18）；环境科学（3.66）；多学科化学（3.42）；能源与燃料（3.41）；人工智能（3.04）；纳米科学与技术（2.93）；化学工程（2.77）
陕西省	多学科材料（7.25）；电子与电气工程（4.95）；应用物理学（4.58）；物理化学（4.56）；多学科化学（4.46）；环境科学（3.66）；纳米科学与技术（3.38）；人工智能（3.01）；能源与燃料（2.99）；化学工程（2.85）
湖南省	多学科材料（7.59）；电子与电气工程（4.72）；物理化学（4.07）；应用物理学（4.06）；环境科学（3.7）；多学科化学（3.52）；化学工程（3.05）；纳米科学与技术（2.81）；冶金（2.78）；土木工程（2.73）
辽宁省	多学科材料（8.17）；电子与电气工程（4.51）；物理化学（4.49）；冶金（3.77）；多学科化学（3.72）；应用物理学（3.61）；化学工程（3.5）；环境科学（3.07）；能源与燃料（2.92）；人工智能（2.78）
天津市	多学科材料（7.05）；物理化学（4.58）；多学科化学（4.35）；应用物理学（4.2）；环境科学（4.15）；电子与电气工程（3.69）；纳米科学与技术（3）；化学工程（2.75）；生物化学与分子生物学（2.62）；能源与燃料（2.53）
黑龙江省	多学科材料（7.53）；物理化学（5.2）；多学科化学（4.97）；电子与电气工程（4.46）；化学工程（4.44）；应用物理学（4.31）；环境科学（3.68）；能源与燃料（3.62）；纳米科学与技术（3.55）；环境工程（2.89）
河南省	多学科材料（6.78）；多学科化学（5.25）；物理化学（4.93）；环境科学（4.49）；应用物理学（4.01）；电子与电气工程（3.76）；纳米科学与技术（3.68）；化学工程（2.92）；能源与燃料（2.61）；环境工程（2.52）
福建省	多学科材料（7.31）；电子与电气工程（5.43）；应用物理学（4.04）；物理化学（3.86）；环境科学（3.61）；能源与燃料（3.26）；多学科化学（3.23）；化学工程（3.06）；纳米科学与技术（2.7）；土木工程（2.67）
吉林省	多学科材料（5.93）；电子与电气工程（5.37）；物理化学（3.5）；环境科学（3.45）；应用物理学（3.42）；多学科化学（3.06）；人工智能（3.06）；能源与燃料（2.9）；化学工程（2.79）；土木工程（2.74）
重庆市	多学科材料（7.83）；多学科化学（5.6）；物理化学（5.27）；应用物理学（5.02）；电子与电气工程（4.17）；纳米科学与技术（3.88）；环境科学（3.34）；光学（3.16）；化学工程（2.71）；能源与燃料（2.68）
甘肃省	多学科材料（6.58）；环境科学（5.8）；物理化学（4.31）；多学科化学（3.98）；应用物理学（3.82）；电子与电气工程（2.69）；化学工程（2.59）；纳米科学与技术（2.52）；多学科地球科学（2.51）；生物化学与分子生物学（2.48）
江西省	多学科材料（6.62）；环境科学（4.56）；物理化学（4.12）；植物学（4.09）；多学科化学（3.92）；化学工程（3.7）；应用物理学（3.57）；生物化学与分子生物学（3.05）；电子与电气工程（2.85）；能源与燃料（2.82）
云南省	多学科材料（6.5）；电子与电气工程（4.95）；应用物理学（3.98）；环境科学（3.79）；物理化学（3.61）；能源与燃料（3.25）；多学科化学（2.91）；化学工程（2.75）；生物化学与分子生物学（2.47）；冶金（2.32）
海南省	多学科材料（6.34）；物理化学（4.44）；多学科化学（4.05）；环境科学（3.82）；食品科学（3.43）；应用物理学（3.43）；化学工程（3.26）；电子与电气工程（3.04）；生物化学与分子生物学（2.9）；应用化学（2.46）
河北省	环境科学（5.28）；植物学（4.66）；生物化学与分子生物学（4.24）；多学科材料（4.1）；食品科学（3.92）；多学科化学（3.74）；应用化学（3.19）；物理化学（3.09）；电子与电气工程（2.75）；应用物理学（2.72）
贵州省	环境科学（6.63）；多学科材料（5.58）；多学科化学（4.17）；应用物理学（3.84）；物理化学（3.66）；植物学（3.55）；电子与电气工程（3.19）；化学工程（2.9）；能源与燃料（2.8）；绿色与可持续科技（2.31）
新疆维吾尔自治区	环境科学（5.28）；多学科材料（4.99）；多学科化学（4.32）；生物化学与分子生物学（3.75）；物理化学（3.49）；植物学（3.13）；食品科学（2.77）；药学与药理学（2.65）；能源与燃料（2.63）；化学工程（2.57）
广西壮族自治区	多学科材料（7.4）；电子与电气工程（4.27）；物理化学（4.27）；应用物理学（4.24）；环境科学（3.86）；多学科化学（3.66）；化学工程（2.88）；生物化学与分子生物学（2.77）；纳米科学与技术（2.73）；能源与燃料（2.69）

地区	本地区优势学科（优势度）
山西省	多学科材料（8.48）；物理化学（5.76）；化学工程（4.75）；应用物理学（4.47）；多学科化学（3.92）；能源与燃料（3.77）；电子与电气工程（3.36）；冶金（3.32）；环境科学（3.29）；纳米科学与技术（2.78）
宁夏回族自治区	多学科材料（6.82）；环境科学（5.33）；物理化学（4.32）；多学科化学（3.56）；应用物理学（3.45）；电子与电气工程（2.74）；能源与燃料（2.71）；植物学（2.62）；化学工程（2.51）；食品科学（2.43）
内蒙古自治区	多学科材料（5.9）；物理化学（4.85）；化学工程（4.05）；多学科化学（3.96）；环境科学（3.87）；生物化学与分子生物学（3.53）；能源与燃料（3.35）；应用物理学（3.04）；食品科学（2.22）；植物学（2.21）
青海省	多学科材料（5.23）；环境科学（4.85）；植物学（3.88）；物理化学（3.22）；多学科化学（2.54）；化学工程（2.46）；冶金（2.43）；应用物理学（2.39）；生物化学与分子生物学（2.3）；多学科地球科学（2.18）
西藏自治区	环境科学（6.83）；水资源（3.11）；微生物学（2.95）；多学科（2.41）；植物学（2.4）；环境工程（2.31）；多学科化学（2.26）；农艺学（1.94）；遗传学（1.91）；电子与电气工程（1.9）

资料来源：科技大数据湖北省重点实验室

注：地区排序同基础研究竞争力指数排序

表 3-7　2023 年我国各地区论文数排名在全国较为突出的 SCI 学科

地区	本地区论文数排名在全国较为突出的 SCI 学科（论文数，本地区各学科论文数的全国排名）
北京市	多学科材料（11 521，1）；电子与电气工程（10 383，1）；环境科学（9 056，1）；应用物理学（6 772，1）；多学科化学（6 117，1）；能源与燃料（5 825，1）；物理化学（5 805，1）；人工智能（5 532，1）；化学工程（4 502，1）；纳米科学与技术（4 497，1）；计算机信息系统（4 265，1）；多学科地球科学（3 929，1）；计算机科学理论与方法（3 247，1）；环境工程（3 123，1）；通信（2 981，1）；多学科（2 977，1）；凝聚态物理（2 788，1）；机械工程（2 777，1）；冶金（2 631，1）；仪器与仪表（2 571，1）；力学（2 551，1）；自动控制（2 525，1）；计算机跨学科应用（2 508，1）；光学（2 484，1）；绿色与可持续科技（2 324，1）；多学科工程（2 203，1）；遥感（2 203，1）；植物学（2 122，1）；影像科学（2 095，1）；神经科学（1 891，1）；热力学（1 869，1）；地球化学与地球物理学（1 671，1）；环境研究（1 621，1）；外科学（1 560，1）；水资源（1 551，1）；气象与大气科学（1 550，1）；软件工程（1 545，1）；多学科物理学（1 516，1）；内科学（1 507，1）；临床神经病学（1 493，1）；环境与职业健康（1 420，1）；放射医学与医学影像（1 419，1）；应用数学（1 411，1）；交通科学与技术（1 368，1）；计算机硬件与体系结构（1 246，1）；实验医学（1 186，1）；航空航天工程（1 158，1）；数学（1 152，1）；微生物学（1 137，1）；生物医学工程（1 107，1）；心血管系统（1 091，1）；天文学与天体物理（1 078，1）；农艺学（1 003，1）；营养与饮食（939，1）；内分泌与代谢病学（912，1）；工业工程（765，1）；遗传学（756，1）；流体与等离子体物理（723，1）；制造工程（692，1）；控制论（647，1）；精神病学（639，1）；生态学（633，1）；消化内科学与肝病学（624，1）；生物学（609，1）；原子、分子与化学物理学（597，1）；粒子与场物理（586，1）；矿物加工（574，1）；生物化学研究方法（571，1）；机器人学（561，1）；结合与补充医学（552，1）；血液学（547，1）；林业（542，1）；自然地理学（535，1）；石油工程（529，1）；土壤学（526，1）；骨科学（515，1）；核科学与技术（508，1）；矿物学（498，1）；周围血管病（494，1）；数学物理学（471，1）；概率与统计（450，1）；呼吸病学（444，1）；计算生物学（429，1）；儿科学（427，1）；传染病学（399，1）；口腔医学（391，1）；泌尿科学和肾脏病学（386，1）；地质学（382，1）；眼科学（381，1）；生物多样性保护（380，1）；生物物理（370，1）；光谱学（370，1）；风湿病学（343，1）；皮肤病学（340，1）；表征与测试材料（337，1）；声学（331，1）；病毒学（314，1）；乳品与动物学（286，1）；晶体学（277，1）；核物理学（274，1）；昆虫学（271，1）；动物学（233，1）；耳鼻喉科学（215，1）；地理学（166，1）；人体工程学（138，1）；医学检验技术（133，1）；真菌学（123，1）；麻醉学（122，1）；进化生物学（120，1）；神经成像（119，1）；量子科学与技术（118，1）；康复学（110，1）；危重症医学（104，1）；急诊医学（67，1）；听力学与语言病理学（64，1）；变态反应（61，1）
上海市	肿瘤学（2 382，1）；海事工程（484，1）；病理学（186，1）；寄生虫学（77，1）；热带医学（57，1）；计算机科学理论与方法（1 362，2）；细胞生物学（1 275，2）；实验医学（1 123，2）；生物医学工程（1 093，2）；放射医学与医学影像（1 060，2）；临床神经病学（657，2）；生物材料（619，2）；消化内科学与肝病学（607，2）；海洋学（586，2）；计算机硬件与体系结构（565，2）；心血管系统（526，2）；有机化学（504，2）；海洋工程（465，2）；生物学（398，2）；儿科学（340，2）；交通（314，2）；计算生物学（304，2）；骨科学（303，2）；概率与统计（299，2）；纺织材料（295，2）；机器人学（271，2）；周围血管病（262，2）；皮肤病学（261，2）；生殖生物学（149，2）；耳鼻喉科学（134，2）；核物理学（129，2）；细胞与组织工程（123，2）；康复学（105，2）；发育生物学（89，2）；人体工程学（79，2）；危重症医学（71，2）；神经成像（61，2）；多学科材料（6 485，3）；多学科化学（3 938，3）；物理化学（3 542，3）；应用物理学（3 518，3）；纳米科学与技术（2 952，3）；人工智能（2 603，3）；土木工程（1 934，3）；光学（1 812，3）；凝聚态物理（1 615，3）；多学科（1 530，3）；计算机跨学科应用（1 269，3）；神经科学（1 151，3）；外科学（1 048，3）；建造技术（968，3）；生物技术与应用微生物学（921，3）；软件工程（695，3）；交通

地区	本地区论文数排名在全国较为突出的SCI学科（论文数，本地区各学科论文数的全国排名）
上海市	科学与技术（651，3）；内分泌与代谢病学（650，3）；制造工程（501，3）；工业工程（464，3）；生物化学研究方法（395，3）；跨学科应用数学（391，3）；呼吸病学（378，3）；眼科学（353，3）；复合材料（341，3）；控制论（310，3）；传染病学（280，3）；天文学与天体物理（279，3）；妇产科学（277，3）；核科学与技术（255，3）；泌尿科学和肾脏病学（234，3）；口腔医学（225，3）；声学（218，3）；粒子与场物理（157，3）；风湿病学（141，3）；量子科学与技术（51，3）
江苏省	生物化学与分子生物学（3 018，1）；土木工程（2 993，1）；食品科学（2 813，1）；应用化学（2 188，1）；药学与药理学（2 096，1）；分析化学（1 870，1）；聚合物学（1 700，1）；建造技术（1 628，1）；生物技术与应用微生物学（1 406，1）；电化学（875，1）；有机化学（834，1）；药物化学（745，1）；跨学科应用数学（733，1）；涂层与薄膜材料（695，1）；生物材料（636，1）；地质工程（604，1）；无机与核化学（599，1）；跨学科农业科学（569，1）；毒理学（522，1）；复合材料（462，1）；农业工程（439，1）；纺织材料（340，1）；园艺（267，1）；生理学（262，1）；纸质和木质材料（202，1）；护理学（191，1）；古生物学（155，1）；多学科材料（9 382，2）；电子与电气工程（6 899，2）；环境科学（6 046，2）；物理化学（5 387，2）；多学科化学（5 313，2）；应用物理学（5 212，2）；化学工程（4 186，2）；能源与燃料（3 852，2）；纳米科学与技术（3 607，2）；人工智能（2 628，2）；环境工程（2 512，2）；凝聚态物理（2 329，2）；计算机信息系统（2 304，2）；仪器与仪表（1 917，2）；力学（1 912，2）；通信（1 883，2）；光学（1 840，2）；绿色与可持续科技（1 781，2）；自动控制（1 772，2）；多学科地球科学（1 732，2）；多学科工程（1 726，2）；植物学（1 694，2）；多学科（1 686，2）；计算机跨学科应用（1 333，2）；热力学（1 317，2）；水资源（1 315，2）；应用数学（1 266，2）；环境研究（1 142，2）；影像科学（1 022，2）；数学（999，2）；气象与大气科学（999，2）；微生物学（955，2）；软件工程（921，2）；多学科物理学（919，2）；农艺学（905，2）；营养与饮食（900，2）；交通科学与技术（799，2）；环境与职业健康（754，2）；内分泌与代谢病学（675，2）；制造工程（547，2）；工业工程（532，2）；原子、分子与化学物理学（461，2）；生物化学研究方法（400，2）；数学物理学（382，2）；天文学与天体物理（368，2）；生物物理（367，2）；血液学（360，2）；生态学（352，2）；控制论（348，2）；林业（339，2）；表征与测试材料（307，2）；兽医学（307，2）；声学（292，2）；乳品与动物学（271，2）；矿物加工（258，2）；昆虫学（240，2）；晶体学（228，2）；动物学（223，2）；光谱学（218，2）；粒子与场物理（172，2）；生物多样性保护（165，2）；地理学（115，2）；地质学（106，2）；量子科学与技术（73，2）；湖沼生物学（61，2）；冶金（1 626，3）；计算机科学理论与方法（1 313，3）；免疫学（1 088，3）；遥感（1 064，3）；遗传学（700，3）；航空航天工程（605，3）；计算机硬件与体系结构（555，3）；海洋工程（412，3）；精神病学（388，3）；结合与补充医学（356，3）；土壤学（355，3）；流体与等离子体物理（312，3）；自然地理学（281，3）；交通（266，3）；概率与统计（260，3）；计算生物学（259，3）；周围血管病（254，3）；人体工程学（71，3）；危重症医学（70，3）；寄生虫学（61，3）；器官移植（60，3）；进化生物学（58，3）
广东省	细胞生物学（1 283，1）；免疫学（1 219，1）；渔业（393，1）；妇产科学（360，1）；兽医学（360，1）；生殖生物学（170，1）；细胞与组织工程（141，1）；器官移植（108，1）；发育生物学（101，1）；肿瘤学（2 315，2）；神经科学（1 194，2）；遗传学（722，2）；药物化学（709，2）；水生生物学（569，2）；精神病学（448，2）；毒理学（413，2）；呼吸病学（400，2）；眼科学（376，2）；结合与补充医学（371，2）；传染病学（321，2）；泌尿科学和肾脏病学（292，2）；病毒学（253，2）；护理学（187，2）；风湿病学（147，2）；地理学（115，2）；医学检验技术（100，2）；进化生物学（72，2）；变态反应（56，2）；环境科学（3 805，3）；生物化学与分子生物学（2 485，3）；药学与药理学（1 939，3）；环境工程（1 687，3）；计算机信息系统（1 658，3）；食品科学（1 515，3）；应用化学（1 245，3）；植物学（1 194，3）；实验医学（1 042，3）；放射医学与医学影像（1 010，3）；生物医学工程（956，3）；内科学（942，3）；微生物学（913，3）；数学（719，3）；环境与职业健康（687，3）；营养与饮食（634，3）；生物材料（577，3）；消化内科学与肝病学（529，3）；气象与大气科学（484，3）；心血管系统（455，3）；生物学（365，3）；生物物理（341，3）；血液学（337，3）；儿科学（277，3）；跨学科农业科学（265，3）；生态学（250，3）；动物学（202，3）；病理学（155，3）；昆虫学（153，3）；生物多样性保护（151，3）；耳鼻喉科学（100，3）；康复学（87，3）；麻醉学（70，3）；真菌学（62，3）；湖沼生物学（57，3）；神经成像（55，3）
浙江省	内科学（1 005，2）；急诊医学（47，2）；解剖学（34，2）；有机化学（481，3）；水生生物学（391，3）；毒理学（369，3）；渔业（298，3）；机器人学（257，3）；生理学（227，3）；纺织材料（198，3）；皮肤病学（194，3）；医学检验技术（99，3）；药学与药理学（1 733，4）；食品科学（1 320，4）；分析化学（1 034，4）；植物学（927，4）；微生物学（630，4）；营养与饮食（559，4）；传染病学（275，4）；儿科学（263，4）；眼科学（217，4）；病理学（138，4）；园艺（134，4）；耳鼻喉科学（81，4）；人体工程学（67，4）；危重症医学（66，4）；真菌学（53，4）；热带医学（31，4）；多学科化学（2 833，5）；纳米科学与技术（1 948，5）；生物化学与分子生物学（1 939，5）；计算机信息系统（1 503，5）；肿瘤学（1 420，5）；多学科（1 385，5）；计算机科学理论与方法（1 051，5）；计算机跨学科应用（973，5）；应用化学（958，5）；实验医学（930，5）；免疫学（918，5）；神经科学（863，5）；细胞生物学（842，5）；生物医学工程（719，5）；环境研究（600，5）；环境与职业健康（529，5）；内分泌与代谢病学（512，5）；药物化学（502，5）；遗传学（470，5）；生物材料（441，5）；海洋学（403，5）；消化内科学与肝病学（388，5）；精

地区	本地区论文数排名在全国较为突出的 SCI 学科（论文数，本地区各学科论文数的全国排名）
浙江省	神病学（351，5）；血液学（307，5）；生物学（297，5）；生物化学研究方法（293，5）；生物物理（268，5）；结合与补充医学（263，5）；控制论（230，5）；计算生物学（230，5）；跨学科农业科学（223，5）；土壤学（159，5）；护理学（140，5）；林业（123，5）；细胞与组织工程（83，5）；康复学（71，5）；发育生物学（54，5）；神经成像（32，5）；人工智能（1 938，6）；光学（1 245，6）；仪器与仪表（1 042，6）；聚合物学（916，6）；生物技术与应用微生物学（817，6）；外科学（767，6）；应用数学（668，6）；数学（584，6）；软件工程（568，6）；临床神经病学（472，6）；多学科物理学（471，6）；放射医学与医学影像（465，6）；无机与核化学（277，6）；复合材料（226，6）；妇产科学（201，6）；呼吸病学（195，6）；数学物理学（194，6）；骨科学（192，6）；泌尿科学和肾脏病学（144，6）；周围血管病（131，6）；口腔医学（119，6）；风湿病学（101，6）；麻醉学（59，6）；地理学（43，6）；器官移植（41，6）；湖沼生物学（36，6）
湖北省	遥感（1 096，2）；地球化学与地球物理学（657，2）；陶瓷材料（436，2）；自然地理学（341，2）；矿物学（194，2）；多学科地球科学（1 587，3）；绿色与可持续科技（932，3）；环境研究（663，3）；地质工程（558，3）；病毒学（188，3）；古生物学（48，3）；影像科学（841，4）；水资源（743，4）；工业工程（358，4）；天文学与天体物理（270，4）；矿物加工（209，4）；生态学（185，4）；粒子与场物理（136，4）；石油工程（124，4）；生物多样性保护（123，4）；地理学（93，4）；地质学（92，4）；环境科学（3 262，5）；能源与燃料（2 276，5）；土木工程（1 416，5）；仪器与仪表（1 105，5）；多学科工程（959，5）；渔业（211，5）；光谱学（137，5）；口腔医学（133，5）；量子科学与技术（47，5）；湖沼生物学（38，5）；多学科材料（4 983，6）；应用物理学（2 784，6）；纳米科学与技术（1 892，6）；环境工程（1 252，6）；凝聚态物理（1 208，6）；多学科（1 108，6）；食品科学（924，6）；植物学（901，6）；应用化学（794，6）；细胞生物学（743，6）；免疫学（740，6）；实验医学（668，6）；热力学（591，6）；电化学（496，6）；环境与职业健康（459，6）；跨学科应用数学（347，6）；制造工程（346，6）；营养与饮食（343，6）；计算机硬件与体系结构（336，6）；农艺学（326，6）；海洋工程（323，6）；心血管系统（322，6）；海事工程（319，6）；气象与大气科学（293，6）；兽医学（183，6）；土壤学（156，6）；动物学（127，6）；纺织材料（119，6）；生殖生物学（98，6）；细胞与组织工程（74，6）；纸质和木质材料（47，6）；寄生虫学（38，6）
山东省	水生生物学（859，1）；海洋学（855，1）；湖沼生物学（92，1）；渔业（392，2）；化学工程（2 490，3）；分析化学（1 224，3）；聚合物学（1 108，3）；应用数学（949，3）；电化学（655，3）；涂层与薄膜材料（462，3）；原子、分子与化学物理学（422，3）；无机与核化学（329，3）；兽医学（258，3）；石油工程（250，3）；晶体学（214，3）；农业工程（207，3）；环境科学（3 464，4）；物理化学（3 317，4）；能源与燃料（2 373，4）；应用化学（1 146，4）；植物学（927，4）；生物技术与应用微生物学（860，4）；农艺学（407，4）；动物学（164，4）；光谱学（155，4）；生殖生物学（123，4）；纸质和木质材料（54，4）；古生物学（34，4）；环境工程（1 460，4）；自动控制（1 125，4）；食品科学（1 052，4）；绿色与可持续科技（894，5）；热力学（655，5）；数学（607，5）；微生物学（599，5）；地球化学与地球物理学（446，5）；营养与饮食（395，5）；海洋工程（382，5）；跨学科应用数学（376，5）；毒理学（353，5）；海事工程（348，5）；气象与大气科学（294，5）；数学物理学（195，5）；生物多样性保护（109，5）；热带医学（30，5）
四川省	外科学（1 248，2）；口腔医学（305，2）；石油工程（274，2）；麻醉学（73，2）；临床神经病学（653，3）；骨科学（293，3）；乳品与动物学（257，3）；护理学（172，3）；内科学（928，4）；放射医学与医学影像（629，4）；妇产科学（239，4）；核科学与技术（236，4）；表征与测试材料（226，4）；皮肤病学（191，4）；急诊医学（42，4）；多学科地球科学（1 159，5）；遥感（625，5）；交通科学与技术（388，5）；有机化学（378，5）；地质工程（364，5）；心血管系统（335，5）；泌尿科学和肾脏病学（208，5）；呼吸病学（202，5）；兽医学（192，5）；儿科学（189，5）；动物学（158，5）；周围血管病（143，5）；地质学（78，5）；耳鼻喉科学（62，5）；进化生物学（44，5）；器官移植（44，5）
安徽省	核科学与技术（283，2）；核物理学（80，4）；量子科学与技术（49，4）；原子、分子与化学物理学（280，5）；流体与等离子体物理（259，5）；概率与统计（156，5）；天文学与天体物理（179，7）；粒子与场物理（101，7）
陕西省	陶瓷材料（516，1）；航空航天工程（786，2）；土壤学（365，2）；流体与等离子体物理（358，2）；地质学（106，2）；电子与电气工程（5 316，3）；能源与燃料（2 424，3）；机械工程（1 872，3）；力学（1 557，3）；通信（1 384，3）；仪器与仪表（1 323，3）；热力学（1 256，3）；多学科工程（1 245，3）；影像科学（919，3）；水资源（745，3）；多学科物理学（621，3）；地球化学与地球物理学（544，3）；农艺学（501，3）；表征与测试材料（285，3）；数学物理学（235，3）；声学（218，3）；光谱学（167，3）；园艺（139，3）；多学科材料（5 974，4）；应用物理学（3 417，4）；土木工程（1 645，4）；冶金（1 427，4）；多学科地球科学（1 258，4）；建造技术（922，4）；遥感（899，4）；涂层与薄膜材料（425，4）；制造工程（420，4）；交通科学与技术（392，4）；跨学科应用数学（377，4）；复合材料（312，4）；跨学科农业科学（252，4）；晶体学（206，4）；农业工程（172，4）；交通（106，4）；古生物学（34，4）；人工智能（2 274，5）；光学（1 358，5）；凝聚态物理（1 260，5）；软件工程（585，5）；计算机硬件与体系结构（468，5）；工业

地区	本地区论文数排名在全国较为突出的 SCI 学科（论文数，本地区各学科论文数的全国排名）
陕西省	工程（342，5）；核科学与技术（232，5）；生态学（181，5）；乳品与动物学（170，5）；自然地理学（146，5）；纺织材料（125，5）；石油工程（68，5）；人体工程学（42，5）
湖南省	矿物加工（231，3）；矿物学（174，3）；药物滥用（20，3）；林业（147，4）；冶金（1 407，5）；航空航天工程（257，5）；建造技术（770，6）；地质工程（295，6）；护理学（132，6）；土木工程（1 339，7）；力学（862，7）；数学（483，7）；遥感（469，7）；计算机硬件与体系结构（320，7）；精神病学（260，7）；表征与测试材料（161，7）；生殖生物学（79，7）；跨学科应用数学（322，8）；陶瓷材料（286，8）；地球化学与地球物理学（259，8）；交通科学与技术（226，8）；计算生物学（158，8）；核科学与技术（122，8）；病理学（68，8）；风湿病学（67，8）；地质学（45，8）；纸质和木质材料（38，8）；环境工程（952，9）；机械工程（847，9）；肿瘤学（642，9）；多学科地球科学（571，9）；通信（530，9）；实验医学（504，9）；免疫学（460，9）；细胞生物学（456，9）；内科学（394，9）；环境与职业健康（342，9）；遗传学（334，9）；内分泌与代谢病学（287，9）；心血管系统（175，9）；数学物理学（147，9）；妇产科学（117，9）；泌尿科学和肾脏病学（88，9）；眼科学（71，9）；核物理学（46，9）；细胞与组织工程（41，9）；量子科学与技术（37，9）；人体工程学（27，9）
辽宁省	海洋工程（497，1）；海事工程（484，1）；冶金（1 872，2）；自动控制（1 262，3）；海洋学（531，3）；机械工程（1 026，5）；制造工程（374，5）；无机与核化学（280，5）；矿物加工（177，5）；晶体学（152，5）；力学（877，6）；多学科工程（847，6）；表征与测试材料（179，6）；跨学科应用数学（336，7）；食品科学（725，8）；药物化学（281，8）；工业工程（271，8）；控制论（190，8）；机器人学（132，8）；航空航天工程（128，8）；水生生物学（127，8）；渔业（110，8）；矿物学（103，8）；交通（81，8）；石油工程（32，8）；解剖学（20，8）
天津市	血液学（278，6）；纺织材料（104，7）；生物医学工程（390，8）；概率与统计（115，8）；晶体学（111，8）；眼科学（104，8）；康复学（36，8）；器官移植（28，8）；化学工程（1 696，9）；结合与补充医学（118，9）；多学科化学（1 874，10）；能源与燃料（1 341，10）；纳米科学与技术（1 212，10）；光学（877，10）；聚合物学（555，10）；生物技术与应用微生物学（387，10）；海洋学（216，10）；海洋工程（189，10）；海事工程（166，10）；生物物理（131，10）；周围血管病（67，10）；物理化学（1 964，11）；环境工程（941，11）；肿瘤学（570，11）；水资源（356，11）；生物材料（188，11）；农业工程（84，11）；机器人学（81，11）；纸质和木质材料（24，11）；多学科材料（3 047，12）；凝聚态物理（779，12）；应用化学（529，12）；工业工程（196，12）；制造工程（191，12）；生物化学研究方法（149，12）；心血管系统（136，12）；水生生物学（74，12）；航空航天工程（64，12）；呼吸病学（60，12）
黑龙江省	海事工程（409，3）；林业（197，3）；纸质和木质材料（55，3）；海洋工程（404，4）；航空航天工程（266，4）；力学（903，5）；复合材料（266，5）；农业工程（167，5）；海洋学（39，6）；声学（177，6）；机器人学（152，6）；石油工程（64，6）；听力学与语言病理学（23，6）；制造工程（317，7）；流体与等离子体物理（209，7）；跨学科农业科学（167，7）；核科学与技术（144，7）；机械工程（931，8）；热力学（458，8）；表征与测试材料（151，8）；冶金（795，9）；农艺学（255，9）；兽医学（138，9）
河南省	寄生物学（40，5）；乳品与动物学（148，6）；农艺学（324，7）；昆虫学（90，7）；热带医学（24，7）；应用数学（639，8）；数学（466，8）；有机化学（327，8）；毒理学（214，8）；兽医学（71，8）；园艺（108，8）；病毒学（83，8）；地理学（21，8）；植物学（704，9）；食品科学（689，9）；微生物学（287，9）；传染病学（97，9）；渔业（74，9）；肿瘤学（625，10）；水资源（404，10）；免疫学（328，10）；遗传学（314，10）；无机与核化学（227，10）；数学物理学（134，10）；农业工程（86，10）；生物多样性保护（77，10）；自然地理学（72，10）；纸质和木质材料（25，10）；环境科学（1 587，11）；生物化学与分子生物学（933，11）；药物化学（230，11）；跨学科农业科学（109，11）；血液学（78，11）；粒子与场物理（72，11）；纺织材料（66，11）；护理学（63，11）；核物理学（34，11）
福建省	水生生物学（244，6）；无机与核化学（255，7）；渔业（142，7）；湖沼生物学（23，7）；林业（108，8）；外科学（393，9）；消化内科学与肝病学（172，9）；耳鼻喉科学（39，9）；心血管系统（154，10）；儿科学（98，10）；护理学（70，10）；口腔医学（69，10）；微生物学（267，11）；放射医学与医学影像（246，11）；妇产科学（87，11）；呼吸病学（72，11）；医学检验技术（31，11）；遗传学（219，12）；海洋学（155，12）；生态学（116，12）；生物多样性保护（58，12）；泌尿科学和肾脏病学（52，12）；病理学（47，12）
吉林省	光学（900，9）；石油工程（26，9）；分析化学（704，10）；生物材料（202，10）；土壤学（99，10）；地质学（39，10）；真菌学（23，10）；地球化学与地球物理学（182，11）；光谱学（115，11）；概率与统计（103，11）；病毒学（56，11）；寄生物学（23，11）；聚合物学（491，12）；发育生物学（28，12）；影像科学（246，13）；遥感（237，13）；原子、分子与化学物理学（170，13）；生态学（110，13）；进化生物学（21，13）；药学与药理学（516，14）；多学科地球科学（347，14）；微生物学（216，14）；结合与补充医学（84，14）；乳品与动物学（66，14）；机器人学（55，14）；护理学（49，14）；矿物学（46，14）；核物理学（22，14）；纳米科学与技术（958，15）；仪器与仪表（594，15）；电化学（283，15）；生物医学工程（221，15）；交通科学与技术（125，15）；兽医学（85，15）；口腔医学（27，15）；细胞与组织工程（20，15）；量子科学与技术（20，15）

续表

地区	本地区论文数排名在全国较为突出的SCI学科（论文数，本地区各学科论文数的全国排名）
重庆市	昆虫学（99，5）；儿科学（130，7）；周围血管病（82，8）；麻醉学（26，8）；变态反应（20，8）；临床神经病学（243，9）；生物物理（133，9）；呼吸病学（85，9）；风湿病学（51，9）；器官移植（25，9）；神经成像（21，9）；神经科学（467，10）；外科学（328，10）；放射医学与医学影像（259，10）；声学（113，10）；血液学（106，10）；妇产科学（103，10）；生理学（100，10）；泌尿科学和肾脏病学（70，10）；细胞与组织工程（35，10）；石油工程（25，10）；建造技术（434，11）；内科学（321，11）；交通科学与技术（206，11）；精神病学（137，11）；消化内科学与肝病学（134，11）；骨科学（108，11）；皮肤病学（79，11）；传染病学（75，11）；生殖生物学（54，11）；免疫学（314，12）；实验医学（298，12）；生物医学工程（290，12）；环境与职业健康（226，12）；地质工程（187，12）；生物材料（166，12）；护理学（56，12）；病毒学（55，12）；口腔医学（53，12）；眼科学（48，12）；耳鼻喉科学（21，12）；人工智能（924，13）；土木工程（812，13）；机械工程（643，13）；冶金（554，13）；应用数学（385，13）；细胞生物学（306，13）；计算机硬件与体系结构（167，13）；工业工程（167，13）；动物学（78，13）；交通（30，13）；核物理学（26，13）；医学检验技术（23，13）；分析化学（551，14）；力学（538，14）；自动控制（446，14）；通信（446，14）；多学科物理学（218，14）；遗传学（192，14）；制造工程（184，14）；控制论（94，14）；园艺（58，14）；病理学（42，14）；核科学与技术（34，14）；发育生物学（23，14）
甘肃省	核物理学（112，3）；土壤学（200，4）；粒子与场物理（132，5）；核科学与技术（156，6）；气象与大气科学（251，7）；自然地理学（108，7）；古生物学（28，7）；生物多样性保护（87，8）；乳品与动物学（103，9）；寄生虫学（24，10）；多学科地球科学（422，11）；农艺学（231，11）；生态学（135，11）；进化生物学（24，11）
江西省	矿物加工（91，11）；无机与核化学（201，12）；食品科学（578，13）；矿物学（72，13）；核科学与技术（43，13）；消化内科学与肝病学（112，14）；航空航天工程（36，14）；地质学（28，14）；有机化学（185，15）；营养与饮食（183，15）；泌尿科学和肾脏病学（41，15）；毒理学（121，16）；光谱学（83，16）；跨学科农业科学（75，16）；纺织材料（40，16）；应用化学（371，17）；细胞生物学（224，17）；陶瓷材料（112，17）；地球化学与地球物理学（88，17）；心血管系统（87，17）；精神病学（74，17）；结合与补充医学（63，17）；概率与统计（46，17）；皮肤病学（31，17）；肿瘤学（345，18）；免疫学（221，18）；实验医学（212，18）；神经科学（200，18）；外科学（195，18）；临床神经病学（131，18）；软件工程（111，18）；生物物理（75，18）；晶体学（69，18）；地质工程（59，18）；生理学（54，18）；乳品与动物学（48，18）；周围血管病（33，18）；风湿病学（23，18）
云南省	真菌学（64，2）；进化生物学（49，4）；生态学（181，5）；天文学与天体物理（208，6）；生物多样性保护（107，6）；古生物学（24，8）；矿物加工（120，9）；林业（105，9）；矿物学（99，9）；病毒学（57，9）；植物学（680，10）；药物化学（235，10）；动物学（86，10）；寄生虫学（23，11）；微生物学（236，12）；昆虫学（61，12）；纸质和木质材料（23，12）
海南省	水生生物学（92，10）；渔业（64，12）；园艺（59，13）；海洋学（40，17）；海洋工程（26，17）；海事工程（21，17）；昆虫学（32，19）
河北省	医学检验技术（48，7）；骨科学（122，8）；内科学（385，10）；结合与补充医学（105，11）；动物学（82，11）；周围血管病（60，11）；病理学（48，11）；外科学（285，12）；血液学（70，12）；园艺（62，12）；地质学（36，12）；昆虫学（56，13）；实验医学（276，14）；内分泌与代谢病学（177，14）；生理学（82，14）；风湿病学（32，14）；口腔医学（29，14）；矿物学（41，15）；皮肤病学（37，15）；临床神经病学（134，16）；心血管系统（105，16）；表征与测试材料（66，16）；妇产科学（56，16）；矿物加工（54，16）；泌尿科学和肾脏病学（40，16）；眼科学（26，16）
贵州省	昆虫学（139，4）；真菌学（52，5）；地质学（39，10）；林业（89，11）；矿物学（77，11）；进化生物学（24，11）；动物学（78，13）；矿物加工（62，13）；晶体学（87，14）；生物多样性保护（55，14）；农艺学（169，15）；跨学科农业科学（87，15）；地球化学与地球物理学（93，16）；天文学与天体物理（53，16）
新疆维吾尔自治区	石油工程（23，11）；寄生虫学（23，11）；天文学与天体物理（67，13）；农艺学（174，14）；生物多样性保护（49，15）；地质学（22，16）；骨科学（47，17）；林业（50，18）；植物学（351，19）；环境研究（181，19）；心血管系统（62，19）；土壤学（62，19）
广西壮族自治区	林业（69，13）；水生生物学（68，13）；生殖生物学（39，13）；传染病学（51，14）；纸质和木质材料（22，14）；医学检验技术（22，14）；风湿病学（31，15）；兽医学（77，16）；农业工程（60，16）；渔业（46，16）；陶瓷材料（112，17）；光谱学（47，17）；天文学与天体物理（47，17）；分析化学（411，18）；土木工程（276，18）；遗传学（157，18）；计算机科学理论与方法（151，18）；药物化学（148，18）；动物学（61，18）；血液学（39，18）；海洋学（37，18）；矿物学（30，18）；儿科学（30，18）；病理学（26，18）
山西省	风湿病学（105，5）；量子科学与技术（23，13）；多学科物理学（213，16）；冶金（501，16）；晶体学（73，16）；昆虫学（42，16）；矿物学（34，16）；化学工程（742，17）；光学（393，17）；矿物加工（53，17）；表征与测试材料（52，17）；乳品与动物学（51，17）；涂层与薄膜材料（149，18）；复合材料（66，18）；农业工程（47，18）；骨科学（40，18）；核科学与技术（26，18）；多学科材料（1 419，19）；物理化

续表

地区	本地区论文数排名在全国较为突出的 SCI 学科（论文数，本地区各学科论文数的全国排名）
山西省	学（917，19）；能源与燃料（567，19）；电化学（177，19）；无机与核化学（139，19）；生物医学工程（124，19）；原子、分子与化学物理学（108，19）；生物材料（74，19）；光谱学（71，19）；制造工程（61，19）；纺织材料（37，19）；泌尿科学和肾脏病学（31，19）；皮肤病学（28，19）
宁夏回族自治区	化学工程（139，27）；细胞生物学（49，27）；神经科学（40，27）；生物化学研究方法（22，27）；临床神经病学（21，27）；计算生物学（20，27）；多学科材料（234，28）；物理化学（180，28）；生物化学与分子生物学（137，28）；能源与燃料（120，28）；应用数学（71，28）；凝聚态物理（62，28）；冶金（51，28）；多学科工程（50，28）；实验医学（47，28）；分析化学（45，28）；外科学（43，28）；土木工程（37，28）；力学（33，28）；内分泌与代谢病学（28，28）；多学科物理学（27，28）；涂层与薄膜材料（26，28）；兽医学（26，28）；毒理学（25，28）；乳品与动物学（22，28）；跨学科应用数学（22，28）；生物学（20，28）；无机与核化学（20，28）；多学科化学（156，29）；环境科学（154，29）；应用物理学（116，29）；电子与电气工程（85，29）；植物学（85，29）；食品科学（77，29）；多学科（72，29）；药学与药理学（70，29）；人工智能（62，29）；绿色与可持续科技（58，29）；应用化学（55，29）；聚合物学（55，29）；环境工程（48，29）；生物技术与应用微生物学（47，29）；计算机信息系统（46，29）；肿瘤学（45，29）；微生物学（44，29）；纳米科学与技术（42，29）；环境研究（41，29）；电化学（40，29）；免疫学（37，29）；水资源（36，29）；遗传学（33，29）；计算机科学理论与方法（29，29）；药物化学（27，29）；内科学（27，29）；计算机跨学科应用（26，29）；营养与饮食（26，29）；环境与职业健康（25，29）；有机化学（21，29）；通信（20，29）；农艺学（30，30）；多学科地球科学（30，30）；数学（28，30）
内蒙古自治区	乳品与动物学（58，16）；兽医学（74，17）；外科学（154，21）；土壤学（50，21）；制造工程（28，23）；农艺学（94，24）；矿物学（22，24）；生态学（44，25）；遥感（41，25）；矿物加工（25，25）；冶金（119，26）；土木工程（89，26）；力学（67，26）；机械工程（65，26）；建造技术（56，26）；热力学（52，26）；影像科学（42，26）；陶瓷材料（27，26）；原子、分子与化学物理学（32，26）；气象与大气科学（26，26）；多学科材料（434，27）；环境科学（330，27）；物理化学（252，27）；应用物理学（205，27）；电子与电气工程（170，27）；能源与燃料（152，27）；多学科（124，27）；凝聚态物理（105，27）；微生物学（91，27）；绿色与可持续科技（90，27）；人工智能（79，27）；应用数学（78，27）；多学科工程（75，27）；数学（66，27）；环境研究（64，27）；多学科物理学（58，27）；水资源（56，27）；多学科地球科学（53，27）；电化学（52，27）；无机与核化学（49，27）；计算机跨学科应用（45，27）；计算机科学理论与方法（38，27）；涂层与薄膜材料（35，27）；动物学（32，27）；软件工程（31，27）；自动控制（24，27）；跨学科应用数学（23，27）；林业（20，27）
青海省	多学科地球科学（42，28）；冶金（37，29）；农艺学（35，29）；数学（33，29）；生态学（24，29）；兽医学（23，29）；多学科材料（107，30）；环境科学（101，30）；植物学（82，30）；物理化学（53，30）；多学科化学（52，30）；生物化学与分子生物学（45，30）；电子与电气工程（44，30）；应用物理学（44，30）；应用数学（36，30）；化学工程（35，30）；药学与药理学（35，30）；多学科（34，30）；微生物学（33，30）；食品科学（31，30）；遗传学（30，30）；计算机科学理论与方法（28，30）；人工智能（27，30）；环境研究（26，30）；计算机信息系统（25，30）；绿色与可持续科技（25，30）；土木工程（24，30）；分析化学（22，30）；水资源（22，30）；生物技术与应用微生物学（21，30）；能源与燃料（21，30）；药物化学（20，30）；凝聚态物理（20，30）；外科学（20，30）
西藏自治区	环境科学（50，31）；微生物学（20，31）

资料来源：科技大数据湖北省重点实验室

注：地区排序同基础研究竞争力指数排序

3.3 中国省域基础研究竞争力分析

3.3.1 北京市

2023 年，北京市基础研究竞争力指数为 **88.9600**，排名第 1 位。综合全市各学科论文数、被引量情况来看，北京市的基础研究优势学科为多学科材料、电子与电气工程、环境科学、应用物理学、多学科化学、物理化学、能源与燃料、人工智能、纳米科学与技术、化学工程等。多学科材料学科的高频词包括微观结构、机械性能、机器学习、摩擦电纳米发电机、增材制造等；电子与电气工程学科的高频词包括深度学习、任务分析、特征提取、训练、优化等；环境科学学科的高频词包括中国、气候变化、遥感、机器学习、青藏高原等（表3-8）。

表3-8 2023年北京市基础研究优势学科及高频词

序号	活跃学科	SCI学科活跃度	高频词（词频）
1	多学科材料	6.05	微观结构（373）；机械性能（356）；机器学习（128）；摩擦电纳米发电机（100）；增材制造（88）；锂离子电池（83）；深度学习（64）；热导率（55）；石墨烯（54）；相变（53）；抗腐蚀性（53）；纳米粒子（50）；数值模拟（49）；3D打印（44）；钙钛矿太阳能电池（41）；微观结构演变（39）；自我装配（39）；二维材料（39）；稳定性（39）；光催化（39）；析氢反应（37）；激光粉末床熔接（37）；电催化（35）；MXene材料（35）；热处理（35）；腐蚀（33）；有机太阳能电池（32）；金属有机框架（32）；氧化作用（31）；残余应力（28）
2	电子与电气工程	5.26	深度学习（528）；任务分析（448）；特征提取（419）；训练（311）；优化（249）；数据模型（198）；变压器（198）；传感器（197）；计算模型（167）；目标检测（162）；数学模型（151）；预测模型（141）；语义学（133）；估算（108）；成本（107）；三维显示（104）；卷积（101）；轨迹（99）；延迟（96）；不确定性（95）；物联网（93）；无线通信（89）；资源管理（88）；遥感（85）；自适应模型（84）；卫星（82）；可视化（81）；机器学习（81）；资源分配（80）；卷积神经网络（79）
3	环境科学	4.78	中国（277）；气候变化（206）；遥感（127）；机器学习（124）；青藏高原（114）；深度学习（106）；可持续发展（104）；重金属（98）；风险评估（82）；微生物群落（76）；吸附（68）；空气污染（61）；生物炭（56）；污染源解析（54）；微塑料（51）；碳中和（49）；生态系统服务（48）；碳排放（47）；COVID-19（43）；细颗粒物（43）；北京（39）；臭氧（38）；细菌群落（37）；镉（36）；溶解有机物（36）；生命周期评估（34）；城市化（34）；PM₂颗粒物（34）；抗生素耐药基因（32）
4	应用物理学	3.73	微观结构（99）；传感器（98）；深度学习（89）；摩擦电纳米发电机（69）；机器学习（43）；机械性能（36）；稳定性（34）；锂离子电池（33）；石墨烯（31）；注意力机制（28）；数值模拟（28）；析氢反应（27）；二维材料（25）；特征提取（25）；电催化（24）；自我装配（24）；3D打印（23）；MXene材料（22）；金属有机框架（21）；有机太阳能电池（20）；化学气相沉积（20）；碳纳米管（20）；析氧反应（20）；热导率（19）；能量存储（17）；光催化（17）；温度传感器（17）；温度测量（17）；数学模型（17）
5	多学科化学	3.63	光催化（47）；电催化（46）；深度学习（41）；机器学习（38）；自我装配（34）；稳定性（32）；纳米粒子（30）；锂离子电池（28）；石墨烯（28）；金属有机框架（23）；二维材料（22）；析氧反应（21）；有机太阳能电池（20）；析氢反应（19）；碳纳米管（19）；单原子催化剂（19）；扫描隧道显微镜（15）；吸附（15）；化学气相沉积（15）；免疫疗法（15）；SARS-CoV-2（15）；石墨炔（14）；注意力机制（14）；阿尔茨海默病（14）；氧化还原反应（14）；数值模拟（14）；肿瘤微环境（14）；钙钛矿太阳能电池（14）；共价有机框架（14）；肠道微生物群（14）
6	物理化学	3.53	锂离子电池（85）；微观结构（83）；光催化（70）；机械性能（68）；摩擦电纳米发电机（56）；电催化（55）；析氢反应（53）；析氧反应（48）；密度泛函理论（48）；机器学习（46）；氧化还原反应（45）；石墨烯（40）；吸附（40）；稳定性（35）；氧空位（35）；自我装配（31）；二维材料（29）；MXene材料（24）；二氧化碳减排（24）；金属有机框架（24）；氢能（23）；离散傅里叶变换（23）；单原子催化剂（22）；分子动力学（21）；有机太阳能电池（21）；钠离子电池（21）；协同效应（21）；碳纳米管（21）；化学气相沉积（20）；锂硫电池（18）
7	能源与燃料	3.33	数值模拟（108）；锂离子电池（102）；机器学习（60）；深度学习（57）；能量存储（55）；氢能（55）；可再生能源（48）；电动汽车（46）；中国（44）；热解（35）；热传递（35）；氨（35）；页岩油（35）；氢气生产（34）；太阳能（33）；优化（31）；热能储存（30）；碳中和（30）；热力学分析（26）；生物量（26）；能源消耗（24）；多目标优化（24）；煤炭（22）；综合能源系统（22）；水力压裂（22）；固体氧化物燃料电池（21）；有机朗肯循环（21）；页岩气（21）；煤炭自燃（21）；四川盆地（20）
8	人工智能	2.96	深度学习（303）；任务分析（214）；变压器（150）；特征提取（134）；训练（125）；对比学习（98）；目标检测（98）；图形神经网络（96）；强化学习（92）；神经网络（87）；优化（78）；数据模型（76）；机器学习（74）；表征学习（65）；注意力机制（62）；语义学（61）；卷积神经网络（55）；可视化（53）；计算模型（45）；预测模型（39）；自适应模型（34）；收敛（34）；语义分割（32）；自监督学习（32）；卷积（28）；迁移学习（28）；不确定性（28）；相关性（28）；异常检测（27）；轨迹（26）

续表

序号	活跃学科	SCI 学科活跃度	高频词（词频）
9	纳米科学与技术	2.93	摩擦电纳米发电机（68）；金属有机框架（41）；石墨烯（40）；纳米粒子（38）；自我装配（37）；锂离子电池（32）；光催化（31）；二维材料（30）；电催化（30）；微观结构（30）；析氢反应（29）；机械性能（29）；碳纳米管（25）；机器学习（25）；MXene 材料（24）；有机太阳能电池（22）；析氧反应（21）；稳定性（20）；药物递送（20）；化学气相沉积（20）；单原子催化剂（19）；热导率（19）；钙钛矿太阳能电池（19）；钠离子电池（17）；锂硫电池（17）；3D 打印（17）；免疫疗法（17）；癌症治疗（16）；纳米材料（15）；扫描隧道显微镜（15）
10	化学工程	2.75	吸附（82）；数值模拟（55）；光催化（38）；二氧化碳捕获（31）；机制（30）；过氧化氢硫酸盐（30）；热解（29）；氨（29）；密度泛函理论（28）；离子液体（26）；动力学（26）；分子动力学模拟（25）；质量传递（25）；稳定性（23）；微生物群落（22）；电催化（22）；机器学习（22）；氢能（22）；膜结垢（21）；反应机制（20）；氧化还原反应（18）；协同效应（18）；生物量（18）；催化氧化（18）；离散傅里叶变换（17）；能量存储（17）；电子转移（17）；生物炭（17）；金属有机框架（17）；锂离子电池（17）

资料来源：科技大数据湖北省重点实验室

2023 年，综合本市各学科的发文数量和排名位次来看，2023 年北京市基础研究在全国范围内较为突出的学科为多学科材料、电子与电气工程、环境科学、应用物理学、多学科化学、能源与燃料、物理化学、人工智能、化学工程、纳米科学与技术等。

2023 年，北京市科学技术支出经费 431.92 亿元，全国排名第 7 位。截至 2023 年 12 月，北京市拥有国家重大科技基础设施 23 个，国家研究中心 3 个，国家实验室 3 个，全国重点实验室 77 个，省级重点实验室 457 个；拥有院士 807 位，全国排名第 1 位。

北京市发表 SCI 论文数量较多的学科为多学科材料、电子与电气工程、环境科学、应用物理学、多学科化学、能源与燃料、物理化学、人工智能、化学工程、纳米科学与技术（表 3-9）。北京市共有 184 个机构进入相关学科的 ESI 全球前 1%行列（表 3-10～表 3-13）；发明专利申请量共 205 179 件，全国排名第 2 位，发明专利申请量十强技术领域见表 3-14，发明专利申请量优势企业和科研机构见表 3-15。

表 3-9 2023 年北京市主要学科发文量、被引频次

序号	学科	论文数/篇（全国排名，市内排名）	被引次数/次（全国排名，市内排名）	篇均被引/次（全国排名，市内排名）	国际合作率（全国排名，市内排名）	国际合作度（全国排名，市内排名）
1	多学科材料	11 521（1，1）	74 584（1，1）	6.47（12，10）	0.16（14，133）	22.25（2，2）
2	电子与电气工程	10 383（1，2）	38 492（1，7）	3.71（8，79）	0.22（11，88）	26.51（1，1）
3	环境科学	9 056（1，3）	49 288（1，4）	5.44（12，24）	0.2（11，101）	19.57（1，3）
4	应用物理学	6 772（1，4）	39 232（1，6）	5.79（13，18）	0.15（12，149）	15.12（1，6）
5	多学科化学	6 117（1，5）	50 495（1，3）	8.25（7，5）	0.15（12，144）	13.38（1，11）
6	能源与燃料	5 825（1，6）	37 620（1，8）	6.46（23，11）	0.18（16，111）	13.68（1，9）
7	物理化学	5 805（1，7）	51 452（1，2）	8.86（9，4）	0.17（14，127）	14.16（2，8）
8	人工智能	5 532（1，8）	20 899（1，13）	3.78（23，73）	0.47（6，39）	17.86（1，4）
9	化学工程	4 502（1，9）	31 447（2，9）	6.99（23，7）	0.18（15，116）	11.24（1，14）
10	纳米科学与技术	4 497（1，10）	40 981（1，5）	9.11（14，2）	0.19（13，109）	14.4（1，7）
11	计算机信息系统	4 265（1，11）	12 431（1，16）	2.91（14，127）	0.34（2，55）	15.15（1，5）
12	多学科地球科学	3 929（1，12）	13 826（1，14）	3.52（18，88）	0.24（17，82）	12.0（1，13）

续表

序号	学科	论文数/篇（全国排名，市内排名）	被引次数/次（全国排名，市内排名）	篇均被引/次（全国排名，市内排名）	国际合作率（全国排名，市内排名）	国际合作度（全国排名，市内排名）
13	计算机科学理论与方法	3 247（1，13）	7 529（1，30）	2.32（23，160）	0.73（4，28）	12.98（1，12）
14	环境工程	3 123（1，14）	27 706（1，10）	8.87（26，3）	0.24（14，80）	9.89（2，16）
15	通信	2 981（1，15）	9 258（1，26）	3.11（14，110）	0.31（1，60）	13.58（1，10）
16	多学科	2 977（1，16）	21 802（1，12）	7.32（1，6）	0.34（1，56）	9.56（1，19）
17	凝聚态物理	2 788（1，17）	25 869（1，11）	9.28（7，1）	0.2（12，97）	9.57（1，18）
18	生物化学与分子生物学	2 785（2，18）	13 519（1，15）	4.85（4，40）	0.15（3，146）	7.49（1，30）
19	机械工程	2 777（1，19）	11 935（1，17）	4.3（16，59）	0.17（18，121）	7.8（1，26）
20	冶金	2 631（1，20）	11 607（1，19）	4.41（25，54）	0.12（16，163）	6.82（1，37）

资料来源：科技大数据湖北省重点实验室

注：学科排序为发表的论文数量

表 3-10　2023 年北京市各高校进入 ESI 前 1%的学科及排名

高校	综合	农业科学	生物学与生物化学	化学	临床医学	计算机科学	经济与商业	工程科学	环境生态学	地球科学	免疫学	材料科学	数学	微生物学	分子生物学与遗传学	综合交叉学科	神经科学与行为	药理学与毒理学	物理学	植物学与动物学	心理学	社会科学	空间科学	机构进入ESI学科数
中国科学院大学	17	13	40	4	758	43	342	16	4	6	349	3	99	36	70	79	336	64	21	10	456	241	138	22
清华大学	34	406	94	9	581	3	73	2	14	66	258	5	156	182	164	37	524	435	19	428	605	205	—	21
北京大学	48	185	76	27	158	59	59	69	20	36	189	15	220	148	88	36	198	43	30	240	178	129	117	22
北京航空航天大学	278	—	1472	171	2378	30	489	23	813	502	—	40	362	—	—	—	—	—	171	—	—	641	—	12
北京理工大学	294	—	1412	88	5117	45	207	26	391	616	—	46	360	—	—	—	—	—	349	—	—	368	—	12
首都医科大学	318	—	310	1326	154	—	—	—	1273	—	175	1053	—	348	242	—	92	82	—	—	448	863	—	12
北京协和医学院	340	831	276	612	181	—	—	—	2430	1419	209	682	—	—	136	171	166	653	30	—	886	—	1227	15
北京师范大学	367	179	929	273	3867	395	391	229	27	62	—	422	358	—	—	—	—	350	—	461	780	188	214	16
北京科技大学	373	—	—	147	—	112	—	86	559	634	—	25	—	—	—	—	—	—	598	—	—	1803	—	8
中国农业大学	378	6	235	438	3661	352	—	359	135	574	665	1263	—	114	382	—	—	534	—	18	—	810	—	15
北京化工大学	410	947	714	40	—	541	—	212	700	753	—	57	—	—	—	—	—	—	1270	876	—	—	—	10
北京工业大学	638	—	851	311	5655	174	—	89	502	893	—	164	357	—	—	—	—	—	807	—	—	1330	—	11
中国人民解放军海军军医大学	714	—	463	1106	504	—	—	—	—	—	449	782	—	721	303	—	717	137	—	1204	—	—	—	10
华北电力大学	769	—	—	591	—	384	—	45	315	—	—	447	—	—	—	—	—	—	—	—	—	1378	—	6
北京交通大学	795	—	—	1084	—	76	—	62	1122	—	—	383	359	—	—	—	—	—	759	—	—	788	—	8
北京林业大学	943	195	786	554	—	—	—	608	287	829	—	558	—	—	—	—	—	—	—	129	—	1623	—	9
北京邮电大学	1003	—	—	—	—	17	—	195	—	—	—	720	—	—	—	—	—	—	519	—	—	1893	—	5
中国人民大学	1131	—	—	787	5106	612	76	883	860	—	—	817	203	—	—	—	—	—	796	—	484	387	—	11
北京工商大学	1609	49	1228	814	—	—	—	1463	1433	—	—	1089	—	—	—	—	—	—	—	—	—	—	—	6
中国地质科学院	1633	—	—	—	—	—	—	—	2438	1400	78	—	—	—	—	—	—	—	—	—	—	—	—	3
北京中医药大学	1775	—	—	1125	1530	1397	—	—	—	—	—	—	—	—	—	—	—	115	—	—	—	—	—	4
首都师范大学	1862	—	—	824	—	—	—	—	1719	1313	622	—	—	916	—	—	—	—	—	772	1011	1857	—	8
对外经济贸易大学	2866	—	—	—	—	—	166	1535	1627	—	—	—	—	—	—	—	—	—	—	—	—	—	713	—	4
北京建筑大学	3342	—	—	—	—	—	—	659	1140	—	—	—	—	—	—	—	—	—	—	—	—	—	—	2
中央财经大学	3384	—	—	—	—	—	158	1600	—	—	—	—	—	—	—	—	—	—	—	—	—	1115	—	3

续表

高校	综合	农业科学	生物学与生物化学	化学	临床医学	计算机科学	经济与商业	工程科学	环境生态学	地球科学	免疫学	材料科学	数学	微生物学	分子生物学与遗传学	综合交叉学科	神经科学与行为	药理学与毒理学	物理学	植物学与动物学	心理学	社会科学	空间科学	机构进入ESI学科数
北京大学第一医院	3912	—	—	—	2035	—	—	—	—	—	—	—	—	—	—	—	—	—	—	—	—	—	—	1
中央民族大学	4089	—	—	—	—	—	—	2033	1665	—	—	1184	—	—	—	—	—	—	—	—	—	—	—	3
清华大学–北京大学生命科学联合中心	4249	—	—	—	2284	—	—	—	—	—	—	—	—	—	—	—	—	—	—	—	—	—	—	1
北京农学院	4260	795	—	—	—	—	—	—	1507	—	—	—	—	—	—	—	—	—	—	671	—	—	—	3
首都经济贸易大学	4763	—	—	—	—	—	466	2080	—	—	—	—	—	—	—	—	—	—	—	—	—	1445	—	3
北方工业大学	5158	—	—	—	—	—	—	1032	—	—	—	—	—	—	—	—	—	—	—	—	—	—	—	1
北京信息科技大学	5626	—	—	—	—	—	—	1207	—	—	—	—	—	—	—	—	—	—	—	—	—	—	—	1
清华大学生命科学中心	6248	—	—	—	3813	—	—	—	—	—	—	—	—	—	—	—	—	—	—	—	—	—	—	1
中欧国际工商学院	6421	—	—	—	—	—	420	—	—	—	—	—	—	—	—	—	—	—	—	—	—	—	—	1
北京联合大学	9163	—	—	—	—	—	—	—	—	—	—	—	—	—	—	—	—	—	—	—	—	2005	—	1

表 3-11　2023 年北京市各研究机构进入 ESI 前 1%的学科及排名

研究机构	综合	农业科学	生物学与生物化学	化学	临床医学	计算机科学	经济与商业	工程科学	环境生态学	地球科学	免疫学	材料科学	数学	微生物学	分子生物学与遗传学	综合交叉学科	神经科学与行为	药理学与毒理学	物理学	植物学与动物学	心理学	社会科学	空间科学	机构进入ESI学科数
中国科学院化学研究所	465	—	—	33	—	—	—	922	1067	—	—	41	—	—	—	—	—	—	—	—	—	—	—	4
中国科学院物理研究所	643	—	—	246	—	—	—	1623	—	—	—	109	—	—	—	—	—	—	104	—	—	—	—	4
中国科学院高能物理研究所	757	—	—	195	—	—	—	1380	1203	—	—	263	—	—	—	—	—	—	124	—	—	—	—	5
中国科学院地理科学与资源研究所	778	144	—	—	—	—	—	458	58	95	—	—	—	—	—	—	—	—	—	835	—	224	—	6
中国科学院物理化学技术研究所	1080	—	—	229	—	—	—	1114	—	—	—	150	—	—	—	—	—	—	—	—	—	—	—	3
中国科学院过程工程研究所	1109	—	1348	222	—	—	—	527	1243	—	—	283	—	—	—	—	—	—	—	—	—	—	—	5
中国科学院北京纳米能源与系统研究所	1142	—	—	1746	—	—	—	1891	—	—	—	84	—	—	—	—	—	—	—	—	—	—	—	3
中国科学院大气物理研究所	1189	—	—	—	—	—	—	2019	459	42	—	—	—	—	—	—	—	—	—	—	—	—	—	3
中国科学院遗传与发育生物学研究所	1322	524	690	—	2723	—	—	—	1544	—	—	—	—	—	469	—	—	—	—	93	—	—	—	6
中国科学院地质与地球物理研究所	1373	—	—	—	—	—	—	1745	1725	46	—	—	—	—	—	—	—	—	—	—	—	—	—	3
中国科学院生物物理研究所	1457	—	465	1704	2971	—	—	—	—	—	507	1376	—	619	416	—	—	—	—	—	—	—	—	7
中国科学院微生物研究所	1476	—	446	—	3249	—	—	—	1764	—	863	—	—	172	870	—	—	1263	—	266	—	—	—	8
中国科学院自动化研究所	1492	—	—	—	2527	75	—	254	—	—	—	—	—	—	—	—	850	—	—	—	—	—	—	4

续表

研究机构	综合	农业科学	生物学与生物化学	化学	临床医学	计算机科学	经济与商业	工程科学	环境生态学	地球科学	免疫学	材料科学	数学	微生物学	分子生物学与遗传学	综合交叉学科	神经科学与行为	药理学与毒理学	物理学	植物学与动物学	心理学	社会科学	空间科学	机构进入ESI学科数
中国科学院半导体研究所	1554	—	—	1332	—	—	—	1301	—	—	—	324	—	—	—	—	—	—	585	—	—	—	—	4
中国科学院量子信息与量子物理卓越创新中心	1601	—	—	850	—	—	—	—	—	—	—	631	—	—	—	—	—	—	402	—	—	—	—	3
中国科学院植物研究所	1607	424	1523	—	—	—	—	—	347	772	—	—	—	—	—	—	—	—	—	144	—	—	—	5
中国环境科学研究院	1630	—	—	1633	—	—	—	774	171	710	—	—	—	—	—	—	—	—	—	—	—	—	—	4
中国林业科学研究院	1631	412	—	963	—	—	—	1587	586	—	—	1036	—	—	—	—	—	—	—	216	—	—	—	6
中国科学院动物研究所	1649	—	800	—	4273	—	—	—	950	—	—	—	—	—	—	—	—	380	—	449	—	—	—	5
中国科学院青藏高原研究所	1723	1077	—	—	—	—	—	—	476	137	—	—	—	—	—	—	—	—	—	—	—	—	—	3
北京计算科学研究中心	1996	—	—	1063	—	—	—	—	—	—	—	818	361	—	—	—	—	—	643	—	—	—	—	4
中国气象科学研究院	2020	—	—	—	—	—	—	—	826	150	—	—	—	—	—	—	—	—	—	—	—	—	—	2
中国科学院遥感与数字地球研究所	2029	—	—	—	—	—	—	—	691	173	—	—	—	—	—	—	—	—	—	—	—	—	—	2
中国水产科学研究院	2115	847	1188	—	—	—	—	—	729	—	—	—	—	—	—	—	—	—	—	162	—	—	—	4
中国农业科学院农业资源与区划研究所	2179	150	—	—	—	—	—	2174	583	769	—	—	—	—	—	—	—	—	—	—	—	1337	—	5
中国医学科学院基础医学研究所	2229	—	1481	—	1771	—	—	—	—	—	807	—	—	—	—	—	—	833	—	—	—	2101	—	5
中国农业科学院作物科学研究所	2376	215	—	—	—	—	—	—	—	—	—	—	—	—	—	—	—	—	—	157	—	—	—	2
中国水利水电科学研究院	2503	920	—	—	—	—	—	834	619	748	—	—	—	—	—	—	—	—	—	—	—	—	—	4
北京生物科学研究所	2557	—	1172	—	—	—	—	—	—	—	700	—	—	—	—	—	—	557	—	—	—	—	—	3
中国农业科学院植物保护研究所	2566	553	1482	—	—	—	—	1663	—	—	—	—	—	582	—	—	—	—	—	313	—	—	—	5
中国科学院数学与系统科学研究院	2658	—	—	—	—	607	—	704	—	—	—	—	373	—	—	—	—	—	—	—	—	1942	—	4
中国地质科学院地质研究所	2662	—	—	—	—	—	—	—	—	195	—	—	—	—	—	—	—	—	—	—	—	—	—	1
中国科学院力学研究所	2686	—	—	—	—	—	—	712	—	—	—	—	569	—	—	—	—	—	—	—	—	—	—	2
中国科学院北京基因组研究所	2746	—	1130	—	5835	—	—	—	—	—	—	—	—	—	—	—	—	640	—	1508	—	—	—	4
中国科学院计算技术研究所	2764	—	1353	—	—	244	—	688	—	—	—	—	—	—	—	—	—	—	—	—	—	—	—	3
中国科学院理论物理研究所	2788	—	—	—	—	—	—	—	—	—	—	—	—	—	—	—	—	—	542	—	—	—	—	1
北京市新能源汽车协同创新中心	2872	—	—	—	—	—	—	1809	—	—	—	—	—	—	—	—	—	—	—	—	—	—	—	1
中国科学院心理研究所	3017	—	—	—	—	—	—	—	—	—	—	—	—	—	—	—	574	—	—	—	—	348	—	2

续表

研究机构	综合	农业科学	生物学与生物化学	化学	临床医学	计算机科学	经济与商业	工程科学	环境生态学	地球科学	免疫学	材料科学	数学	微生物学	分子生物学与遗传学	综合交叉学科	神经科学与行为	药理学与毒理学	物理学	植物学与动物学	心理学	社会科学	空间科学	机构进入ESI学科数
中国科学院空天信息创新研究院	3085	—	—	—	—	—	—	2208	—	308	—	—	—	—	—	—	—	—	—	—	—	—	—	2
中国医学科学院药物研究所	3195	—	—	1451	5016	—	—	—	—	—	—	—	—	—	—	—	—	286	—	—	—	—	—	3
中国医学科学院病原生物学研究所	3236	—	—	—	1937	—	—	—	—	—	—	—	—	461	—	—	—	—	—	—	—	—	—	2
中国科学院信息工程研究所	3424	—	—	—	—	196	—	1187	—	—	—	—	—	—	—	—	—	—	—	—	—	—	—	2
北京市神经外科研究所	3539	—	—	—	2181	—	—	—	—	—	—	—	—	—	—	—	1155	—	—	—	—	—	—	2
北京脑重大疾病研究院	3692	—	—	—	3602	—	—	—	—	—	—	—	—	—	—	—	643	—	—	—	—	—	—	2
北京微生物与流行病学研究所	3703	—	—	—	5809	—	—	—	—	—	776	—	—	321	—	—	—	—	—	—	—	—	—	3
中国科学院工程热物理研究所	3720	—	—	—	—	—	—	569	—	—	—	—	—	—	—	—	—	—	—	—	—	—	—	1
中国科学院微电子研究所	3728	—	—	—	—	—	—	1216	—	—	—	906	—	—	—	—	—	—	—	—	—	—	—	2
中国农业科学院农业环境与可持续发展研究所	3778	483	—	—	—	—	—	—	1149	—	—	—	—	—	—	—	—	—	—	1412	—	—	—	3
中国电力科学研究院	3876	—	—	—	—	—	—	612	—	—	—	—	—	—	—	—	—	—	—	—	—	—	—	1
中国原子能科学研究院	3943	—	—	—	—	—	—	—	—	—	—	—	—	—	—	—	—	—	851	—	—	—	—	1
中国农业科学院食品科学与技术研究所	4079	187	—	—	—	—	—	—	—	—	—	—	—	—	—	—	—	—	—	—	—	—	—	1
中国科学院电工研究所	4114	—	—	—	—	—	—	1109	—	—	—	1307	—	—	—	—	—	—	—	—	—	—	—	2
中国医学科学院药用植物研究所	4179	—	—	—	—	—	—	—	—	—	—	—	—	—	—	—	—	353	—	1134	—	—	—	2
中国食品药品检定研究院	4189	—	—	—	4894	—	—	—	—	—	1029	—	—	—	—	—	199	1072	—	—	—	—	—	4
微软亚洲研究院	4277	—	—	—	—	598	—	1068	—	—	—	—	—	—	—	—	—	—	—	—	—	—	—	2
北京经济与社会发展研究所	4475	—	—	—	—	—	—	—	1776	—	—	—	—	—	—	—	—	—	—	—	—	1349	—	2
首都儿科研究所	4481	—	—	—	2463	—	—	—	—	—	—	—	—	—	—	—	—	—	—	—	—	—	—	1
中国农业科学院畜牧研究所	4598	741	—	—	—	—	—	—	—	—	—	—	—	—	—	—	—	—	—	731	—	—	—	2
中国地质科学院地质力学研究所	4623	—	—	—	—	—	—	—	—	554	—	—	—	—	—	—	—	—	—	—	—	—	—	1
国家神经系统疾病临床医学研究中心	4649	—	—	—	4201	—	—	—	—	—	—	—	—	—	—	—	—	—	—	—	—	—	—	1
中国农业科学院蔬菜花卉研究所	4727	1104	—	—	—	—	—	—	—	—	—	—	—	—	—	—	—	—	—	673	—	—	—	2
中国科学院古脊椎动物与古人类研究所	4728	—	—	—	—	—	—	—	—	719	—	—	—	—	—	—	—	—	—	—	—	1385	—	2
北京市能源经济与环境管理重点实验室	4749	—	—	—	—	—	—	1651	1901	—	—	—	—	—	—	—	—	—	—	—	—	1392	—	3

续表

研究机构	综合	农业科学	生物学与生物化学	化学	临床医学	计算机科学	经济与商业	工程科学	环境生态学	地球科学	免疫学	材料科学	数学	微生物学	分子生物学与遗传学	综合交叉学科	神经科学与行为	药理学与毒理学	物理学	植物学与动物学	心理学	社会科学	空间科学	机构进入ESI学科数
中国农业科学院农业环境与保护研究所	4978	—	—	—	—	—	—	—	931	—	—	—	—	—	—	—	—	—	—	—	—	—	—	1
北京航空材料研究所	5154	—	—	—	—	—	—	—	—	—	—	1018	—	—	—	—	—	—	—	—	—	—	—	1
中国林业科学研究院森林生态环境保护研究所	5180	—	—	—	—	—	—	—	1345	—	—	—	—	—	—	—	—	—	—	1408	—	—	—	2
中国科学院电子学研究所	5185	—	—	—	—	—	—	2446	—	836	—	—	—	—	—	—	—	—	—	—	—	—	—	2
有色金属研究总院	5206	—	—	—	—	—	—	—	—	—	—	1033	—	—	—	—	—	—	—	—	—	—	—	1
中国林业科学研究院林产化学工业研究所	5315	—	—	1471	—	—	—	—	—	—	—	—	—	—	—	—	—	—	—	—	—	—	—	1
中国农业科学院生物技术研究所	5823	—	—	—	—	—	—	—	—	—	—	—	—	—	—	—	—	—	—	781	—	—	—	1
中国中医科学院中药研究所	5948	—	—	—	—	—	—	—	—	—	—	—	—	—	—	—	—	585	—	—	—	—	—	1
中国空间技术研究院	6185	—	—	—	—	—	—	1417	—	—	—	—	—	—	—	—	—	—	—	—	—	—	—	1
中国疾病预防控制中心环境与健康研究所	6405	—	—	—	—	—	—	—	1362	—	—	—	—	—	—	—	—	—	—	—	—	—	—	1
中国林业科学研究院林业研究所	6531	—	—	—	—	—	—	—	—	—	—	—	—	—	—	—	—	—	—	935	—	—	—	1
中国林业科学研究院树木遗传育种国家重点实验室	6612	—	—	—	—	—	—	—	—	—	—	—	—	—	—	—	—	—	—	959	—	—	—	1
中国建筑科学研究院	6773	—	—	—	—	—	—	1594	—	—	—	—	—	—	—	—	—	—	—	—	—	—	—	1
中国农业科学院饲料研究所	7349	—	—	—	—	—	—	—	—	—	—	—	—	—	—	—	—	—	—	1083	—	—	—	1
中国科学院软件研究所	7515	—	—	—	—	657	—	—	—	—	—	—	—	—	—	—	—	—	—	—	—	—	—	1
中国科学院声学研究所	7583	—	—	—	—	—	—	1803	—	—	—	—	—	—	—	—	—	—	—	—	—	—	—	1
中国科学院科技政策与管理科学研究所	7609	—	—	—	—	—	—	1818	—	—	—	—	—	—	—	—	—	—	—	—	—	—	—	1
北京应用物理与计算数学研究所	7951	—	—	—	—	—	—	—	—	—	—	—	273	—	—	—	—	—	—	—	—	—	—	1
北京控制工程研究所	7975	—	—	—	—	—	—	1956	—	—	—	—	—	—	—	—	—	—	—	—	—	—	—	1
中国医学科学院药用生物技术研究所	8252	—	—	—	—	—	—	—	—	—	—	—	—	—	—	—	—	1082	—	—	—	—	—	1
北京石油化工研究院	8332	—	—	—	—	—	—	2107	—	—	—	—	—	—	—	—	—	—	—	—	—	—	—	1
中国运载火箭技术研究院	8338	—	—	—	—	—	—	2109	—	—	—	—	—	—	—	—	—	—	—	—	—	—	—	1

续表

研究机构	综合	农业科学	生物学与生物化学	化学	临床医学	计算机科学	经济与商业	工程科学	环境生态学	地球科学	免疫学	材料科学	数学	微生物学	分子生物学与遗传学	综合交叉学科	神经科学与行为	药理学与毒理学	物理学	植物学与动物学	心理学	社会科学	空间科学	机构进入ESI学科数
中国农业科学院农产品质量标准与检测技术研究所	8713	1036	—	—	—	—	—	—	—	—	—	—	—	—	—	—	—	—	—	—	—	—	—	1
中国计量科学研究院	9018	—	—	—	—	—	—	2440	—	—	—	—	—	—	—	—	—	—	—	—	—	—	—	1
中国农业科学院研究生院	9033	1165	—	—	—	—	—	—	—	—	—	—	—	—	—	—	—	—	—	—	—	—	—	1
中国农业科学院蜜蜂研究所	9042	1174	—	—	—	—	—	—	—	—	—	—	—	—	—	—	—	—	—	—	—	—	—	1
中国农业科学院都市农业研究所	9052	1183	—	—	—	—	—	—	—	—	—	—	—	—	—	—	—	—	—	—	—	—	—	1
中国林业科学研究院木材工业研究所	9098	—	—	—	—	—	—	—	—	—	—	—	—	—	—	—	—	—	—	1746	—	—	—	1
国际竹藤中心	9105	—	—	—	—	—	—	—	—	—	—	—	—	—	—	—	—	—	—	1763	—	—	—	1

表 3-12　2023 年北京市各企业进入 ESI 前 1%的学科及排名

企业	综合	农业科学	生物学与生物化学	化学	临床医学	计算机科学	经济与商业	工程科学	环境生态学	地球科学	免疫学	材料科学	数学	微生物学	分子生物学与遗传学	综合交叉学科	神经科学与行为	药理学与毒理学	物理学	植物学与动物学	心理学	社会科学	空间科学	机构进入ESI学科数
中国石油天然气集团有限公司	1256	—	—	682	—	—	—	411	—	115	—	922	—	—	—	—	—	—	—	—	—	—	—	4
中国石油化工集团公司	1593	—	—	683	—	—	—	594	—	232	—	1169	—	—	—	—	—	—	—	—	—	—	—	4
国家电网有限公司	2420	—	—	—	—	—	—	238	—	—	—	—	—	—	—	—	—	—	—	—	—	—	—	1
中国海洋石油总公司	3502	—	—	—	—	—	—	1167	—	515	—	—	—	—	—	—	—	—	—	—	—	—	—	2
中国烟草总公司	4059	821	—	1586	—	—	—	—	—	—	—	—	—	—	—	—	—	—	—	1272	—	—	—	3
中国航空工业集团公司	4088	—	—	—	—	—	—	1253	—	—	—	1145	—	—	—	—	—	—	—	—	—	—	—	2
中国钢研科技集团有限公司	4700	—	—	—	—	—	—	—	—	—	—	871	—	—	—	—	—	—	—	—	—	—	—	1
中国移动通信集团公司	5392	—	—	—	—	529	—	2420	—	—	—	—	—	—	—	—	—	—	—	—	—	—	—	2
中科合成油有限公司	5684	—	—	1632	—	—	—	—	—	—	—	—	—	—	—	—	—	—	—	—	—	—	—	1
中国电子科技集团公司	6336	—	—	—	—	—	—	1465	—	—	—	—	—	—	—	—	—	—	—	—	—	—	—	1
中国中车集团公司	6858	—	—	—	—	—	—	1611	—	—	—	—	—	—	—	—	—	—	—	—	—	—	—	1
百度公司	7844	—	—	—	—	—	—	1915	—	—	—	—	—	—	—	—	—	—	—	—	—	—	—	1

表 3-13 　2023 年北京市各医院及其他事业单位进入 ESI 前 1%的学科及排名

医院及其他事业单位	综合	农业科学	生物学与生物化学	化学	临床医学	计算机科学	经济与商业	工程科学	环境生态学	地球科学	免疫学	材料科学	数学	微生物学	分子生物学与遗传学	综合交叉学科	神经科学与行为	药理学与毒理学	物理学	植物学与动物学	心理学	社会科学	空间科学	机构进入ESI学科数
农业农村部	264	2	168	259	2353	449	—	343	71	487	572	964	—	51	298	181	—	346	—	7	—	—	—	15
中国科学院纳米科学与技术中心	755			277	5032			1408				66						1013	720					6
生态环境研究中心	762	434	1014	502				463	24	542		1068		483						1154		1641		10
中国疾病预防控制中心	765	789	1364		414			498			217			77				1116	865			574		9
中国人民解放军总医院	875		541		516						544	850						473	710	456				7
北京协和医院	1012		869		496						555						736	987	934					6
中国气象局	1202	1107						1693	416	49														4
中国地质调查局	1208							1267	777	40														3
自然资源部	1223	900						586	341	109										812		790		6
中国医学科学院肿瘤医院	1613				723										920									2
中国科学院国家天文台	1699																						97	1
中国医学科学院阜外医院	1728				694																			1
中日友好医院	1981				865													1056						2
中国地震局	2117							1186		152														2
中国疾病预防控制中心慢性非传染性疾病控制中心	2378				1165				1873													1794		3
水利部	2517	254						1802	708	1056										1313				5
中国疾病预防控制中心病毒病预防控制所	2725				1884						895			324										3
北京医院	3662				1854																			1
中国人民解放军总医院第五医学中心	3798				2182													1231						2
北京大学人民医院	4150				2203																			1
中国疾病预防控制中心传染病预防控制所	4693													257										1
中国中医科学院广安门医院	4837				3347													1154						2
中国环境规划院	5140							2417	1233															
中国出生缺陷监测中心	5301																							
中国教育部	5497							1161																
中国中医科学院西苑医院	5570				4726													1194						2
北京大学肿瘤医院	5657				3337																			1
中国疾病预防控制中心职业卫生与中毒控制所	5720				3389																			1

续表

医院及其他事业单位	综合	农业科学	生物学与生物化学	化学	临床医学	计算机科学	经济与商业	工程科学	环境生态学	地球科学	免疫学	材料科学	数学	微生物学	分子生物学与遗传学	综合交叉学科	神经科学与行为	药理学与毒理学	物理学	植物学与动物学	心理学	社会科学	空间科学	机构进入ESI学科数
北京积水潭医院	5898	—	—	—	3538	—	—	—	—	—	—	—	—	—	—	—	—	—	—	—	—	—	—	1
中国环境监测总站	6176	—	—	—	—	—	—	—	1293	—	—	—	—	—	—	—	—	—	—	—	—	—	—	1
中国国家妇幼卫生监测中心	6569	—	—	—	—	—	—	—	—	—	—	—	—	—	—	—	—	—	—	—	—	—	—	1
北京大学第三医院	7254	—	—	—	4720	—	—	—	—	—	—	—	—	—	—	—	—	—	—	—	—	—	—	1
北京市疾病预防控制中心	7301	—	—	—	4767	—	—	—	—	—	—	—	—	—	—	—	—	—	—	—	—	—	—	1
中国人民解放军总医院第六医学中心	7420	—	—	—	4875	—	—	—	—	—	—	—	—	—	—	—	—	—	—	—	—	—	—	1
北京市朝阳区医院	7517	—	—	—	4982	—	—	—	—	—	—	—	—	—	—	—	—	—	—	—	—	—	—	1
中国卫生部	7782	—	—	—	5239	—	—	—	—	—	—	—	—	—	—	—	—	—	—	—	—	—	—	1
中国医学科学院整形外科医院	8269	—	—	—	5677	—	—	—	—	—	—	—	—	—	—	—	—	—	—	—	—	—	—	1
中国高血压联盟	8290	—	—	—	5696	—	—	—	—	—	—	—	—	—	—	—	—	—	—	—	—	—	—	1

表 3-14　2023 年北京市发明专利申请量十强技术领域

序号	IPC 号（技术领域）	发明专利申请量/件
1	G06F（电子数字数据处理）	39 668
2	G06Q（专门适用于行政、商业、金融、管理、监督或预测目的的数据处理系统或方法；其他类目不包含的专门适用于行政、商业、金融、管理、监督或预测目的的处理系统或方法）	13 420
3	H04L［数字信息的传输，例如电报通信（电报和电话通信的公用设备入 H04M）]	13 213
4	H04W［无线通信网络（广播通信入 H04H；使用无线链路来进行非选择性通信的通信系统，如无线扩展入 H04M1/72）]	7 347
5	G06V（图像、视频识别或理解）	6 877
6	G06T（图像数据处理）	6 355
7	G01N（借助于测定材料的化学或物理性质来测试或分析材料）	6 021
8	H04N（图像通信，如电视）	3 886
9	E21B［土层或岩石的钻进（采矿、采石入 E21C；开凿立井、掘进平巷或隧洞入 E21D）；从井中开采油、气、水、可溶解或可熔化物质或矿物泥浆]	2 551
10	H02J（供电或配电的电路装置或系统；电能存储系统）	2 470

资料来源：科技大数据湖北省重点实验室

表 3-15　2023 年北京市发明专利申请量优势企业和科研机构列表

序号	优势企业	发明专利申请量/件	序号	优势科研机构	发明专利申请量/件
1	中国石油化工股份有限公司	5626	1	北京理工大学	3468
2	中国工商银行股份有限公司	4656	2	清华大学	3425
3	京东方科技集团股份有限公司	4128	3	北京航空航天大学	3166
4	北京小米移动软件有限公司	3833	4	北京工业大学	1799

续表

序号	优势企业	发明专利申请量/件	序号	优势科研机构	发明专利申请量/件
5	中国银行股份有限公司	3539	5	北京科技大学	1535
6	中国联合网络通信集团有限公司	3198	6	北京邮电大学	1319
7	中国建设银行股份有限公司	2651	7	北京大学	1216
8	中国电信股份有限公司	2562	8	中国农业大学	1139
9	北京百度网讯科技有限公司	2302	9	北京化工大学	965
10	中国石油天然气股份有限公司	2287	10	华北电力大学	910
11	北京字节跳动网络技术有限公司	2147	11	北京交通大学	871
12	中国石油天然气集团有限公司	1763	12	中国科学院空天信息创新研究院	792
13	中国移动通信有限公司研究院	1686	13	中国科学院微电子研究所	619
14	中国电力科学研究院有限公司	1663	14	中国石油大学（北京）	615
15	联想（北京）有限公司	1287	15	中国矿业大学（北京）	563
16	北京达佳互联信息技术有限公司	1106	16	中国原子能科学研究院	524
17	中国电信股份有限公司技术创新中心	1074	17	中国人民解放军军事科学院军事医学研究院	445
18	大唐移动通信设备有限公司	780	18	中国科学院自动化研究所	438
19	中国农业银行股份有限公司	759	19	中国科学院过程工程研究所	419
20	北京罗克维尔斯科技有限公司	664	20	中国科学院理化技术研究所	401

资料来源：科技大数据湖北省重点实验室

3.3.2 上海市

2023 年，上海市基础研究竞争力指数为 84.8078，排名第 2 位。综合全市各学科论文数、被引量情况来看，上海市的基础研究优势学科为多学科材料、电子与电气工程、多学科化学、物理化学、应用物理学、纳米科学与技术、环境科学、化学工程、人工智能、能源与燃料等。多学科材料学科的高频词包括机械性能、微观结构、机器学习、氧化还原反应、MXene 材料等；电子与电气工程学科的高频词包括深度学习、任务分析、特征提取、训练、变压器等；多学科化学学科的高频词包括光催化、自我装配、免疫疗法、共价有机框架、金属有机框架等（表 3-16）。

表 3-16　2023 年上海市基础研究优势学科及高频词

序号	活跃学科	SCI 学科活跃度	高频词（词频）
1	多学科材料	6.51	机械性能（190）；微观结构（156）；机器学习（58）；氧化还原反应（34）；MXene 材料（34）；微波吸收（32）；抗腐蚀性（31）；静电纺丝（31）；增材制造（30）；金属有机框架（29）；深度学习（28）；锂离子电池（28）；数值模拟（28）；3D 打印（28）；石墨烯（27）；异质结构（26）；光催化（26）；稳定性（25）；钙钛矿太阳能电池（24）；自我装配（24）；析氧反应（23）；热导率（23）；免疫疗法（22）；腐蚀（22）；析氢反应（22）；激光粉末床熔接（21）；钠离子电池（21）；铁死亡（20）；电催化（20）；共价有机框架（17）

续表

序号	活跃学科	SCI 学科活跃度	高频词（词频）
2	电子与电气工程	4.37	深度学习（173）；任务分析（146）；特征提取（140）；训练（106）；变压器（95）；优化（90）；数据模型（79）；计算模型（75）；注意力机制（75）；传感器（72）；数学模型（59）；预测模型（57）；估算（49）；成本（49）；三维显示（40）；自适应模型（38）；轨迹（37）；拓扑结构（37）；语义学（35）；延迟（34）；汽车动力学（34）；无线通信（33）；资源管理（33）；实时系统（33）；集成电路建模（32）；卷积神经网络（31）；启发式算法（31）；目标检测（31）；卷积（30）；不确定性（30）
3	多学科化学	4.31	光催化（49）；自我装配（35）；免疫疗法（34）；共价有机框架（28）；金属有机框架（28）；铁死亡（26）；氧化还原反应（19）；析氢反应（19）；电催化（18）；机器学习（17）；不对称催化（17）；深度学习（17）；稳定性（16）；微波吸收（15）；纳米医学（15）；静电纺丝（15）；二氧化碳减排（15）；MXene 材料（14）；析氧反应（13）；声动力疗法（13）；钠离子电池（12）；锂离子电池（12）；发炎（12）；药物递送（12）；免疫原性细胞死亡（12）；肿瘤微环境（12）；细胞外囊泡（11）；氧化应激（11）；光热疗法（11）；骨再生（11）
4	物理化学	3.96	光催化（67）；析氢反应（42）；氧化还原反应（40）；析氧反应（39）；电催化（39）；锂离子电池（34）；金属有机框架（34）；静电纺丝（32）；机械性能（29）；电催化剂（28）；稳定性（26）；MXene 材料（24）；异质结构（24）；离散傅里叶变换（23）；水分解（21）；微观结构（20）；氧空位（20）；密度泛函理论（19）；钠离子电池（16）；二氧化碳减排（16）；氢气生产（16）；微波吸收（16）；氢能（15）；二氧化钛（15）；协同效应（15）；钙钛矿太阳能电池（14）；免疫疗法（14）；自我装配（14）；石墨烯（13）；共价有机框架（13）
5	应用物理学	3.76	传感器（42）；深度学习（41）；机械性能（33）；微观结构（33）；机器学习（26）；析氢反应（19）；石墨烯（19）；稳定性（18）；静电纺丝（17）；微波吸收（17）；MXene 材料（15）；数值模拟（15）；自我装配（14）；钙钛矿太阳能电池（14）；锂离子电池（14）；析氧反应（13）；热导率（13）；3D 打印（13）；光催化（13）；二维材料（13）；注意力机制（12）；金属有机框架（12）；超表面（12）；离散傅里叶变换（12）；电催化（12）；氧化还原反应（12）；铁死亡（11）；钠离子电池（11）；光电探测器（11）；免疫疗法（11）
6	纳米科学与技术	3.47	金属有机框架（39）；免疫疗法（30）；氧化还原反应（27）；水凝胶（25）；骨再生（25）；铁死亡（25）；静电纺丝（25）；机械性能（23）；机器学习（22）；MXene 材料（21）；析氢反应（20）；自我装配（19）；析氧反应（19）；光催化（19）；纳米医学（18）；药物递送（17）；微波吸收（17）；活性氧（16）；稳定性（16）；石墨烯（16）；声动力疗法（16）；纳米粒子（16）；细胞外囊泡（16）；共价有机框架（16）；3D 打印（15）；光热疗法（15）；微流控（15）；免疫原性细胞死亡（15）；微观结构（14）；电催化（14）
7	环境科学	3.18	中国（55）；微塑料（55）；机器学习（40）；重金属（39）；微生物群落（32）；吸附（30）；深度学习（27）；生命周期评估（26）；风险评估（24）；氧化应激（24）；碳排放（23）；可持续发展（23）；抗生素耐药基因（22）；生物炭（22）；抗生素（21）；空气污染（20）；生物降解（20）；COVID-19（18）；污染源解析（18）；厌氧消化（17）；臭氧（17）；污水污泥（17）；光催化（16）；上海（16）；空间分布（14）；过氧化氢硫酸盐（14）；沉积物（13）；食品废弃物（13）；多环芳烃（13）；气候变化（13）
8	化学工程	2.73	光催化（35）；吸附（28）；离散傅里叶变换（28）；氧空位（27）；纳米过滤（25）；动力学（23）；数值模拟（20）；密度泛函理论（19）；过氧化氢硫酸盐（17）；动力学模型（17）；机器学习（17）；海水淡化（15）；电容去离子（15）；热解（15）；MXene 材料（14）；协同效应（14）；氢能（12）；微生物群落（12）；二氧化碳（12）；膜结垢（11）；界面聚合（11）；氧化还原反应（11）；电催化（10）；氨（10）；二氧化碳减排（10）；反应机制（10）；地下水修复（9）；氧化作用（9）；污水污泥（9）
9	人工智能	2.72	深度学习（160）；变压器（76）；任务分析（58）；特征提取（43）；注意力机制（41）；训练（38）；神经网络（35）；对比学习（34）；图形神经网络（34）；机器学习（32）；表征学习（29）；优化（28）；目标检测（28）；不确定性（25）；数据模型（25）；卷积神经网络（22）；知识图谱（21）；迁移学习（20）；小样本学习（20）；强化学习（20）；计算模型（19）；预测模型（19）；可视化（18）；自监督学习（17）；语义学（15）；故障诊断（14）；对称矩阵（14）；计算机视觉（14）；图像分割（14）；多任务学习（14）

续表

序号	活跃学科	SCI 学科活跃度	高频词（词频）
10	能源与燃料	2.6	锂离子电池（50）；相变材料（29）；氢能（22）；质子交换膜燃料电池（22）；PEMFC（20）；数值模拟（19）；热解（18）；热能储存（18）；氨（18）；氢气生产（18）；可再生能源（18）；多目标优化（17）；深度学习（17）；综合能源系统（17）；稳定性（16）；电动汽车（15）；动力学模型（15）；能量存储（14）；故障诊断（14）；太阳能（13）；钙钛矿太阳能电池（13）；机器学习（13）；离散傅里叶变换（12）；热力学分析（11）；计算流体动力学（11）；优化（10）；密度泛函理论（10）；燃料电池（10）；析氧反应（9）；生物量（9）

资料来源：科技大数据湖北省重点实验室

2023 年，综合本市各学科的发文数量和排名位次来看，2023 年上海市基础研究在全国范围内较为突出的学科为肿瘤学、海事工程、病理学、寄生物学、热带医学、计算机科学理论与方法、细胞生物学、实验医学、生物医学工程、放射医学与医学影像等。

2023 年，上海市科学技术支出经费 528.1 亿元，全国排名第 5 位。截至 2023 年 12 月，上海市拥有国家重大科技基础设施 14 个，国家实验室 3 个，全国重点实验室 35 个，省级重点实验室 170 个；拥有院士 174 位，全国排名第 2 位。

上海市发表 SCI 论文数量较多的学科为多学科材料、电子与电气工程、多学科化学、物理化学、应用物理学、环境科学、纳米科学与技术、人工智能、肿瘤学、化学工程（表 3-17）。上海市共有 57 个机构进入相关学科的 ESI 全球前 1%行列（表 3-18）；发明专利申请量共 97 066 件，全国排名第 5 位，发明专利申请量十强技术领域见表 3-19，发明专利申请量优势企业和科研机构见表 3-20。

表 3-17　2023 年上海市主要学科发文量、被引频次

序号	学科	论文数/篇（全国排名，市内排名）	被引次数/次（全国排名，市内排名）	篇均被引/次（全国排名，市内排名）	国际合作率（全国排名，市内排名）	国际合作度（全国排名，市内排名）
1	多学科材料	6 485（3，1）	44 007（3，1）	6.79（7，11）	0.21（2，105）	19.94（3，1）
2	电子与电气工程	4 447（4，2）	15 861（4，8）	3.57（14，87）	0.25（5，86）	14.33（4，2）
3	多学科化学	3 938（3，3）	33 307（3，2）	8.46（5，5）	0.18（4，122）	10.88（4，5）
4	物理化学	3 542（3，4）	30 523（4，3）	8.62（15，4）	0.2（6，115）	12.16（3，3）
5	应用物理学	3 518（3，5）	22 563（3，5）	6.41（5，15）	0.18（3，124）	10.62（3，6）
6	环境科学	2 977（6，6）	16 059（7，7）	5.39（15，27）	0.2（9，110）	8.61（5，9）
7	纳米科学与技术	2 952（3，7）	27 039（3，4）	9.16（13，2）	0.21（5，102）	11.08（3，4）
8	人工智能	2 603（3，8）	10 512（4，12）	4.04（20，61）	0.51（5，36）	10.58（4，7）
9	肿瘤学	2 382（1，9）	6 763（2，18）	2.84（8，125）	0.1（2，187）	5.48（1，28）
10	化学工程	2 316（4，10）	16 843（4，6）	7.27（19，9）	0.17（19，139）	6.35（4，20）
11	能源与燃料	2 231（6，11）	14 945（6，10）	6.7（19，9）	0.18（17，125）	7.18（4，13）
12	生物化学与分子生物学	1 965（4，12）	9 157（4，15）	4.66（7，43）	0.14（6，152）	5.12（4，33）
13	土木工程	1 934（3，13）	9 334（3，14）	4.83（8，35）	0.26（11，83）	10.23（2，8）
14	光学	1 812（3，14）	4 882（2，25）	2.69（20，136）	0.13（12，167）	4.46（2，46）
15	计算机信息系统	1 656（4，15）	4 551（6，27）	2.75（15，131）	0.31（5，71）	7.58（5，10）
16	药学与药理学	1 654（5，16）	6 920（3，17）	4.18（2，56）	0.11（3，184）	4.83（2，39）

续表

序号	学科	论文数/篇（全国排名，市内排名）	被引次数/次（全国排名，市内排名）	篇均被引/次（全国排名，市内排名）	国际合作率（全国排名，市内排名）	国际合作度（全国排名，市内排名）
17	凝聚态物理	1 615（3，17）	14 982（4，9）	9.28（8，1）	0.24（3，91）	7.05（3，17）
18	机械工程	1 556（4，18）	6 360（4，19）	4.09（20，60）	0.18（15，129）	6.27（3，21）
19	环境工程	1 532（4，19）	13 618（5，11）	8.89（25，3）	0.22（20，100）	5.79（5，24）
20	多学科	1 530（3，20）	9 913（2，13）	6.48（4，13）	0.3（4，76）	7.08（2，16）

资料来源：科技大数据湖北省重点实验室

注：学科排序为发表的论文数量

表 3-18　2023 年上海市各研究机构进入 ESI 前 1%的学科及排名

研究机构	综合	农业科学	生物学与生物化学	化学	临床医学	计算机科学	经济与商业	工程科学	环境生态学	地球科学	免疫学	材料科学	数学	微生物学	分子生物学与遗传学	综合交叉学科	神经科学与行为	药理学与毒理学	物理学	植物学与动物学	心理学	社会科学	空间科学	机构进入ESI学科数
上海交通大学	40	114	48	43	85	19	139	8	123	516	129	10	188	160	53	171	171	19	57	288	237	310	—	21
复旦大学	80	619	96	41	101	161	150	183	157	282	134	28	310	90	71	74	161	22	144	477	581	316	—	21
同济大学	166	1187	230	161	436	56	317	17	80	164	452	55	157	588	211	—	569	211	476	1717	916	321	—	20
上海大学	456	—	1000	131	3050	120	381	109	508	—	—	88	186	—	—	—	—	—	1284	460	1644	—	744	13
华东师范大学	457	940	736	99	2922	241	—	349	161	300	—	207	319	—	893	—	892	1086	558	418	536	388	—	17
华东理工大学	462	745	420	34	—	5429	256	—	159	626	—	145	—	—	—	—	—	703	—	—	—	1964	—	10
东华大学	674	—	1142	176	—	329	—	308	831	—	—	78	321	—	—	—	—	—	—	—	—	—	—	7
中国科学院上海硅酸盐研究所	891	—	—	383	—	—	—	1338	—	—	—	86	—	—	—	—	—	—	872	—	—	—	—	4
上海科技大学	952	—	496	346	3646	500	—	1122	—	—	—	360	—	—	482	—	—	—	812	1555	—	—	—	9
中国科学院上海有机化学研究所	1060	—	1486	64	—	—	—	—	—	—	—	—	—	—	—	—	—	—	—	—	—	—	—	2
中国科学院上海应用物理研究所	1132	—	—	216	—	—	—	1564	1526	—	—	336	—	—	—	—	—	—	686	—	—	—	—	5
中国科学院上海药物研究所	1332	—	760	427	3201	—	—	—	—	—	—	909	—	—	722	—	—	131	—	—	—	—	—	6
上海中医院大学	1418	—	794	1442	1200	—	—	—	—	—	—	—	—	—	919	—	—	78	—	—	—	—	—	5
中国科学院分子细胞科学卓越创新中心	1741	—	659	—	3375	—	—	—	—	—	—	—	—	1031	323	—	—	—	—	—	—	—	—	4
上海师范大学	1824	—	—	775	—	—	—	—	1398	1440	—	633	187	—	—	—	—	—	—	665	—	1581	—	7
上海污染控制与生态安全研究所	1860	—	—	1195	—	—	—	576	358	—	—	1357	—	—	—	—	—	—	—	—	—	—	—	4
上海海洋大学	1906	320	1273	1896	—	—	—	—	1487	832	980	—	—	—	—	—	—	—	—	336	—	—	—	7
中国科学院上海微系统与信息技术研究所	1938	—	—	922	—	—	—	1513	—	—	—	559	—	—	—	—	—	—	845	—	—	—	—	4
中国科学院上海高等研究院	2049	—	—	534	—	—	—	1703	—	—	—	604	—	—	—	—	—	—	—	—	—	—	—	3
上海海事大学	2157	—	—	—	—	406	—	379	1770	—	—	1198	—	—	—	—	—	—	—	—	—	1185	—	5
上海工程技术大学	2280	—	—	1064	—	—	—	723	—	—	—	607	—	—	—	—	—	—	—	—	—	—	—	3
上海电力学院	2397	—	—	1243	—	—	—	655	—	—	—	710	—	—	—	—	—	—	—	—	—	—	—	3
中国科学院上海天文台	2422	—	—	—	—	—	—	—	—	—	—	—	—	—	—	—	—	—	—	—	—	—	162	1

续表

研究机构	综合	农业科学	生物学与生物化学	化学	临床医学	计算机科学	经济与商业	工程科学	环境生态学	地球科学	免疫学	材料科学	数学	微生物学	分子生物学与遗传学	综合交叉学科	神经科学与行为	药理学与毒理学	物理学	植物学与动物学	心理学	社会科学	空间科学	机构进入ESI学科数
上海应用技术学院	2484	642	—	878	—	—	—	1627	—	—	—	841	—	—	—	—	—	—	—	—	—	—	—	4
中国科学院上海光学精密机械研究所	2614	—	—	—	—	—	—	—	—	—	—	962	—	—	—	—	—	—	645	—	—	—	—	2
上海财经大学	2665	—	—	—	—	—	143	1235	1416	—	—	—	—	—	—	—	—	—	—	—	—	709	—	4
中国科学院分子植物科学卓越创新中心	2666	—	—	—	—	—	—	—	—	—	—	—	—	—	959	—	—	—	—	203	—	—	—	2
高新船舶与深海开发装备协同创新中心	3498	—	—	—	—	—	—	714	—	—	—	1292	—	—	—	—	—	—	—	—	—	—	—	2
中国科学院上海技术物理研究所	3759	—	—	—	—	—	—	—	—	—	—	605	—	—	—	—	—	—	—	—	—	—	—	1
中国科学院上海营养与健康研究所	4190	—	—	—	4938	—	—	—	—	—	—	—	—	—	1047	—	—	—	—	—	—	—	—	2
中国科学院上海免疫与感染研究所	4365	—	—	—	5632	—	—	—	—	—	840	—	—	646	—	—	—	—	—	—	—	—	—	3
张江实验室	4408	—	—	1811	—	—	—	—	—	—	—	1298	—	—	—	—	—	—	—	—	—	—	—	2
上海理工大学	4443	750	—	596	—	375	—	1073	1097	—	—	341	43	—	—	—	—	—	799	—	—	2164	—	9
纽约大学上海分校	5080	—	1550	—	—	—	—	—	—	—	—	—	—	—	—	—	—	—	—	—	—	2013	—	2
中国宝武钢铁集团有限公司	5134	—	—	—	—	—	—	—	—	—	—	1013	—	—	—	—	—	—	—	—	—	—	—	1
上海市农业科学院	5261	828	—	—	—	—	—	—	—	—	—	—	—	—	—	—	—	—	—	1049	—	—	—	2
上海市疾病预防控制中心	5288	—	—	—	3045	—	—	—	—	—	—	—	—	—	—	—	—	—	—	—	—	—	—	1
上海体育大学	5453	—	—	—	3644	—	—	—	—	—	—	—	—	—	—	—	—	—	—	—	—	2042	—	2
中国科学院脑科学与智能技术卓越创新中心	5539	—	—	—	—	—	—	—	—	—	—	—	—	—	—	—	917	—	—	—	—	—	—	1
上海科学院	5819	—	—	—	3467	—	—	—	—	—	—	—	—	—	—	—	—	—	—	—	—	—	—	1
上海健康医学院	6199	—	—	—	3777	—	—	—	—	—	—	—	—	—	—	—	—	—	—	—	—	—	—	1
上海环境科学研究院	6406	—	—	—	—	—	—	—	—	—	—	—	—	—	—	—	—	—	—	—	—	—	—	
嘉会医疗	6809	—	—	—	4306	—	—	—	—	—	—	—	—	—	—	—	—	—	—	—	—	—	—	
上海市肺科医院	7457	—	—	—	4914	—	—	—	—	—	—	—	—	—	—	—	—	—	—	—	—	—	—	1
中国农业科学院上海兽医研究所	7490	—	—	—	—	—	—	—	—	—	—	—	—	648	—	—	—	—	—	—	—	—	—	1
默沙东(中国)投资有限公司	7791	—	—	—	—	—	—	—	—	—	—	—	—	—	—	—	—	—	—	—	—	—	—	
上海呼吸研究所	8092	—	—	—	5515	—	—	—	—	—	—	—	—	—	—	—	—	—	—	—	—	—	—	1
上海市第一人民医院	8108	—	—	—	5528	—	—	—	—	—	—	—	—	—	—	—	—	—	—	—	—	—	—	1
中国船舶科学研究中心	8186	—	—	—	—	—	—	2040	—	—	—	—	—	—	—	—	—	—	—	—	—	—	—	
上海市浦东新区公利医院	8336	—	—	—	5742	—	—	—	—	—	—	—	—	—	—	—	—	—	—	—	—	—	—	1

续表

研究机构	综合	农业科学	生物学与生物化学	化学	临床医学	计算机科学	经济与商业	工程科学	环境生态学	地球科学	免疫学	材料科学	数学	微生物学	分子生物学与遗传学	综合交叉学科	神经科学与行为	药理学与毒理学	物理学	植物学与动物学	心理学	社会科学	空间科学	机构进入ESI学科数
上海辰山植物园	8449	—	—	—	—	—	—	—	—	—	—	—	—	—	—	—	—	—	—	1419	—	—	—	1
上海心血管病研究所	8469	—	—	—	5880	—	—	—	—	—	—	—	—	—	—	—	—	—	—	—	—	—	—	1
中国船舶开发与设计中心	8504	—	—	—	—	—	—	2194	—	—	—	—	—	—	—	—	—	—	—	—	—	—	—	1
上海市辅助生殖与生殖遗传重点实验室	8519	—	—	—	5926	—	—	—	—	—	—	—	—	—	—	—	—	—	—	—	—	—	—	1
奉贤区古华医院	8664	—	—	—	6057	—	—	—	—	—	—	—	—	—	—	—	—	—	—	—	—	—	—	1
上海外国语大学	9204	—	—	—	—	—	—	—	—	—	—	—	—	—	—	—	—	—	—	—	—	2217	—	1

表 3-19　2023 年上海市发明专利申请量十强技术领域

序号	IPC 号（技术领域）	发明专利申请量/件
1	G06F（电子数字数据处理）	11 988
2	G06Q（专门适用于行政、商业、金融、管理、监督或预测目的的数据处理系统或方法；其他类目不包含的专门适用于行政、商业、金融、管理、监督或预测目的的处理系统或方法）	4 426
3	H04L［数字信息的传输，例如电报通信（电报和电话通信的公用设备入 H04M）］	3 152
4	G01N（借助于测定材料的化学或物理性质来测试或分析材料）	2 907
5	G06T（图像数据处理）	2 511
6	H01L［半导体器件；其他类目中不包括的电固体器件（使用半导体器件的测量入 G01；一般电阻器入 H01C；磁体、电感器、变压器入 H01F；一般电容器入 H01G；电解型器件入 H01G9/00；电池组、蓄电池入 H01M；波导管、谐振器或波导型线路入 H01P；线路连接器、汇流器入 H01R；受激发射器件入 H01S；机电谐振器入 H03H；扬声器、送话器、留声机拾音器或类似的声机电传感器入 H04R；一般电光源入 H05B；印刷电路、混合电路、电设备的外壳或结构零部件、电气元件的组件的制造入 H05K；在具有特殊应用的电路中使用的半导体器件见应用相关的小类）］	2 464
7	A61K［医用、牙科用或梳妆用的配制品（专门适用于将药品制成特殊的物理或服用形式的装置或方法 A61J 3/00；空气除臭，消毒或灭菌，或者绷带、敷料、吸收垫或外科用品的化学方面，或材料的使用入 A61L；肥皂组合物入 C11D）］	2 350
8	G06V（图像、视频识别或理解）	2 254
9	A61B［诊断；外科；鉴定（分析生物材料入 G01N，如 G01N 33/48）］	2 215
10	G01R［测量电变量；测量磁变量（指示谐振电路的正确调谐入 H03J3/12）］	1 575

资料来源：科技大数据湖北省重点实验室

表 3-20　2023 年上海市发明专利申请量优势企业和科研机构列表

序号	优势企业	发明专利申请量/件	序号	优势科研机构	发明专利申请量/件
1	国网上海市电力公司	804	1	上海交通大学	2758
2	中国建筑第八工程局有限公司	769	2	同济大学	2210
3	中银金融科技有限公司	499	3	复旦大学	1329
4	宝山钢铁股份有限公司	498	4	上海大学	1257
4	建信金融科技有限责任公司	498	5	华东理工大学	880
6	蚂蚁区块链科技（上海）有限公司	467	6	东华大学	681

续表

序号	优势企业	发明专利申请量/件	序号	优势科研机构	发明专利申请量/件
7	沪东中华造船（集团）有限公司	443	7	上海应用技术大学	557
8	上海外高桥造船有限公司	427	8	华东师范大学	522
9	上海哔哩哔哩科技有限公司	422	9	上海理工大学	520
10	中国航发商用航空发动机有限责任公司	411	10	上海工程技术大学	350
11	上海中通吉网络技术有限公司	406	11	中国科学院上海微系统与信息技术研究所	337
12	上海华虹宏力半导体制造有限公司	403	12	上海电力大学	334
13	展讯通信（上海）有限公司	387	13	中国科学院上海硅酸盐研究所	320
14	中芯国际集成电路制造（上海）有限公司	383	14	上海科技大学	290
15	江南造船（集团）有限责任公司	382	15	上海宇航系统工程研究所	277
16	上海朗帛通信技术有限公司	377	16	中国科学院上海光学精密机械研究所	243
17	上海汽车集团股份有限公司	358	17	上海卫星工程研究所	195
18	上海勘测设计研究院有限公司	341	18	上海海洋大学	192
19	上海华力集成电路制造有限公司	337	19	上海航天控制技术研究所	185
20	卡斯柯信号有限公司	321	20	上海海事大学	184

资料来源：科技大数据湖北省重点实验室

3.3.3 江苏省

2023年，江苏省基础研究竞争力指数为84.6037，排名第3位。综合全省各学科论文数、被引量情况来看，江苏省的基础研究优势学科为多学科材料、电子与电气工程、环境科学、物理化学、多学科化学、应用物理学、化学工程、纳米科学与技术、能源与燃料、环境工程等。多学科材料学科的高频词包括机械性能、微观结构、光催化、数值模拟、机器学习等；电子与电气工程学科的高频词包括深度学习、特征提取、任务分析、训练、优化等；环境科学学科的高频词包括中国、微塑料、气候变化、生物炭、机器学习等（表3-21）。

表3-21　2023年江苏省基础研究优势学科及高频词

序号	活跃学科	SCI学科活跃度	高频词（词频）
1	多学科材料	6.53	机械性能（353）；微观结构（329）；光催化（84）；数值模拟（71）；机器学习（64）；石墨烯（61）；抗腐蚀性（59）；MXene材料（56）；金属有机框架（45）；3D打印（44）；析氧反应（40）；电催化（39）；析氢反应（35）；深度学习（34）；钙钛矿太阳能电池（33）；抗压强度（32）；微观结构演变（31）；激光熔覆（30）；二维材料（30）；自我修复（29）；增材制造（28）；分子动力学（28）；稳定性（28）；光热疗法（28）；氧化还原反应（28）；微波吸收（27）；静电纺丝（26）；锂离子电池（26）；水凝胶（26）；细胞划痕实验（25）
2	电子与电气工程	4.7	深度学习（298）；特征提取（231）；任务分析（206）；训练（168）；优化（143）；传感器（135）；注意力机制（110）；数学模型（109）；数据模型（98）；目标检测（96）；估算（82）；延迟（80）；计算模型（80）；故障诊断（79）；无线通信（76）；不确定性（74）；预测模型（74）；卷积神经网络（73）；成本（70）；语义学（66）；启发式算法（65）；交换机（63）；扭矩（58）；物联网（55）；资源管理（52）；拓扑结构（49）；卷积（47）；水平旋翼（47）；相关性（47）；轨迹（47）

续表

序号	活跃学科	SCI 学科活跃度	高频词（词频）
3	环境科学	4.3	中国（119）；微塑料（98）；气候变化（84）；生物炭（81）；机器学习（79）；重金属（71）；吸附（69）；遥感（64）；可持续发展（54）；微生物群落（54）；深度学习（49）；镉（42）；风险评估（38）；细菌群落（37）；沉积物（37）；数值模拟（32）；空气污染（30）；氧化应激（28）；COVID-19（27）；光催化（26）；抗生素（26）；细颗粒物（26）；生物降解（26）；溶解有机物（25）；抗生素耐药基因（25）；毒性（23）；青藏高原（23）；二氧化碳排放（23）；斑马鱼（23）；土壤（22）
4	物理化学	4.14	光催化（160）；析氧反应（86）；析氢反应（67）；氧化还原反应（64）；电催化（62）；微观结构（59）；氧空位（56）；机械性能（56）；异质结构（55）；吸附（51）；金属有机框架（45）；稳定性（42）；MXene 材料（40）；离散傅里叶变换（32）；电催化剂（32）；水分解（29）；密度泛函理论（29）；氢气生产（23）；碳氮化物（22）；二氧化碳减排（21）；电子结构（21）；锂离子电池（20）；光催化剂（20）；协同效应（20）；超级电容器（20）；钙钛矿太阳能电池（19）；光热疗法（19）；退化（19）；抗菌性（19）；分子动力学（18）
5	多学科化学	4.02	光催化（64）；金属有机框架（51）；析氧反应（31）；机器学习（27）；电催化（26）；吸附（24）；药物递送（21）；免疫疗法（21）；水凝胶（21）；氧化还原反应（21）；微流控（20）；析氢反应（20）；细胞凋亡（19）；稳定性（19）；共价有机框架（18）；深度学习（18）；光热疗法（17）；数值模拟（17）；铁死亡（17）；机械性能（17）；自我装配（17）；光动力疗法（16）；聚集诱导发光（16）；水分解（16）；超级电容器（16）；细胞划痕实验（15）；钙钛矿太阳能电池（15）；活性氧（15）；3D 打印（15）；抗菌性（15）
6	应用物理学	3.82	微观结构（97）；传感器（79）；光催化（64）；深度学习（63）；机械性能（54）；石墨烯（40）；析氧反应（38）；数值模拟（30）；金属有机框架（29）；异质结构（28）；机器学习（27）；纳米粒子（23）；钙钛矿（23）；MXene 材料（23）；特征提取（22）；电催化（21）；析氢反应（20）；氧化还原反应（20）；复合材料（19）；光热疗法（19）；钙钛矿太阳能电池（18）；二维材料（18）；抗腐蚀性（18）；能量储存和转换（17）；自我修复（15）；氧化锌（15）；目标检测（15）；注意力机制（15）；3D 打印（14）；激光熔覆（14）
7	化学工程	3.31	光催化（90）；吸附（78）；生物量（54）；数值模拟（50）；氧空位（46）；金属有机框架（45）；过氧化氢硫酸盐（40）；生物炭（37）；热解（29）；机制（29）；密度泛函理论（25）；氧化还原反应（25）；木质素（25）；协同效应（23）；过氧单硫酸盐活化（22）；二氧化碳捕获（21）；S 型异质结（21）；密度泛函理论计算（20）；碳点（19）；海水淡化（19）；燃烧（18）；选择性吸附（18）；废水处理（18）；析氢反应（18）；纤维素（17）；过氧化氢（17）；3D 打印（17）；退化（17）；二氧化碳减排（16）；异质结构（16）
8	纳米科学与技术	3.03	金属有机框架（54）；水凝胶（37）；光热疗法（35）；细胞划痕实验（32）；光催化（31）；析氧反应（30）；电催化（28）；析氢反应（28）；微流控（27）；光动力疗法（27）；药物递送（27）；纳米酶（26）；氧化还原反应（25）；免疫疗法（25）；MXene 材料（24）；钙钛矿太阳能电池（21）；碳点（20）；静电纺丝（20）；纳米粒子（19）；活性氧（18）；铁死亡（18）；二维材料（18）；自我装配（17）；3D 打印（17）；抗菌性（17）；锂离子电池（16）；共价有机框架（15）；机械性能（15）；表面增强拉曼散射（15）；机器学习（15）
9	能源与燃料	3.02	数值模拟（69）；生物量（59）；锂离子电池（49）；相变材料（46）；优化（33）；热解（32）；热传递（31）；可再生能源（30）；超级电容器（26）；生物炭（25）；热能储存（23）；深度学习（22）；氢气生产（22）；热管理（22）；燃烧（21）；能源效率（21）；氢能（21）；吸附（21）；多目标优化（19）；木质素（19）；生物油（18）；析氢反应（18）；密度泛函理论（18）；太阳能（18）；酶水解（18）；能量存储（17）；机器学习（17）；煤炭自燃（17）；综合能源系统（16）；孔隙结构（16）
10	环境工程	2.4	光催化（68）；吸附（48）；氧空位（33）；过氧化氢硫酸盐（32）；微塑料（29）；金属有机框架（25）；生物炭（24）；微生物群落（22）；过氧单硫酸盐活化（22）；机制（20）；重金属（19）；氧化还原反应（17）；S 型异质结（17）；密度泛函理论（17）；机器学习（15）；MXene 材料（15）；四环素类药物（14）；退化（13）；碳点（13）；数值模拟（13）；生物降解（13）；电催化（13）；中国（13）；水凝胶（12）；溶解有机物（12）；热解（12）；生命周期评估（12）；毒性（12）；抗菌性（12）；过硫酸盐（12）

资料来源：科技大数据湖北省重点实验室

2023 年，综合本省各学科的发文数量和排名位次来看，2023 年江苏省基础研究在全国范围内较为突出的学科为生物化学与分子生物学、土木工程、食品科学、应用化学、药学与药理学、分析化学、聚合物学、建造技术、生物技术与应用微生物学、电化学等。

2023 年，江苏省科学技术支出经费 761.46 亿元，全国排名第 3 位。截至 2023 年 12 月，江苏省拥有国家重大科技基础设施 5 个，国家实验室 1 个，全国重点实验室 35 个，省级重点实验室 144 个，省实验室 3 个；拥有院士 107 位，全国排名第 3 位。

江苏省发表 SCI 论文数量较多的学科为多学科材料、电子与电气工程、环境科学、物理化学、多学科化学、应用物理学、化学工程、能源与燃料、纳米科学与技术、生物化学与分子生物学（表 3-22）。江苏省共有 53 个机构进入相关学科的 ESI 全球前 1% 行列（表 3-23）；发明专利申请量共 191 877 件，全国排名第 3 位，发明专利申请量十强技术领域见表 3-24，发明专利申请量优势企业和科研机构见表 3-25。

表 3-22 2023 年江苏省主要学科发文量、被引频次

序号	学科	论文数/篇（全国排名，省内排名）	被引次数/次（全国排名，省内排名）	篇均被引/次（全国排名，省内排名）	国际合作率（全国排名，省内排名）	国际合作度（全国排名，省内排名）
1	多学科材料	9 382（2，1）	61 916（2，1）	6.6（10，14）	0.19（4，127）	22.31（1，1）
2	电子与电气工程	6 899（2，2）	24 933（2，10）	3.61（11，92）	0.25（4，87）	21.66（2，2）
3	环境科学	6 046（2，3）	32 803（2，5）	5.43（13，30）	0.23（3，98）	14.99（2，4）
4	物理化学	5 387（2，4）	47 241（2，2）	8.77（12，5）	0.2（5，119）	15.1（1，3）
5	多学科化学	5 313（2，5）	41 567（2，3）	7.82（12，8）	0.18（6，134）	12.66（2，6）
6	应用物理学	5 212（2，6）	31 682（2，7）	6.08（9，20）	0.17（5，140）	12.61（2，7）
7	化学工程	4 186（2，7）	33 285（1，4）	7.95（14，6）	0.21（7，113）	10.36（2，13）
8	能源与燃料	3 852（2，8）	26 973（2，8）	7.0（11，11）	0.23（7，101）	11.0（2，11）
9	纳米科学与技术	3 607（2，9）	32 689（2，3）	9.06（17，3）	0.2（8，117）	11.79（2，9）
10	生物化学与分子生物学	3 018（1，10）	13 078（2，15）	4.33（11，53）	0.15（5，151）	6.84（3，26）
11	土木工程	2 993（1，11）	14 095（1，14）	4.71（10，41）	0.31（5，64）	14.04（1，5）
12	食品科学	2 813（1，12）	17 909（1，12）	6.37（4，15）	0.23（3，97）	10.45（1，12）
13	人工智能	2 628（2，13）	11 575（2，16）	4.4（11，51）	0.45（8，42）	12.16（2，8）
14	环境工程	2 512（2，14）	25 097（2，9）	9.99（10，2）	0.29（7，73）	9.98（1，15）
15	凝聚态物理	2 329（2，15）	20 564（2，11）	8.83（11，4）	0.22（7，107）	8.2（2，18）
16	计算机信息系统	2 304（2，16）	6 983（2，29）	3.03（12，125）	0.29（8，75）	10.3（2，14）
17	应用化学	2 188（1，17）	15 819（1，13）	7.23（13，10）	0.23（3，99）	8.02（1，19）
18	机械工程	2 184（2，18）	9 329（2，20）	4.27（17，60）	0.21（9，114）	7.42（2，21）
19	药学与药理学	2 096（1，19）	7 528（2，26）	3.59（12，94）	0.09（15，188）	3.8（5，60）
20	仪器与仪表	1 917（2，20）	6 778（2，30）	3.54（13，99）	0.18（2，132）	7.14（1，24）

资料来源：科技大数据湖北省重点实验室

注：学科排序为发表的论文数量

表 3-23　2023 年江苏省各研究机构进入 ESI 前 1%的学科及排名

研究机构	综合	农业科学	生物学与生物化学	化学	临床医学	计算机科学	经济与商业	工程科学	环境生态学	地球科学	免疫学	材料科学	数学	微生物学	分子生物学与遗传学	综合交叉学科	神经科学与行为	药理学与毒理学	物理学	植物学与动物学	心理学	社会科学	空间科学	机构进入ESI学科数
南京大学	118	473	360	22	391	88	256	113	40	41	474	38	239		354	158	364	150	51	699	823		328	20
东南大学	202		443	98	786	4		13	421	717	1078	59	178			507	636	224	246			402		15
南京医科大学	361	991	214	892	237				1130			299	657		530	102		267	45		729	1194		13
江苏大学	381	39	539	86	1571	420			71	433		972	139		713	621		292	757	1067		926		15
南京理工大学	484		1274	174	6217	78		66	769	879		95	236						631			1691		11
南京工业大学	491	1016	695	65				225	1017			64								725				7
中国矿业大学	499			339		146		38	256	73			239	343								861		8
南京农业大学	532	12	333	700	5823				660	199				124	511			694		15		1214		11
江南大学	539	10	212	173	1954	357			269	855				255	525					617				10
南京航空航天大学	566			556		85		47		1231		116	238						657			930		8
扬州大学	660	110	694	204	2139	247			350	888			245		374	860				666		206		12
南京信息工程大学	664	656		942		46		281	215	39		677	237									1173		9
河海大学	724	564		960		149		102	167	198			374	297						1682		1116		10
南京师范大学	782	373	1155	286	5382	547			424	430		426	393	240					711	754	1048	833		14
南京林业大学	801	205	656	244				300	517	1034			249							258		2139		9
中国药科大学	896	980	610	297	1910				1867		1051				641	918	1145	16						10
南京邮电大学	927			482		72		291				227							639					5
南通大学	1094		848	1065	1227	536			733				726		696		522	333						9
南京中医药大学	1195	1231	678	951	1056										815		1074	80						7
江苏科技大学	1409			619		718		437					278											4
徐州医科大学	1458		1059	1686	1321									1371			667	755	371					7
常州大学	1466			365				629	1705				429											4
中国科学院南京土壤研究所	1509	96	1522						1306	234				653						845				6
中国科学院苏州纳米技术与纳米仿生研究所	1708			780				2081				236												3
传染病诊治协同创新中心	1765		1038		1873						462			186	1024			935						6
江苏师范大学	1842	1197		643		714		995					794	263						1642		1362		8
中国科学院南京地理与湖泊研究所	2089								1771	327	521									1535		1638		5
苏州科技大学	2225			991				781	1282					766										4
江苏省农业科学院	2568	206							1180											328				3
盐城工学院	2604		360	1104				1311	1904				780											4
中国科学院紫金山天文台	2684																						212	1
昆山杜克大学	2761				1286																			1
西交利物浦大学	3297					558		1009	1403													1174		4
江苏省地理信息协同创新中心	3323	1038							1199	557												1747		4
南京财经大学	3698	341					1443															1280		3

续表

研究机构	综合	农业科学	生物学与生物化学	化学	临床医学	计算机科学	经济与商业	工程科学	环境生态学	地球科学	免疫学	材料科学	数学	微生物学	分子生物学与遗传学	综合交叉学科	神经科学与行为	药理学与毒理学	物理学	植物学与动物学	心理学	社会科学	空间科学	机构进入ESI学科数
淮阴工学院	3828	—	—	1864	—	—	—	1287	1593	—	—	—	—	—	—	—	—	—	—	—	—	—	—	3
南京工程学院	3849	—	—	—	—	—	—	1070	—	—	—	1084	—	—	—	—	—	—	—	—	—	—	—	2
苏州大学	3884	593	328	42	2797	350	—	230	663	—	450	21	182	661	284	—	453	101	288	1730	804	1237		18
淮阴师范学院	4047	—	—	1576	—	—	—	1895	—	—	—	—	—	292	—	—	—	—	—	—	—	—	—	3
吉首大学	4130	—	—	1203	—	—	—	1966	—	—	—	—	—	—	—	—	—	—	—	—	—	—	—	2
江苏省疾病预防控制中心	4546	—	—	—	3127	—	—	—	—	—	1057	—	—	—	—	—	—	—	—	—	—	—	—	2
南京水利科学研究院	4601	—	—	—	—	—	—	1598	1228	—	—	—	—	—	—	—	—	—	—	—	—	—	—	2
常熟理工学院	4714	—	—	—	—	—	—	1872	—	—	—	1218	—	—	—	—	—	—	—	—	—	—	—	2
江苏理工学院	5164	—	—	—	—	—	—	2200	—	—	—	1367	—	—	—	—	—	—	—	—	—	—	—	2
南京审计大学	5196	—	—	—	—	—	497	1774	—	—	—	—	—	—	—	—	—	—	—	—	—	—	—	2
江苏省重要疾病预防与控制协同创新中心	5495	—	—	—	—	—	—	—	—	—	—	—	—	—	606	—	—	—	—	1443	—	—	—	2
江苏海洋大学	6271	—	—	—	—	—	—	1925	—	—	—	—	—	—	—	—	—	—	—	1737	—	—	—	2
徐州市中心医院	6286	—	—	—	3841	—	—	—	—	—	—	—	—	—	—	—	—	—	—	—	—	—	—	1
金陵医院	6443	—	—	—	3986	—	—	—	—	—	—	—	—	—	—	—	—	—	—	—	—	—	—	1
中国水产科学研究院淡水渔业研究中心	7148	—	—	—	—	—	—	—	—	—	—	—	—	—	—	—	—	—	—	1026	—	—	—	1
徐州工程学院	7484	—	—	—	—	—	—	1767	—	—	—	—	—	—	—	—	—	—	—	—	—	—	—	1
江苏省现代城市协同创新中心	8498	—	—	—	—	—	—	2191	—	—	—	—	—	—	—	—	—	—	—	—	—	—	—	1

表 3-24　2023 年江苏省发明专利申请量十强技术领域

序号	IPC 号（技术领域）	发明专利申请量/件
1	G06F（电子数字数据处理）	14 550
2	G01N（借助于测定材料的化学或物理性质来测试或分析材料）	7 159
3	G06Q（专门适用于行政、商业、金融、管理、监督或预测目的的数据处理系统或方法；其他类目不包含的专门适用于行政、商业、金融、管理、监督或预测目的的处理系统或方法）	4 852
4	H04L［数字信息的传输，例如电报通信（电报和电话通信的公用设备入 H04M）］	4 474
5	H01L［半导体器件；其他类目中不包括的电固体器件（使用半导体器件的测量入 G01；一般电阻入 H01C；磁体、电感器、变压器入 H01F；一般电容器入 H01G；电解型器件入 H01G9/00；电池组、蓄电池入 H01M；波导管、谐振器或波导型线路入 H01P；线路连接器、汇流入 H01R；受激发射器入 H01S；机电谐振器入 H03H；扬声器、送话器、留声机拾音器或类似的声机电传感器入 H04R；一般电光源入 H05B；印刷电路、混合电路、电设备的外壳或结构零部件、电气元件的组件的制造入 H05K；在具有特殊应用的电路中使用的半导体器件见应用相关的小类）］	4 247
6	H01M（用于直接转变化学能为电能的方法或装置，例如电池组）	3 989
7	G06V（图像、视频识别或理解）	3 551
8	G06T（图像数据处理）	3 387
9	B01D［分离（用湿法从固体中分离固体入 B03B、B03D，用风力跳汰机或摇床入 B03B，用其他干法入 B07；固体物料从固体物料或流体中的磁或静电分离，利用高压电场的分离入 B03C；离心机、涡旋装置入 B04B；涡旋装置入 B04C；用于从含液物料中挤出液体的压力机本身入 B30B 9/02）］	3 262

续表

序号	IPC 号（技术领域）	发明专利申请量/件
10	B23K［钎焊或脱焊；焊接；用钎焊或焊接方法包覆或镀敷；局部加热切割，如火焰切割；用激光束加工（用金属的挤压来制造金属包覆产品入 B21C 23/22；用铸造方法制造衬套或包覆层入 B22D 19/08；用浸入方式的铸造入 B22D 23/04；用烧结金属粉末制造复合层入 B22F 7/00；机床上的仿形加工或控制装置入 B23Q；不包含在其他类目中的包覆金属或金属包覆材料入 C23C；燃烧器入 F23D）］	3 230

资料来源：科技大数据湖北省重点实验室

表 3-25　2023 年江苏省发明专利申请量优势企业和科研机构列表

序号	优势企业	发明专利申请量/件	序号	优势科研机构	发明专利申请量/件
1	苏州浪潮智能科技有限公司	3487	1	东南大学	3429
2	中移（苏州）软件技术有限公司	785	2	南京航空航天大学	2960
3	苏州元脑智能科技有限公司	533	3	南京理工大学	1964
4	中汽创智科技有限公司	424	4	江南大学	1937
5	昆山国显光电有限公司	423	5	南京邮电大学	1799
6	蜂巢能源科技股份有限公司	364	6	中国矿业大学	1530
7	华虹半导体（无锡）有限公司	362	7	江苏大学	1495
8	无锡小天鹅电器有限公司	344	8	南京工业大学	1443
9	江苏正力新能电池技术股份有限公司	329	9	南京大学	1385
10	国电南瑞科技股份有限公司	321	10	常州大学	1354
11	博泰车联网（南京）有限公司	302	11	江苏科技大学	1295
12	中建八局第三建设有限公司	288	12	南通大学	1252
13	追觅创新科技（苏州）有限公司	286	13	河海大学	1243
13	国网江苏省电力有限公司电力科学研究院	286	14	苏州大学	1225
13	天合光能股份有限公司	286	15	南京信息工程大学	1071
16	南京钢铁股份有限公司	277	16	淮阴工学院	912
17	常州星宇车灯股份有限公司	256	17	扬州大学	895
18	江苏徐工工程机械研究院有限公司	246	18	南京林业大学	794
19	中国移动通信集团江苏有限公司	237	19	盐城工学院	616
20	苏州盛科通信股份有限公司	219	20	南京农业大学	592

资料来源：科技大数据湖北省重点实验室

3.3.4　广东省

2023 年，广东省基础研究竞争力指数为 83.2582，排名第 4 位。综合全省各学科论文数、被引量情况来看，广东省的基础研究优势学科为多学科材料、多学科化学、环境科学、电子与电气工程、物理化学、应用物理学、纳米科学与技术、生物化学与分子生物学、人工智能、肿瘤学等。多学科材料学科的高频词包括机械性能、微观结构、锂离子电池、聚集诱导发光、金属有机框架等；多学科化学学科的高频词包括金属有机框架、聚集诱导发光、免疫疗法、电催化、细胞凋亡等；环境科学学科的高频词包括重金属、微塑料、气候变化、中国、机器学习等（表 3-26）。

表 3-26　2023 年广东省基础研究优势学科及高频词

序号	活跃学科	SCI 学科活跃度	高频词（词频）
1	多学科材料	6.08	机械性能（170）；微观结构（149）；锂离子电池（43）；聚集诱导发光（41）；金属有机框架（39）；稳定性（36）；激光粉末床熔接（35）；抗腐蚀性（35）；钙钛矿太阳能电池（34）；机器学习（33）；光催化（33）；光电探测器（31）；免疫疗法（31）；增材制造（30）；水凝胶（29）；3D 打印（27）；光动力疗法（27）；光热疗法（27）；有机发光二极管（25）；深度学习（24）；热活化延迟荧光（24）；MXene 材料（24）；有机太阳能电池（23）；氧化还原反应（23）；析氧反应（20）；铁死亡（19）；药物递送（18）；锂硫电池（17）；选择性激光熔化（17）；电催化（17）
2	多学科化学	4.14	金属有机框架（47）；聚集诱导发光（36）；免疫疗法（34）；电催化（31）；细胞凋亡（25）；光催化（24）；药物递送（23）；稳定性（23）；铁死亡（22）；深度学习（20）；热活化延迟荧光（20）；水凝胶（20）；光动力疗法（20）；光热疗法（19）；钙钛矿太阳能电池（18）；氧化还原反应（16）；氧化应激（15）；分子对接（14）；肝癌（13）；细胞自噬（13）；锂离子电池（13）；类风湿性关节炎（12）；有机发光二极管（11）；自我装配（11）；析氢（11）；机器学习（11）；水稻（11）；活性氧（11）；共价有机框架（11）；发炎（11）
3	环境科学	4.08	重金属（69）；微塑料（65）；气候变化（64）；中国（55）；机器学习（50）；深度学习（45）；吸附（38）；氧化应激（37）；微生物群落（35）；镉（35）；生物炭（35）；空气污染（33）；风险评估（27）；砷（24）；中国南海（23）；生物累积（23）；纳米塑料（22）；毒性（22）；代谢组学（20）；沉积物（20）；生物降解（20）；土壤（19）；机制（18）；废水处理（18）；多环芳烃（18）；斑马鱼（18）；珠江口（17）；微粒物质（17）；细菌群落（16）；遥感（16）
4	电子与电气工程	4.02	深度学习（206）；特征提取（167）；任务分析（164）；训练（114）；优化（87）；计算模型（82）；数据模型（80）；变压器（80）；传感器（66）；注意力机制（58）；机器学习（56）；数学模型（54）；预测模型（47）；估算（44）；无线通信（43）；成本（41）；语义学（41）；卷积神经网络（40）；自适应模型（38）；三维显示（35）；天线（34）；相关性（34）；宽带（33）；可视化（33）；物联网（33）；收敛（32）；卷积（32）；资源管理（31）；带宽（29）；延迟（29）
5	物理化学	3.83	锂离子电池（58）；氧化还原反应（51）；光催化（49）；析氧反应（48）；金属有机框架（42）；电催化（39）；析氢反应（33）；稳定性（29）；微观结构（27）；氧空位（26）；MXene 材料（24）；免疫疗法（23）；聚集诱导发光（22）；钠离子电池（22）；密度泛函理论（21）；钙钛矿太阳能电池（20）；异质结构（19）；阳极（18）；机械性能（18）；光热疗法（17）；光动力疗法（17）；二氧化碳减排（17）；铁死亡（14）；有机太阳能电池（14）；药物递送（13）；热活化延迟荧光（13）；析氢（13）；二氧化钛（13）；协同效应（13）；吸附（12）
6	应用物理学	3.51	微观结构（47）；传感器（36）；深度学习（27）；金属有机框架（26）；光催化（22）；稳定性（22）；机械性能（21）；光电探测器（20）；钙钛矿太阳能电池（18）；光热疗法（17）；免疫疗法（17）；特征提取（16）；氧化还原反应（16）；析氧反应（15）；锂离子电池（14）；机器学习（13）；光动力疗法（13）；热活化延迟荧光（12）；电催化（12）；超表面（12）；MXene 材料（12）；有机太阳能电池（11）；抗腐蚀性（11）；聚集诱导发光（10）；析氢反应（10）；数值模拟（9）；铁死亡（9）；有机发光二极管（9）；卷积神经网络（9）；氮化镓（9）
7	纳米科学与技术	3.38	金属有机框架（40）；免疫疗法（36）；聚集诱导发光（31）；光热疗法（31）；水凝胶（30）；光动力疗法（30）；铁死亡（22）；锂离子电池（20）；钙钛矿太阳能电池（20）；肿瘤微环境（20）；氧化还原反应（19）；药物递送（19）；自我装配（18）；稳定性（17）；细胞划痕实验（17）；3D 打印（17）；纳米粒子（15）；肝癌（14）；MXene 材料（13）；光电探测器（13）；机械性能（13）；锂硫电池（13）；SARS-CoV-2（13）；癌症治疗（12）；癌症免疫疗法（12）；电催化（12）；热活化延迟荧光（12）；化学动力学治疗（12）；静电纺丝（11）
8	生物化学与分子生物学	2.74	细胞凋亡（71）；铁死亡（48）；氧化应激（47）；发炎（43）；细胞自噬（41）；分子对接（31）；大肠癌（26）；机器人操作系统（23）；肠道微生物群（21）；阿尔茨海默病（20）；癌症（20）；免疫疗法（17）；线粒体（17）；癌细胞转移（17）；肿瘤微环境（16）；增殖（15）；NF-κB（14）；网络药理学（12）；细胞焦亡（12）；转录组学（12）；水稻（12）；预后（11）；SARS-CoV-2（11）；肝癌（10）；抗炎症（10）；PD-L1 免疫疗法（10）；多糖体（10）；血管生成实验（10）；外泌体（10）；壳聚糖（10）

续表

序号	活跃学科	SCI 学科活跃度	高频词（词频）
9	人工智能	2.69	深度学习（152）；任务分析（96）；特征提取（63）；优化（61）；训练（59）；变压器（54）；对比学习（38）；计算模型（38）；注意力机制（32）；机器学习（32）；卷积神经网络（31）；神经网络（31）；数据模型（29）；收敛（23）；学习系统（23）；预测模型（22）；自适应模型（21）；迁移学习（21）；生成对抗性网络（19）；数学模型（18）；强化学习（18）；可视化（18）；语义学（18）；图形神经网络（18）；表征学习（16）；分类（16）；统计学（15）；社会学（15）；多目标优化（15）；图像分类（15）
10	肿瘤学	2.46	预后（160）；免疫疗法（117）；肝癌（112）；乳腺癌（83）；大肠癌（76）；鼻咽癌（68）；诺谟图（63）；非小细胞肺癌（58）；胃癌（53）；化疗（48）；存活率（48）；肿瘤微环境（43）；铁死亡（39）；整体存活率（36）；放射疗法（34）；细胞转移（33）；生物标志化合物（31）；宫颈癌（29）；肺腺癌（27）；细胞凋亡（27）；元分析（23）；PD-1（22）；病例报告（22）；肺癌（21）；前列腺癌（19）；癌症（18）；诊断（18）；PD-L1 免疫疗法（18）；上皮细胞-间充质转化（16）；增殖（16）

资料来源：科技大数据湖北省重点实验室

2023 年，综合本省各学科的发文数量和排名位次来看，2023 年广东省基础研究在全国范围内较为突出的学科为细胞生物学、免疫学、渔业、妇产科学、兽医学、生殖生物学、细胞与组织工程、器官移植、发育生物学、解剖学等。

2023 年，广东省科学技术支出经费 971.35 亿元，全国排名第 1 位。截至 2023 年 12 月，广东省拥有国家重大科技基础设施 12 个，国家实验室 2 个，全国重点实验室 15 个，省级重点实验室 435 个，省实验室 9 个；拥有院士 52 位，全国排名第 7 位。

广东省发表 SCI 论文数量较多的学科为多学科材料、电子与电气工程、环境科学、多学科化学、物理化学、应用物理学、纳米科学与技术、人工智能、生物化学与分子生物学、肿瘤学（表 3-27）。广东省共有 78 个机构进入相关学科的 ESI 全球前 1%行列（表 3-28）；发明专利申请量共 240 223 件，全国排名第 1 位，发明专利申请量十强技术领域见表 3-29，发明专利申请量优势企业和科研机构见表 3-30。

表 3-27　2023 年广东省主要学科发文量、被引频次

序号	学科	论文数/篇（全国排名，省内排名）	被引次数/次（全国排名，省内排名）	篇均被引/次（全国排名，省内排名）	国际合作率（全国排名，省内排名）	国际合作度（全国排名，省内排名）
1	多学科材料	5 766（5，1）	42 373（4，1）	7.35（1，11）	0.2（3，124）	14.62（4，1）
2	电子与电气工程	3 922（5，2）	14 009（6，10）	3.57（13，88）	0.24（7，97）	12.49（6，2）
3	环境科学	3 805（3，3）	21 974（3，5）	5.78（7，26）	0.23（4，111）	11.36（3，5）
4	多学科化学	3 625（4，4）	31 412（4，2）	8.67（3，6）	0.2（2，122）	11.78（3，3）
5	物理化学	3 235（5，5）	30 576（3，3）	9.45（4，3）	0.22（1，113）	11.66（4，4）
6	应用物理学	3 100（5，6）	21 833（4，6）	7.04（1，13）	0.18（3，138）	8.87（4，8）
7	纳米科学与技术	2 780（4，7）	25 644（4，4）	9.22（11，4）	0.22（4，114）	10.3（4，7）
8	人工智能	2 486（4，8）	10 139（5，13）	4.08（18，67）	0.46（7，37）	10.68（3，6）
9	生物化学与分子生物学	2 485（3，9）	11 631（3，12）	4.68（6，52）	0.17（1，144）	7.08（2，11）
10	肿瘤学	2 315（2，10）	7 450（1，19）	3.22（2，109）	0.07（9，202）	4.74（3，30）
11	药学与药理学	1 939（3，11）	7 711（1，17）	3.98（4，71）	0.1（7，189）	4.27（3，38）

续表

序号	学科	论文数/篇（全国排名，省内排名）	被引次数/次（全国排名，省内排名）	篇均被引/次（全国排名，省内排名）	国际合作率（全国排名，省内排名）	国际合作度（全国排名，省内排名）
12	能源与燃料	1 923 (7, 12)	13 691 (7, 11)	7.12 (10, 12)	0.2 (12, 123)	6.05 (7, 18)
13	化学工程	1 863 (5, 13)	15 727 (6, 8)	8.44 (10, 7)	0.24 (3, 99)	6.32 (5, 15)
14	环境工程	1 687 (3, 14)	16 436 (3, 7)	9.74 (12, 2)	0.28 (8, 81)	6.49 (3, 14)
15	计算机信息系统	1 658 (3, 15)	5 050 (4, 23)	3.05 (11, 116)	0.3 (6, 73)	7.0 (6, 12)
16	食品科学	1 515 (3, 16)	8 771 (3, 14)	5.79 (11, 24)	0.26 (1, 89)	6.62 (2, 13)
17	多学科	1 499 (4, 17)	7 860 (4, 16)	5.24 (9, 40)	0.31 (2, 69)	5.6 (3, 21)
18	凝聚态物理	1 473 (4, 18)	15 331 (3, 9)	10.41 (1, 1)	0.25 (2, 94)	6.26 (4, 16)
19	光学	1 438 (4, 19)	4 547 (4, 27)	3.16 (11, 110)	0.15 (7, 161)	4.17 (4, 39)
20	土木工程	1 360 (6, 20)	7 514 (5, 18)	5.53 (1, 29)	0.34 (3, 58)	7.19 (4, 10)

资料来源：科技大数据湖北省重点实验室

注：学科排序为发表的论文数量

表 3-28　2023 年广东省各研究机构进入 ESI 前 1%的学科及排名

研究机构	综合	农业科学	生物学与生物化学	化学	临床医学	计算机科学	经济与商业	工程科学	环境生态学	地球科学	免疫学	材料科学	数学	微生物学	分子生物学与遗传学	综合交叉学科	神经科学与行为	药理学与毒理学	物理学	植物学与动物学	心理学	社会科学	机构进入ESI学科数
中山大学	76	167	107	46	117	48	173	82	73	86	124	50	171	106	72	128	290	24	161	194	462	167	21
华南理工大学	170	18	335	24	1799	36	463	25	291	877	—	17	179	—	1043	—	—	695	467	1664	—	905	16
深圳大学	307	514	558	136	1247	42	—	90	458	659	864	47	185	691	735	—	663	467	264	870	578	537	19
暨南大学	423	189	381	292	854	301	242	325	236	652	659	175	—	453	429	—	657	107	783	1238	921	632	19
南方医科大学	424	852	253	915	273	—	—	2169	1567	—	326	518	—	350	213	—	376	63	—	764	1523	—	14
南方科技大学	500	—	977	163	1338	219	—	279	400	514	990	114	—	709	926	—	—	464	1248	—	2127	—	14
广州医科大学	649	—	409	1403	493	—	—	—	—	354	815	—	355	227	—	659	197	—	684	—	—	—	10
广东工业大学	711	974	—	327	—	93	—	93	364	—	—	169	—	—	—	—	—	—	—	—	—	—	6
华南农业大学	731	67	562	485	—	502	—	662	440	—	739	492	—	158	960	—	—	766	—	70	—	1872	13
华南师范大学	859	1133	—	409	5056	683	—	646	590	—	—	277	180	—	—	—	—	1049	535	596	483	925	13
中国科学院深圳先进技术研究院	996	—	654	792	2046	181	—	480	—	—	—	188	—	—	—	—	905	—	—	—	—	1970	8
广州大学	999	1193	—	571	—	131	—	240	507	1031	—	457	306	—	—	—	—	—	1299	—	934	—	10
深圳大学城	1099	—	—	592	6036	555	—	418	655	—	—	186	—	—	—	—	—	—	—	—	—	—	6
清华大学深圳国际研究生院	1100	—	—	592	6036	556	—	419	655	—	—	186	—	—	—	—	—	—	—	—	—	—	6
华大基因	1311	—	460	—	2439	—	—	—	1880	—	—	—	529	259	—	—	—	—	—	568	—	—	6
汕头大学	1358	—	1056	1043	1540	—	—	832	945	—	—	1148	—	—	786	—	—	1002	—	1275	—	1861	10
中国科学院广州地球化学研究所	1406	—	—	1712	—	—	—	1286	276	129	—	—	—	—	—	—	—	—	—	—	—	—	4
广州中医药大学	1448	1067	1121	1571	1270	—	—	—	—	—	—	—	—	942	—	—	1102	112	—	—	—	—	7
广东省医学科学院及广东总医院	1661	—	1498	—	816	—	—	—	—	—	—	—	—	1088	—	—	1135	—	—	—	—	—	4
香港城市大学深圳研究院	1920	—	—	1515	—	671	—	946	1693	—	—	392	—	—	—	—	—	—	—	—	1668	—	6
广东省科学院	1922	651	—	1307	—	—	—	1276	621	—	—	880	—	559	—	—	—	—	1208	—	—	—	7
东莞理工学院	1965	1212	—	1141	—	783	—	726	1348	—	—	575	—	—	—	—	—	—	—	—	—	—	6

续表

研究机构	综合	农业科学	生物学与生物化学	化学	临床医学	计算机科学	经济与商业	工程科学	环境生态学	地球科学	免疫学	材料科学	数学	微生物学	分子生物学与遗传学	综合交叉学科	神经科学与行为	药理学与毒理学	物理学	植物学与动物学	心理学	社会科学	机构进入ESI学科数
香港中文大学（深圳）	1974	—	1345	1406	3091	388	—	928	—	—	—	879	—	—	—	—	—	—	—	1538	—	1826	8
广东医科大学	1991	—	1205	1577	1618	—	—	—	—	—	—	—	—	—	939	—	—	638	—	—	—	—	5
华为技术有限公司	2122	—	—	—	—	58	—	564	—	—	—	—	—	—	—	—	—	—	—	—	—	—	2
佛山科学技术学院	2195	935	—	1488	—	—	—	963	1141	—	—	738	—	—	—	—	—	—	—	1062	—	—	6
呼吸疾病全国重点实验室	2235	—	—	—	1289	—	—	—	—	—	813	—	—	626	—	—	—	808	—	—	—	—	4
广东药科大学	2369	693	1303	1117	2772	—	—	—	—	—	—	—	—	—	—	—	—	399	—	—	—	—	5
南方海洋科学与工程广东省实验室	2391	—	—	—	—	—	—	1289	806	375	—	—	—	—	—	—	—	—	—	1311	—	—	4
中国科学院南海海洋研究所	2411	—	—	—	—	—	—	932	—	340	—	—	—	—	—	—	—	1085	—	820	—	—	4
中国科学院华南植物园	2453	323	—	—	—	—	—	712	—	—	—	—	—	—	—	—	—	—	—	327	—	—	3
中国科学院广州能源研究所	2479	—	1478	1078	—	—	—	489	—	—	—	—	—	—	—	—	—	—	—	—	—	—	3
松山湖材料实验室	2811	—	—	—	—	—	—	—	—	—	—	722	—	—	—	—	—	—	854	—	—	—	2
香港科技大学深圳研究院	2819	—	—	895	—	—	—	—	—	—	—	748	—	—	—	—	—	—	—	—	—	—	2
鹏城实验室	2870	—	—	—	—	178	—	721	—	—	—	—	—	—	—	—	—	—	—	—	—	—	3
五邑大学	3160	—	—	1274	—	—	—	2085	—	—	—	855	—	—	—	—	—	—	—	—	—	—	3
广东省农业科学院	3435	267	—	—	—	—	—	—	—	—	—	—	—	—	—	—	—	—	—	565	—	—	2
广东海洋大学	3517	875	—	—	—	—	—	2144	1715	—	—	—	—	—	—	—	—	—	—	569	—	—	4
中国科学院广州生物医药与健康研究院	3561	—	—	1930	5144	—	—	—	—	—	—	—	—	—	998	—	—	—	—	—	—	—	3
南方海洋科学与工程广东省实验室（珠海）	3677	—	—	—	—	—	—	2141	1483	603	—	—	—	—	—	—	—	—	—	—	—	—	3
广东石油化工学院	3694	—	—	1668	—	—	—	1234	1658	—	—	—	—	—	—	—	—	—	—	—	—	—	3
中国南方电网公司	3820	—	—	—	—	—	—	597	—	—	—	—	—	—	—	—	—	—	—	—	—	—	1
香港中文大学深圳研究院	3835	—	—	—	2218	—	—	—	—	—	—	—	—	—	—	—	—	—	—	1530	—	—	
深圳市第三人民医院	3841	—	—	—	2375	—	—	—	—	—	—	—	—	694	—	—	—	—	—	—	—	—	
仲恺农业工程学院	4176	866	—	—	—	—	—	1661	—	—	—	—	—	—	—	—	—	—	—	874	—	—	3
南方海洋科学与工程广东省实验室（广州）	4269	—	—	—	—	—	—	2359	1426	911	—	—	—	—	—	—	—	—	—	—	—	—	3
岭南现代农业广东省实验室	4381	1019	—	—	—	—	—	—	—	—	—	—	—	—	—	—	—	—	—	567	—	—	
广东省科学院生态环境与土壤研究所	4501	—	—	—	—	—	—	2421	938	—	—	—	—	—	—	—	—	—	—	—	—	—	2

续表

研究机构	综合	农业科学	生物学与生物化学	化学	临床医学	计算机科学	经济与商业	工程科学	环境生态学	地球科学	免疫学	材料科学	数学	微生物学	分子生物学与遗传学	综合交叉学科	神经科学与行为	药理学与毒理学	物理学	植物学与动物学	心理学	社会科学	机构进入ESI学科数
深圳孙逸仙心血管医院	4892	—	—	—	2763	—	—	—	—	—	—	—	—	—	—	—	—	—	—	—	—	—	1
生物岛实验室	4965	—	—	—	—	—	—	—	—	—	—	—	—	—	1056	—	—	—	—	—	—	—	1
深圳职业技术学院	5003	—	—	1810	—	—	—	2030	—	—	—	—	—	—	—	—	—	—	—	—	—	—	2
中国水产科学研究院南海渔业研究所	5243	—	—	—	—	—	—	—	1849	—	—	—	—	—	—	—	—	—	—	990	—	—	2
自然资源部第三海洋研究所	5334	—	—	—	—	—	—	—	1471	—	—	—	—	—	—	—	—	—	—	1375	—	—	2
深圳技术大学	5342	—	—	—	—	—	—	2463	—	—	—	1389	—	—	—	—	—	—	—	—	—	—	2
广东外语外贸大学	5423	—	—	—	—	—	—	1893	—	—	—	—	—	—	—	—	—	—	—	—	—	995	2
广州海洋地质调查局	5597	—	—	—	—	—	—	—	—	745	—	—	—	—	—	—	—	—	—	—	—	—	1
广州高等教育中心	5829	502	—	—	—	—	—	—	—	—	—	—	—	—	—	—	—	—	—	—	—	—	1
中国人民解放军南部战区总医院	5931	—	—	—	3565	—	—	—	—	—	—	—	—	—	—	—	—	—	—	—	—	—	1
广东先进能源科学与技术实验室	6156	—	—	—	—	—	—	—	—	—	—	1332	—	—	—	—	—	—	—	—	—	—	1
广州市第十二人民医院	6167	—	—	—	3753	—	—	—	—	—	—	—	—	—	—	—	—	—	—	—	—	—	1
佛山仙湖实验室	6389	—	—	—	—	—	—	—	—	—	—	1410	—	—	—	—	—	—	—	—	—	—	1
中国农业科学院深圳农业基因组研究所	6390	—	—	—	—	—	—	—	—	—	—	—	—	—	—	—	—	—	—	910	—	—	1
佛山市第一人民医院	6411	—	—	—	—	—	—	—	—	—	—	—	—	—	—	—	—	—	—	—	—	—	1
广东省新能源与可再生能源研究重点实验室	6751	—	—	—	—	—	—	1583	—	—	—	—	—	—	—	—	—	—	—	—	—	—	1
腾讯公司	6764	—	—	—	—	—	—	1588	—	—	—	—	—	—	—	—	—	—	—	—	—	—	1
广州市妇女儿童医疗中心	7577	—	—	—	5053	—	—	—	—	—	—	—	—	—	—	—	—	—	—	—	—	—	1
深圳信息技术研究所	7707	—	—	—	—	—	—	1868	—	—	—	—	—	—	—	—	—	—	—	—	—	—	1
深圳精神卫生研究所及深圳康宁医院	7818	—	—	—	—	—	—	—	—	—	—	—	—	—	—	—	—	—	—	—	904	—	1
深圳市儿童医院	7863	—	—	—	5308	—	—	—	—	—	—	—	—	—	—	—	—	—	—	—	—	—	1
深圳大数据研究院	7987	—	—	—	—	761	—	—	—	—	—	—	—	—	—	—	—	—	—	—	—	—	1
香港大学深圳研究院	8350	—	—	—	—	—	—	2120	—	—	—	—	—	—	—	—	—	—	—	—	—	—	1
深圳市第二人民医院	8442	—	—	—	5854	—	—	—	—	—	—	—	—	—	—	—	—	—	—	—	—	—	1
广东省绿色加工与天然产物重点实验室	8480	992	—	—	—	—	—	—	—	—	—	—	—	—	—	—	—	—	—	—	—	—	1
深圳人工智能与机器人研究院	8550	—	—	—	—	—	—	2207	—	—	—	—	—	—	—	—	—	—	—	—	—	—	1

续表

研究机构	综合	农业科学	生物学与生物化学	化学	临床医学	计算机科学	经济与商业	工程科学	环境生态学	地球科学	免疫学	材料科学	数学	微生物学	分子生物学与遗传学	综合交叉学科	神经科学与行为	药理学与毒理学	物理学	植物学与动物学	心理学	社会科学	机构进入ESI学科数
北京师范大学–香港浸会大学联合国际学院	8673	1024	—																					1
中国水产科学研究院珠江渔业研究所	8748	—																			1472			1
广东省疾病预防控制中心	8799	—			6183																			1
广东技术师范大学	8876	—						—	2313															1

表 3-29 2023 年广东省发明专利申请量十强技术领域

序号	IPC 号（技术领域）	发明专利申请量/件
1	G06F（电子数字数据处理）	29 482
2	H04L［数字信息的传输，例如电报通信（电报和电话通信的公用设备入 H04M）］	10 256
3	G06Q（专门适用于行政、商业、金融、管理、监督或预测目的的数据处理系统或方法；其他类目不包含的专门适用于行政、商业、金融、管理、监督或预测目的的处理系统或方法）	9 925
4	H04W［无线通信网络（广播通信入 H04H；使用无线链路来进行非选择性通信的通信系统，如无线扩展入 H04M1/72）］	8 653
5	G06T（图像数据处理）	6 598
6	G06V（图像、视频识别或理解）	6 460
7	G01N（借助于测定材料的化学或物理性质来测试或分析材料）	6 039
8	H01M（用于直接转变化学能为电能的方法或装置，例如电池组）	5 678
9	H04N（图像通信，如电视）	5 672
10	A61K［医用、牙科用或梳妆用的配制品（专门适用于将药品制成特殊的物理或服用形式的装置或方法 A61J 3/00；空气除臭，消毒或灭菌，或者绷带、敷料、吸收垫或外科用品的化学方面，或材料的使用入 A61L；肥皂组合物入 C11D）］	4 429

资料来源：科技大数据湖北省重点实验室

表 3-30 2023 年广东省发明专利申请量优势企业和科研机构列表

序号	优势企业	发明专利申请量/件	序号	优势科研机构	发明专利申请量/件
1	华为技术有限公司	10 530	1	华南理工大学	3 142
2	腾讯科技（深圳）有限公司	7 295	2	广东工业大学	2 363
3	珠海格力电器股份有限公司	6 021	3	中山大学	1 757
4	荣耀终端有限公司	3 527	4	深圳大学	1 311
5	维沃移动通信有限公司	3 489	5	广州大学	1 209
6	广东电网有限责任公司	3 144	6	华南农业大学	1 112
7	OPPO 广东移动通信有限公司	2 989	7	南方科技大学	865
8	中兴通讯股份有限公司	2 114	8	中国科学院深圳先进技术研究院	741
9	平安银行股份有限公司	1 791	9	暨南大学	694

续表

序号	优势企业	发明专利申请量/件	序号	优势科研机构	发明专利申请量/件
10	平安科技（深圳）有限公司	1 594	10	华南师范大学	611
11	比亚迪股份有限公司	1 073	11	广东海洋大学	553
12	深圳供电局有限公司	1 035	12	季华实验室	469
13	惠科股份有限公司	984	13	哈尔滨工业大学（深圳）	467
14	广东电网有限责任公司广州供电局	927	14	鹏城实验室	429
15	广东美的制冷设备有限公司	801	15	五邑大学	387
16	华为数字能源技术有限公司	770	16	清华大学深圳国际研究生院	383
17	广州视源电子科技股份有限公司	665	17	佛山科学技术学院	374
18	南方电网科学研究院有限责任公司	609	18	哈尔滨工业大学（深圳）（哈尔滨工业大学深圳科技创新研究院）	355
19	广州汽车集团股份有限公司	603	19	东莞理工学院	339
20	中国平安财产保险股份有限公司	592	20	深圳先进技术研究院	324

资料来源：科技大数据湖北省重点实验室

3.3.5　浙江省

2023年，浙江省基础研究竞争力指数为76.5531，排名第5位。综合全省各学科论文数、被引量情况来看，浙江省的基础研究优势学科为多学科材料、电子与电气工程、多学科化学、环境科学、物理化学、应用物理学、纳米科学与技术、化学工程、生物化学与分子生物学、人工智能等。多学科材料学科的高频词包括微观结构、机械性能、石墨烯、金属有机框架、异质结构等；电子与电气工程学科的高频词包括深度学习、特征提取、任务分析、训练、传感器等；多学科化学学科的高频词包括金属有机框架、药物递送、稳定性、光催化、深度学习等（表3-31）。

表3-31　2023年浙江省基础研究优势学科及高频词

序号	活跃学科	SCI学科活跃度	高频词（词频）
1	多学科材料	5.91	微观结构（123）；机械性能（102）；石墨烯（42）；金属有机框架（41）；异质结构（39）；锂离子电池（36）；增材制造（30）；电催化（30）；抗腐蚀性（29）；稳定性（29）；氧化还原反应（28）；光催化（27）；析氢反应（26）；纳米粒子（23）；3D打印（22）；钙钛矿太阳能电池（21）；水凝胶（21）；药物递送（21）；深度学习（20）；机器学习（20）；二维材料（17）；析氧反应（16）；有机太阳能电池（15）；钠离子电池（15）；磁性能（14）；数值模拟（13）；二氧化碳减排（13）；免疫疗法（13）；钙钛矿（13）；热稳定性（13）
2	电子与电气工程	4.28	深度学习（225）；特征提取（123）；任务分析（89）；训练（82）；传感器（73）；注意力机制（57）；卷积神经网络（56）；优化（55）；数据模型（53）；预测模型（50）；数学模型（50）；机器学习（45）；变压器（44）；估算（42）；不确定性（40）；计算模型（36）；故障诊断（35）；语义学（33）；神经网络（32）；自适应模型（30）；无线通信（29）；电压（27）；电压控制（25）；相关性（25）；成本（25）；联轴器（25）；交换机（25）；三维显示（24）；数据挖掘（24）；监控（23）
3	多学科化学	3.98	金属有机框架（29）；药物递送（28）；稳定性（25）；光催化（22）；深度学习（17）；自我装配（16）；纳米粒子（15）；异质结构（15）；发炎（13）；电催化（13）；析氧反应（12）；转录组学（12）；荧光（12）；钙钛矿太阳能电池（11）；免疫疗法（11）；水凝胶（11）；二维材料（10）；石墨烯（10）；机器学习（10）；电催化剂（9）；锂离子电池（9）；析氢反应（9）；聚集诱导发光（9）；钠离子电池（9）；铁死亡（9）；细胞凋亡（8）；吸附（8）；钙钛矿（8）；二氧化碳减排（8）；3D打印（8）

续表

序号	活跃学科	SCI学科活跃度	高频词（词频）
4	环境科学	3.87	重金属（67）；吸附（51）；中国（48）；微塑料（48）；生物炭（39）；机器学习（33）；微生物群落（33）；可持续发展（33）；镉（30）；氧化应激（29）；抗生素耐药基因（25）；转录组学（23）；光催化（21）；风险评估（21）；深度学习（20）；土壤（17）；细菌群落（16）；代谢组学（16）；水稻（15）；肠道微生物群（15）；空气污染（14）；活性氧（13）；健康风险（13）；斑马鱼（13）；垃圾填埋场（13）；COVID-19（13）；碳排放（12）；细颗粒物（12）；遥感（12）；气候变化（12）
5	物理化学	3.72	光催化（53）；金属有机框架（51）；电催化（46）；析氢反应（36）；氧化还原反应（27）；锂离子电池（27）；稳定性（26）；析氧反应（24）；密度泛函理论（22）；电催化剂（21）；异质结构（19）；二氧化碳减排（18）；水分解（18）；药物递送（15）；微观结构（14）；机械性能（14）；吸附（13）；石墨烯（13）；反应机制（12）；钙钛矿太阳能电池（12）；超级电容器（11）；阳极（11）；氧空位（11）；分子动力学模拟（11）；二氧化钛（10）；离散傅里叶变换（10）；核壳结构（10）；多相催化（10）；过氧化氢硫酸盐（10）；电子转移（10）
6	应用物理学	3.63	传感器（42）；微观结构（40）；深度学习（35）；石墨烯（25）；金属有机框架（22）；光催化（22）；纳米粒子（20）；电催化（18）；机械性能（18）；异质结构（16）；锂离子电池（16）；稳定性（15）；钙钛矿太阳能电池（14）；3D打印（13）；药物递送（13）；硅光子学（12）；析氢反应（12）；注意力机制（12）；二维材料（11）；数值模拟（10）；故障诊断（9）；析氧反应（9）；氧化还原反应（9）；钠离子电池（9）；能量存储（8）；钙钛矿（8）；协同效应（8）；特征提取（7）；超表面（7）；电催化剂（7）
7	纳米科学与技术	3.07	金属有机框架（36）；异质结构（33）；药物递送（24）；电催化（23）；水凝胶（22）；稳定性（21）；纳米粒子（20）；锂离子电池（18）；石墨烯（17）；析氢反应（15）；外泌体（14）；氧化还原反应（14）；析氧反应（14）；免疫疗法（14）；钙钛矿太阳能电池（13）；二维材料（13）；光催化（13）；3D打印（12）；钙钛矿（11）；电催化剂（11）；二氧化碳减排（11）；细胞焦亡（11）；钠离子电池（10）；水分解（10）；协同效应（9）；铁死亡（9）；细胞划痕实验（9）；机器学习（8）；光热疗法（8）；活性氧（8）
8	化学工程	2.87	吸附（38）；金属有机框架（34）；光催化（28）；生物量（19）；机器学习（18）；析氢反应（14）；过氧化氢硫酸盐（13）；数值模拟（13）；废水处理（13）；纳米过滤（12）；协同效应（12）；热解（11）；机制（11）；生物炭（11）；密度泛函理论（11）；纳滤膜（11）；电催化（10）；自清洁（10）；水处理（10）；电子转移（10）；能量存储（10）；稳定性（10）；反应机制（10）；重金属（10）；分离（10）；热导率（9）；微生物群落（8）；氧空位（8）；氨（8）
9	生物化学与分子生物学	2.64	氧化应激（43）；细胞凋亡（36）；发炎（35）；铁死亡（33）；细胞自噬（26）；肠道微生物群（26）；肝癌（24）；增殖（22）；阿尔茨海默病（19）；癌细胞转移（17）；大肠癌（17）；机器人操作系统（16）；预后（15）；分子对接（13）；代谢组学（13）；转录组学（12）；机器学习（11）；水凝胶（10）；糖酵解（10）；癌症（9）；STAT3（9）；磷脂酰肌醇3-激酶（9）；质谱联用（8）；胃癌（8）；耐药性（8）；肿瘤微环境（8）；黄酮类化合物（8）；细胞划痕实验（8）；水稻（8）；实力靶点AKT（8）
10	人工智能	2.58	深度学习（155）；变压器（52）；特征提取（44）；机器学习（40）；图形神经网络（39）；任务分析（38）；卷积神经网络（37）；训练（34）；注意力机制（34）；目标检测（28）；优化（21）；神经网络（20）；对比学习（19）；异常检测（18）；功能选择（18）；预测模型（17）；强化学习（17）；计算模型（16）；迁移学习（16）；语义分割（15）；语义学（14）；数据模型（13）；学习系统（13）；可视化（12）；自适应模型（11）；故障诊断（11）；图像分类（11）；知识蒸馏（11）；自监督学习（10）；不确定性（10）

资料来源：科技大数据湖北省重点实验室

2023 年，综合本省各学科的发文数量和排名位次来看，2023 年浙江省基础研究在全国范围内较为突出的学科为内科学、急诊医学、解剖学、有机化学、水生生物学、毒理学、渔业、机器人学、生理学、纺织材料等。

2023 年，浙江省科学技术支出经费 787.48 亿元，全国排名第 2 位。截至 2023 年 12 月，浙江省拥有国家重大科技基础设施 2 个，国家实验室 1 个，全国重点实验室 21 个，省级重点实验室 413 个，省实验室 10 个；拥有院士 59 位，全国排名第 6 位。

浙江省发表 SCI 论文数量较多的学科为多学科材料、电子与电气工程、环境科学、多学科化学、应用物理学、物理化学、纳米科学与技术、生物化学与分子生物学、人工智能、化学工程（表 3-32）。浙江省共有 38 个机构进入相关学科的 ESI 全球前 1% 行列（表 3-33）；发明专利申请量共 117 996 件，全国排名第 4 位，发明专利申请量十强技术领域见表 3-34，发明专利申请量优势企业和科研机构见表 3-35。

表 3-32　2023 年浙江省主要学科发文量、被引频次

序号	学科	论文数/篇（全国排名，省内排名）	被引次数/次（全国排名，省内排名）	篇均被引/次（全国排名，省内排名）	国际合作率（全国排名，省内排名）	国际合作度（全国排名，省内排名）
1	多学科材料	4 542（8，1）	31 672（8，1）	6.97（5，13）	0.21（1，106）	11.01（10，2）
2	电子与电气工程	3 394（8，2）	11 921（9，9）	3.51（15，94）	0.27（2，73）	11.22（7，1）
3	环境科学	2 890（7，3）	16 650（6，5）	5.76（8，27）	0.22（7，101）	7.71（7，6）
4	多学科化学	2 833（5，4）	22 277（6，3）	7.86（10，9）	0.21（1，107）	8.45（5，3）
5	应用物理学	2 658（7，5）	16 247（8，6）	6.11（8，21）	0.19（1，121）	7.94（5，4）
6	物理化学	2 516（8，6）	23 444（8，2）	9.32（6，3）	0.22（2，102）	7.7（8，7）
7	纳米科学与技术	1 948（5，7）	18 465（6，4）	9.48（8，2）	0.23（1，95）	7.16（7，9）
8	生物化学与分子生物学	1 939（5，8）	8 611（5，12）	4.44（9，61）	0.14（9，152）	4.69（6，22）
9	人工智能	1 938（6，9）	7 171（9，15）	3.7（24，85）	0.54（4，33）	7.66（9，8）
10	化学工程	1 838（7，10）	15 821（5，7）	8.61（7，7）	0.22（5，98）	5.34（10，13）
11	药学与药理学	1 733（4，11）	6 770（5，16）	3.91（6，76）	0.09（11，178）	3.83（4，33）
12	能源与燃料	1 675（8，12）	11 372（8，10）	6.79（16，15）	0.24（4，88）	5.25（9，15）
13	计算机信息系统	1 503（5，13）	3 810（10，27）	2.53（20，152）	0.3（5，65）	7.74（4，5）
14	肿瘤学	1 420（5，14）	3 772（5，29）	2.66（15，143）	0.06（14，191）	2.79（10，57）
15	食品科学	1 320（4，15）	8 107（4，13）	6.14（5，19）	0.2（4，111）	5.15（4，16）
16	多学科	1 315（5，16）	6 609（5，17）	5.03（11，46）	0.31（3，61）	4.87（5，20）
17	光学	1 245（6，17）	3 712（5，31）	2.98（13，126）	0.16（6，138）	3.97（6，28）
18	环境工程	1 185（7，18）	12 632（6，8）	10.66（6，1）	0.32（4，59）	5.04（6，17）
19	凝聚态物理	1 171（7，19）	10 600（7，11）	9.05（10，4）	0.26（1，80）	5.78（5，11）
20	计算机科学理论与方法	1 051（5，20）	2 570（9，45）	2.45（22，157）	0.86（1，22）	6.72（5，10）

资料来源：科技大数据湖北省重点实验室

注：学科排序为发表的论文数量

表 3-33　2023 年浙江省各研究机构进入 ESI 前 1% 的学科及排名

研究机构	综合	农业科学	生物学与生物化学	化学	临床医学	计算机科学	经济与商业	工程科学	环境生态学	地球科学	免疫学	材料科学	数学	微生物学	分子生物学与遗传学	综合交叉学科	神经科学与行为	药理学与毒理学	物理学	植物学与动物学	心理学	社会科学	机构进入 ESI 学科数
浙江大学	41	14	64	14	187	16	122	12	30	184	115	9	2	62	83	132	217	20	90	38	398	216	21
温州医科大学	655	1182	417	1023	492	—	—	1690	1732	—	629	615	—	660	324	—	575	90	—	—	—	—	12
浙江工业大学	671	391	699	124	—	223	—	174	377	—	213	—	—	—	—	632	—	—	—	1371	—	—	9
宁波大学	871	307	1017	439	1835	600	—	415	978	1038	—	322	—	—	—	894	824	556	—	1540	—	—	13

续表

研究机构	综合	农业科学	生物学与生物化学	化学	临床医学	计算机科学	经济与商业	工程科学	环境生态学	地球科学	免疫学	材料科学	数学	微生物学	分子生物学与遗传学	综合交叉学科	神经科学与行为	药理学与毒理学	物理学	植物学与动物学	心理学	社会科学	机构进入 ESI 学科数
中国科学院宁波材料技术与工程研究所	962	—	—	325	—	—	—	876	—	—	—	123	—	—	—	—	—	—	887	—	—	—	4
浙江师范大学	1215	—	—	329	—	507	—	675	881	—	—	445	3	—	—	—	—	—	—	1529	—	1916	8
浙江理工大学	1371	—	—	356	—	—	—	574	—	—	—	321	—	—	—	—	—	—	—	1583	—	—	4
杭州师范大学	1385	1108	1196	695	3065	—	—	1541	1278	—	—	869	305	—	—	—	728	1006	—	778	899	1894	13
杭州电子大学	1386	—	—	852	—	156	—	322	1795	—	—	406	—	—	—	—	—	—	—	—	—	—	5
温州大学	1517	—	—	656	—	—	208	506	1661	—	—	511	—	—	—	—	—	—	—	—	—	—	5
浙江农林大学	1629	283	—	1066	—	—	—	944	557	—	—	1020	—	—	—	—	—	—	—	373	—	—	6
中国计量大学	1990	—	—	995	—	—	—	724	1283	—	—	528	—	—	—	—	—	—	—	—	—	—	4
浙江工商大学	2130	230	—	1466	—	509	—	930	1096	—	—	—	—	—	—	—	—	—	—	—	—	1053	6
浙江中医药大学	2254	—	999	—	1614	—	—	—	—	—	—	—	—	—	—	—	—	226	—	—	—	—	3
台州学院	2649	—	—	1045	5728	—	—	2462	1573	—	—	1079	—	—	—	—	—	—	—	1757	—	—	6
宁波诺丁汉大学	2669	—	—	—	—	—	435	573	—	—	—	1349	—	—	—	—	—	—	—	—	—	993	4
绍兴文理学院	2697	—	—	1431	—	677	—	1091	1357	—	—	1398	—	—	—	—	—	—	—	—	—	—	5
嘉兴学院	2713	—	—	944	5125	—	—	1775	—	—	—	1009	—	—	—	—	—	—	—	—	—	—	4
湖州师范学院	2856	—	—	1851	4174	—	—	1142	—	—	—	—	—	284	—	—	—	—	—	—	—	—	4
浙江省肿瘤医院	2857	—	—	—	1382	—	—	—	—	—	—	—	—	—	—	—	—	—	—	—	—	—	1
杭州医学院	2875	—	1496	—	1790	—	—	—	—	—	—	—	—	—	—	—	—	882	—	—	—	—	3
浙江省农业科学院	2942	411	—	—	—	—	—	—	1190	—	—	—	—	—	—	—	—	—	—	419	—	—	
浙江海洋大学	3190	733	—	1682	—	—	—	1560	1842	—	—	—	—	—	—	—	—	—	—	1083	—	—	5
浙江财经大学	3831	—	—	—	—	—	—	1022	1718	—	—	—	—	—	—	—	—	—	—	—	—	1013	3
宁波工程学院	3890	—	—	1793	—	—	—	2310	—	—	—	1177	—	—	—	—	—	—	—	—	—	—	3
西湖大学	3986	—	1336	1665	—	—	—	2219	—	—	—	—	—	—	—	—	—	—	—	—	—	—	3
中国农业科学院水稻研究所	4262	803	—	—	—	—	—	—	—	—	—	—	—	—	—	—	—	—	—	574	—	—	2
中国农业科学院茶叶研究所	4497	503	—	—	—	—	—	—	—	—	—	—	—	—	—	—	—	—	—	973	—	—	2
浙江省人民医院	4882	—	—	—	2880	—	—	—	—	—	—	—	—	—	—	—	—	1132	—	—	—	—	2
温岭市第一人民医院	5033	—	—	—	2873	—	—	—	—	—	—	—	—	—	—	—	—	—	—	—	—	—	1
阿里巴巴集团	5632	—	—	—	—	774	—	1888	—	—	—	—	—	—	—	—	—	—	—	—	—	—	2
浙江省有机污染物处理与控制重点实验室	6151	—	—	—	—	—	—	—	1285	—	—	—	—	—	—	—	—	—	—	—	—	—	1
浙江科技学院	6458	—	—	—	—	—	—	1496	—	—	—	—	—	—	—	—	—	—	—	—	—	—	1
浙江省疾病预防控制中心	7613	—	—	—	5086	—	—	—	—	—	—	—	—	—	—	—	—	—	—	—	—	—	1
浙江省同德医院	7884	—	—	—	5324	—	—	—	—	—	—	—	—	—	—	—	—	—	—	—	—	—	1
浙江实验室	8272	—	—	—	—	—	—	2078	—	—	—	—	—	—	—	—	—	—	—	—	—	—	1
浙江水利水电学院	8942	—	—	—	—	—	—	2350	—	—	—	—	—	—	—	—	—	—	—	—	—	—	1
杭州城市大学	8958	—	—	—	—	—	—	2365	—	—	—	—	—	—	—	—	—	—	—	—	—	—	1

表 3-34　2023 年浙江省发明专利申请量十强技术领域

序号	IPC 号（技术领域）	发明专利申请量/件
1	G06F（电子数字数据处理）	11 497
2	G06Q（专门适用于行政、商业、金融、管理、监督或预测目的的数据处理系统或方法；其他类目不包含的专门适用于行政、商业、金融、管理、监督或预测目的的处理系统或方法）	4 081
3	H04L［数字信息的传输，例如电报通信（电报和电话通信的公用设备入 H04M）］	3 767
4	G01N（借助于测定材料的化学或物理性质来测试或分析材料）	3 537
5	G06T（图像数据处理）	3 496
6	G06V（图像、视频识别或理解）	3 338
7	H01M（用于直接转变化学能为电能的方法或装置，例如电池组）	1 981
8	A61B［诊断；外科；鉴定（分析生物材料入 G01N，如 G01N 33/48）］	1 697
9	H04N（图像通信，如电视）	1 681
10	B29C［塑料的成型或连接；塑性状态材料的成型，不包含在其他类目中的；已成型产品的后处理，例如修整（制作预型件入 B29B 11/00；通过将原本不相连接的层结合成为各层连在一起的产品来制造层状产品入 B32B 7/00 至 B32B 41/00）］	1 679

资料来源：科技大数据湖北省重点实验室

表 3-35　2023 年浙江省发明专利申请量优势企业和科研机构列表

序号	优势企业	发明专利申请量/件	序号	优势科研机构	发明专利申请量/件
1	网易（杭州）网络有限公司	2332	1	浙江大学	5617
2	支付宝（杭州）信息技术有限公司	1773	2	浙江工业大学	2629
3	阿里巴巴（中国）有限公司	1663	3	之江实验室	1879
4	浙江吉利控股集团有限公司	1194	4	杭州电子科技大学	1605
5	浙江大华技术股份有限公司	1143	5	浙江理工大学	1035
6	宁波方太厨具有限公司	1075	6	电子科技大学长三角研究院（湖州）	781
7	浙江极氪智能科技有限公司	844	7	中国科学院宁波材料技术与工程研究所	680
8	宁波奥克斯电气股份有限公司	824	8	宁波大学	675
9	杭州海康威视数字技术股份有限公司	644	9	中国计量大学	589
10	中国电建集团华东勘测设计研究院有限公司	547	10	浙江海洋大学	367
11	阿里云计算有限公司	514	11	温州大学	317
12	杭州老板电器股份有限公司	508	12	浙江大学杭州国际科创中心	308
13	新华三技术有限公司	405	13	浙大城市学院	302
14	中移（杭州）信息技术有限公司	376	14	浙江科技学院	300
15	合众新能源汽车股份有限公司	359	15	浙江师范大学	265
16	杭州安恒信息技术股份有限公司	337	16	浙江农林大学	248
17	浙江宇视科技有限公司	282	17	浙江省农业科学院	238
18	浙江中控技术股份有限公司	278	18	杭州师范大学	205
19	华电电力科学研究院有限公司	275	19	嘉兴学院	200
19	浙江中烟工业有限责任公司	275	20	浙江工商大学	195

资料来源：科技大数据湖北省重点实验室

3.3.6　湖北省

2023 年，湖北省基础研究竞争力指数为 73.7821，排名第 6 位。综合全省各学科论文数、被引量情况来看，湖北省的基础研究优势学科为多学科材料、电子与电气工程、环境科学、物理化学、多学科化学、应用物理学、能源与燃料、纳米科学与技术、化学工程、人工智能等。多学科材料学科的高频词包括机械性能、微观结构、锂离子电池、稳定性、光催化等；电子与电气工程学科的高频词包括深度学习、特征提取、任务分析、传感器、遥感等；环境科学学科的高频词包括中国、重金属、气候变化、吸附、碳排放等（表 3-36）。

表 3-36　2023 年湖北省基础研究优势学科及高频词

序号	活跃学科	SCI 学科活跃度	高频词（词频）
1	多学科材料	6.56	机械性能（176）；微观结构（143）；锂离子电池（46）；稳定性（41）；光催化（40）；钙钛矿太阳能电池（35）；钠离子电池（33）；金属有机框架（30）；激光粉末熔接（25）；3D 打印（23）；MXene 材料（22）；析氧反应（20）；数值模拟（19）；微观结构演变（19）；锂金属电池（19）；分子动力学（19）；机器学习（18）；二维材料（18）；抗压强度（18）；增材制造（18）；深度学习（16）；强化机制（15）；石墨烯（15）；氧化还原反应（15）；能量存储（14）；免疫疗法（14）；光动力疗法（13）；光电探测器（13）；超级电容器（13）；相变（13）
2	电子与电气工程	4.59	深度学习（184）；特征提取（164）；任务分析（111）；传感器（92）；遥感（90）；训练（85）；卷积神经网络（66）；变压器（63）；数学模型（61）；目标检测（60）；注意力机制（59）；优化（56）；估算（54）；数据模型（54）；故障诊断（51）；交换机（47）；语义分割（46）；计算模型（44）；预测模型（44）；三维显示（42）；成本（40）；语义学（36）；电压控制（34）；拓扑结构（33）；轨迹（32）；相关性（31）；卷积（30）；延迟（30）；索引（26）；实时系统（26）
3	环境科学	4.37	中国（79）；重金属（55）；气候变化（55）；吸附（44）；碳排放（37）；遥感（36）；机器学习（36）；可持续发展（33）；深度学习（33）；生物炭（32）；地下水（27）；空气污染（26）；环境调节（25）；氧化应激（22）；镉（22）；微生物群落（22）；风险评估（17）；砷（16）；溶解有机物（16）；微塑料（15）；生态系统服务（15）；城市化（15）；长江经济带（15）；过氧化氢硫酸盐（14）；抗生素耐药基因（14）；沉积物（14）；废水处理（14）；数值模拟（13）；GRACE（13）；富营养化（13）
4	物理化学	4.0	光催化（65）；锂离子电池（41）；析氢反应（37）；钠离子电池（34）；稳定性（30）；析氧反应（27）；异质结构（27）；机械性能（26）；吸附（24）；水分解（24）；密度泛函理论（22）；电催化（21）；金属有机框架（20）；协同效应（20）；钙钛矿太阳能电池（19）；氧空位（18）；超级电容器（16）；分子动力学（15）；锂金属电池（15）；机制（14）；MXene 材料（14）；石墨烯（13）；微观结构（13）；二氧化钛（13）；氧化还原反应（13）；氢气生产（12）；过氧化氢硫酸盐（11）；锂硫电池（11）；氢能（11）；抗菌性（11）
5	多学科化学	3.89	电催化（29）；光催化（25）；锂离子电池（19）；钠离子电池（18）；免疫疗法（17）；机器学习（16）；铁死亡（14）；钙钛矿太阳能电池（14）；自我装配（14）；析氧反应（13）；抗菌性（12）；析氢反应（12）；深度学习（12）；金属有机框架（12）；发炎（12）；转录组学（11）；稳定性（11）；活性氧（9）；聚集诱导发光（9）；二维材料（9）；密度泛函理论（9）；石墨烯（8）；癌症免疫疗法（8）；MXene 材料（8）；注意力机制（8）；机械性能（8）；二氧化碳减排（8）；光动力疗法（8）；单原子催化剂（8）；合成（8）
6	应用物理学	3.85	传感器（63）；深度学习（31）；机械性能（30）；微观结构（29）；光催化（21）；钠离子电池（20）；密度泛函理论（18）；特征提取（18）；机器学习（17）；钙钛矿太阳能电池（17）；数值模拟（16）；第一性原理计算（15）；稳定性（15）；锂离子电池（13）；注意力机制（13）；锂金属电池（12）；敏感度（11）；光学纤维传感器（10）；目标检测（10）；忆阻器（10）；估算（10）；能量储存和转换（9）；抗菌性（9）；分子动力学（9）；光电探测器（9）；数学模型（9）；有限元分析（9）；析氢反应（9）；单原子催化剂（8）；二维材料（8）
7	能源与燃料	3.32	锂离子电池（65）；数值模拟（38）；热解（28）；能量存储（27）；机器学习（26）；可再生能源（22）；质子交换膜燃料电池（22）；生物量（22）；PEMFC（20）；氢能（19）；深度学习（17）；中国（16）；超级电容器（15）；热传递（14）；稳定性（14）；燃烧（13）；钙钛矿太阳能电池（13）；氨（12）；太阳能（12）；相变材料（12）；协同效应（12）；优化（12）；热电发电机（12）；析氢反应（11）；氢气生产（11）；能源消耗（10）；钠离子电池（10）；水分解（10）；多目标优化（10）；温和燃烧（9）

序号	活跃学科	SCI学科活跃度	高频词（词频）
8	纳米科学与技术	3.03	金属有机框架（26）；钠离子电池（24）；锂离子电池（20）；钙钛矿太阳能电池（18）；免疫疗法（16）；光催化（15）；光动力疗法（15）；析氧反应（14）；锂金属电池（13）；微观结构（13）；稳定性（13）；光热疗法（13）；抗菌性（13）；机械性能（12）；自我装配（12）；二维材料（12）；细胞外囊泡（11）；MXene材料（11）；化学动力学治疗（11）；机器学习（10）；电催化（10）；密度泛函理论（10）；单原子催化剂（10）；碳点（10）；水分解（10）；光电探测器（10）；血管生成实验（9）；细胞划痕实验（9）；癌症免疫疗法（9）；巨噬细胞（9）
9	化学工程	2.73	吸附（49）；光催化（29）；热解（26）；生物量（26）；过氧化氢硫酸盐（22）；氧空位（20）；二氧化碳捕获（17）；数值模拟（16）；机制（15）；生物炭（14）；析氢反应（14）；高级氧化工艺（13）；过硫酸盐（13）；钙钛矿（13）；稳定性（13）；退化（13）；机器学习（12）；协同效应（11）；氢能（11）；电催化（9）；密度泛函理论（9）；反应机制（9）；电子转移（9）；共价有机框架（9）；温和燃烧（9）；催化氧化（9）；污水污泥（8）；海水淡化（8）；壳聚糖（8）；锂金属电池（8）
10	人工智能	2.3	深度学习（110）；变压器（48）；任务分析（43）；特征提取（37）；注意力机制（36）；优化（25）；图形神经网络（25）；卷积神经网络（24）；对比学习（19）；语义分割（18）；训练（17）；预测模型（16）；收敛（15）；机器学习（15）；延迟（14）；不确定性（13）；强化学习（13）；特征融合（13）；故障诊断（13）；差异进化算法（13）；多目标优化（13）；图像融合（13）；同步（13）；神经网络（13）；语义学（12）；目标检测（12）；计算模型（11）；数据挖掘（11）；数据模型（11）；迁移学习（11）

资料来源：科技大数据湖北省重点实验室

2023年，综合本省各学科的发文数量和排名位次来看，2023年湖北省基础研究在全国范围内较为突出的学科为遥感、地球化学与地球物理学、陶瓷材料、自然地理学、矿物学、多学科地球科学、绿色与可持续科技、环境研究、地质工程、病毒学等。

2023年，湖北省科学技术支出经费397.84亿元，全国排名第8位。截至2023年12月，湖北省拥有国家重大科技基础设施9个，国家研究中心1个，国家实验室1个，全国重点实验室18个，省级重点实验室212个，省实验室10个；拥有院士64位，全国排名第5位。

湖北省发表SCI论文数量较多的学科为多学科材料、电子与电气工程、环境科学、应用物理学、物理化学、多学科化学、能源与燃料、纳米科学与技术、化学工程、生物化学与分子生物学（表3-37）。湖北省共有51个机构进入相关学科的ESI全球前1%行列（表3-38）；发明专利申请量共59 068件，全国排名第8位，发明专利申请量十强技术领域见表3-39，发明专利申请量优势企业和科研机构见表3-40。

表3-37　2023年湖北省主要学科发文量、被引频次

序号	学科	论文数/篇（全国排名，省内排名）	被引次数/次（全国排名，省内排名）	篇均被引/次（全国排名，省内排名）	国际合作率（全国排名，省内排名）	国际合作度（全国排名，省内排名）
1	多学科材料	4 983 (6, 1)	35 138 (6, 1)	7.05 (4, 17)	0.18 (6, 114)	11.61 (7, 1)
2	电子与电气工程	3 539 (7, 2)	14 304 (5, 8)	4.04 (5, 82)	0.2 (16, 105)	9.11 (8, 3)
3	环境科学	3 262 (5, 3)	18 112 (5, 6)	5.55 (11, 32)	0.21 (8, 96)	9.25 (4, 2)
4	应用物理学	2 784 (6, 4)	17 706 (6, 6)	6.36 (6, 22)	0.16 (9, 130)	7.02 (8, 10)
5	物理化学	2 714 (7, 5)	25 715 (7, 5)	9.47 (3, 4)	0.19 (8, 109)	8.4 (5, 4)
6	多学科化学	2 695 (7, 6)	22 320 (7, 6)	8.28 (6, 6)	0.19 (7, 107)	7.24 (7, 9)
7	能源与燃料	2 276 (5, 7)	16 981 (4, 7)	7.46 (6, 13)	0.25 (3, 77)	8.27 (3, 5)

续表

序号	学科	论文数/篇（全国排名，省内排名）	被引次数/次（全国排名，省内排名）	篇均被引/次（全国排名，省内排名）	国际合作率（全国排名，省内排名）	国际合作度（全国排名，省内排名）
8	纳米科学与技术	1 892（6，8）	18 332（7，4）	9.69（6，3）	0.19（12，111）	6.47（8，11）
9	化学工程	1 750（8，9）	14 045（8，9）	8.03（12，7）	0.26（1，67）	5.67（7，18）
10	生物化学与分子生物学	1 593（7，10）	7 092（7，14）	4.45（8，66）	0.14（11，142）	4.77（5，24）
11	多学科地球科学	1 587（3，11）	6 719（2，15）	4.23（4，74）	0.29（7，52）	7.26（3，8）
12	人工智能	1 562（7，12）	8 333（6，12）	5.33（4，39）	0.39（11，38）	7.88（7，6）
13	土木工程	1 416（5，13）	7 207（7，13）	5.09（6，45）	0.27（9，62）	5.92（6，15）
14	计算机信息系统	1 331（7，14）	4 779（5，21）	3.59（7，105）	0.26（9，65）	5.92（7，16）
15	环境工程	1 252（6，15）	11 799（7，11）	9.42（19，5）	0.29（6，53）	4.6（7，27）
16	凝聚态物理	1 208（6，16）	11 845（6，10）	9.81（2，2）	0.22（9，90）	4.7（9，25）
17	多学科	1 108（6，17）	5 915（6，16）	5.34（8，38）	0.29（7，55）	4.06（6，33）
18	仪器与仪表	1 105（5，18）	4 225（3，28）	3.82（10，91）	0.15（10，135）	3.52（8，46）
19	遥感	1 096（2，19）	4 613（2，23）	4.21（5，77）	0.17（10，119）	6.12（2，13）
20	光学	1 064（7，20）	3 039（7，40）	2.86（15，138）	0.12（13，152）	2.58（12，78）

资料来源：科技大数据湖北省重点实验室

注：学科排序为发表的论文数量

表 3-38　2023 年湖北省各研究机构进入 ESI 前 1%的学科及排名

研究机构	综合	农业科学	生物学与生物化学	化学	临床医学	计算机科学	经济与商业	工程科学	环境生态学	地球科学	免疫学	材料科学	数学	微生物学	分子生物学与遗传学	综合交叉学科	神经科学与行为	药理学与毒理学	物理学	植物学与动物学	心理学	机构进入ESI学科数
华中科技大学	78	479	132	61	178	13	209	11	231	610	176	12	291	220	165	251	53	108	1183	427	311	20
武汉大学	121	336	228	55	264	25	286	52	154	31	234	51	9	177	240	382	147	324	572	623	190	20
中国地质大学	339	877	—	237	—	111	—	88	118	8	—	191	344	—	—	—	—	—	—	—	488	9
武汉理工大学	389	—	1394	83	—	243	—	92	635	807	—	34	—	—	—	—	—	701	—	1189	—	9
华中农业大学	552	23	329	597	5782	—	—	816	265	1049	739	805	—	111	409	—	538	—	—	21	1394	14
华中师范大学	908	1235	—	252	—	594	—	1148	869	—	—	571	351	—	—	—	—	337	1253	662	799	11
武汉科技大学	1277	—	—	826	1704	469	—	453	1600	—	—	301	—	—	—	—	—	—	—	—	—	6
湖北大学	1365	—	1261	491	—	—	—	1067	1600	—	—	254	—	—	—	—	—	—	—	1334	—	6
武汉工程大学	1558	1119	—	516	—	—	—	694	1586	—	—	428	—	—	—	—	—	—	—	—	—	5
长江大学	1986	461	—	1484	4381	—	—	1059	1754	645	—	—	—	—	—	—	1176	—	575	—	—	8
三峡大学	2027	—	—	927	3552	—	—	708	1577	—	—	813	—	—	—	—	—	—	—	—	—	5
中南民族大学	2343	—	—	709	—	—	—	1295	1841	—	—	941	—	—	—	—	—	—	—	—	—	4
中国科学院水生生物研究所	2348	1091	—	—	—	—	—	—	461	—	—	—	—	—	—	—	—	—	—	372	—	3
武汉纺织大学	2481	—	—	1067	—	—	—	1204	—	—	—	585	—	—	—	—	—	—	—	—	—	3
武汉市金银潭医院	2489	—	—	—	1116	—	—	—	—	—	—	—	—	—	—	—	—	—	—	—	—	1
湖北工业大学	2560	480	—	1428	—	—	—	887	—	—	—	976	—	—	—	—	—	—	—	—	—	4
中国人民解放军陆军工程大学	2608	—	—	—	—	248	—	567	—	—	—	1379	—	—	—	—	—	—	—	—	—	3
中国科学院武汉岩土力学研究所	2706	—	—	—	—	—	—	632	—	424	—	—	—	—	—	—	—	—	—	—	—	2

续表

研究机构	综合	农业科学	生物学与生物化学	化学	临床医学	计算机科学	经济与商业	工程科学	环境生态学	地球科学	免疫学	材料科学	数学	微生物学	分子生物学与遗传学	综合交叉学科	神经科学与行为	药理学与毒理学	物理学	植物学与动物学	心理学	机构进入ESI学科数
湖北医药学院	2768	—	—	—	1439	—	—	—	—	—	—	—	—	—	—	—	998	—	—	—	—	2
中南财经政法大学	2867	—	—	—	—	577	291	1365	1436	—	—	—	—	—	—	—	—	—	—	—	1010	5
中国科学院精密测量科学与技术创新研究院	3025	—	—	1061	—	—	—	—	—	488	—	—	—	—	—	—	—	—	—	—	—	2
江汉大学	3063	—	—	1583	6099	—	—	—	—	1134	—	—	1062	—	—	—	—	—	—	—	—	4
中国科学院武汉植物园	3093	1011	—	—	—	—	—	—	818	—	—	—	—	—	—	—	—	—	476	—	—	3
中国科学院武汉病毒研究所	3107	—	—	—	3640	—	—	—	—	—	—	—	—	127	—	—	—	—	—	—	—	2
武汉轻工大学	3270	453	—	1881	3189	—	—	2480	—	—	—	—	—	—	—	—	—	—	—	—	—	4
武汉市肺科医院	3486	—	—	—	1733	—	—	—	—	—	—	—	—	—	—	—	—	—	—	—	—	1
武汉市中心医院	4233	—	—	—	—	—	—	—	—	—	—	—	—	—	—	—	—	—	—	—	—	1
湖北理工学院	4637	—	—	—	2576	—	—	—	—	—	—	—	—	—	—	—	—	—	—	—	—	1
黄冈市中心医院	4664	—	—	—	2591	—	—	—	—	—	—	—	—	—	—	—	—	—	—	—	—	1
仙桃市第一人民医院	4878	—	—	—	2753	—	—	—	—	—	—	—	—	—	—	—	—	—	—	—	—	1
武汉中西医结合医院	4927	—	—	—	2790	—	—	—	—	—	—	—	—	—	—	—	—	—	—	—	—	1
湖北省疾病预防控制中心	4950	—	—	—	2809	—	—	—	—	—	—	—	—	—	—	—	—	—	—	—	—	1
湖北师范大学	4962	—	—	1854	—	—	—	1879	—	—	—	—	—	—	—	—	—	—	—	—	—	2
长江水资源保护局	5148	—	—	—	—	—	—	2161	1325	—	—	—	—	—	—	—	—	—	—	—	—	2
海军工程大学	5221	—	—	—	—	—	—	1055	—	—	—	—	—	—	—	—	—	—	—	—	—	1
湖北艺术职业学院	5256	—	—	—	3899	—	—	2285	—	—	—	—	—	—	—	—	—	—	—	—	—	2
湖北中医药大学	5331	—	—	—	4696	—	—	—	—	—	—	—	—	—	—	—	1013	—	—	—	—	2
湖北省农业科学院	5715	928	—	—	—	—	—	—	—	—	—	—	—	—	—	—	—	—	1214	—	—	2
湖北经济学院	6302	—	—	—	—	—	—	1869	—	—	—	—	—	—	—	—	—	—	—	—	1740	2
武汉市疾病预防控制中心	6811	—	—	—	—	—	—	—	—	—	—	—	—	576	—	—	—	—	—	—	—	1
水运安全国家工程技术研究中心	6847	—	—	—	—	—	—	1609	—	—	—	—	—	—	—	—	—	—	—	—	—	1
湖北省工程结构分析与安全评估重点实验室	7485	—	—	—	—	—	—	1768	—	—	—	—	—	—	—	—	—	—	—	—	—	1
湖北省肿瘤医院	7570	—	—	—	5045	—	—	—	—	—	—	—	—	—	—	—	—	—	—	—	—	1
湖北省分子影像学重点实验室	7924	—	—	—	5363	—	—	—	—	—	—	—	—	—	—	—	—	—	—	—	—	1
荆州市疾病预防控制中心	8750	—	—	—	6136	—	—	—	—	—	—	—	—	—	—	—	—	—	—	—	—	1
中国水产科学研究院长江渔业研究所	8769	—	—	—	—	—	—	—	—	—	—	—	—	—	—	—	—	—	1475	—	—	1
湖北汽车工业学院	8988	—	—	—	—	—	—	2405	—	—	—	—	—	—	—	—	—	—	—	—	—	1

续表

研究机构	综合	农业科学	生物学与生物化学	化学	临床医学	计算机科学	经济与商业	工程科学	环境生态学	地球科学	免疫学	材料科学	数学	微生物学	分子生物学与遗传学	综合交叉学科	神经科学与行为	药理学与毒理学	物理学	植物学与动物学	心理学	机构进入ESI学科数
武汉第二船舶设计研究所	9011	—	—	—	—	—	—	2430	—	—	—	—	—	—	—	—	—	—	—	—	—	1
湖北民族大学	9035	—	—	—	—	—	—	2459	—	—	—	—	—	—	—	—	—	—	—	—	—	1
宜昌市第三人民医院	—	—	—	—	2805	—	—	—	—	—	—	—	—	—	—	—	—	—	—	—	—	
湖北省先进控制与智能自动化重点实验室	—	—	—	—	—	—	—	1877	—	—	—	—	—	—	—	—	—	—	—	—	—	

表 3-39　2023 年湖北省发明专利申请量十强技术领域

序号	IPC 号（技术领域）	发明专利申请量/件
1	G06F（电子数字数据处理）	5354
2	G01N（借助于测定材料的化学或物理性质来测试或分析材料）	2047
3	G06Q（专门适用于行政、商业、金融、管理、监督或预测目的的数据处理系统或方法；其他类目不包含的专门适用于行政、商业、金融、管理、监督或预测目的的处理系统或方法）	1974
4	G06T（图像数据处理）	1508
5	H01M（用于直接转变化学能为电能的方法或装置，例如电池组）	1486
6	G06V（图像、视频识别或理解）	1421
7	H04L［数字信息的传输，例如电报通信（电报和电话通信的公用设备入 H04M）］	1361
8	G01R［测量电变量；测量磁变量（指示谐振电路的正确调谐入 H03J3/12）］	1042
9	C12N［微生物或酶；其组合物（杀生剂、害虫驱避剂或引诱剂，或含有微生物、病毒、微生物真菌、酶、发酵物的植物生长调节剂，或从微生物或动物材料产生或提取制得的物质入 A01N63/00；药品入 A61K；肥料入 C05F）；繁殖、保藏或维持微生物；变异或遗传工程；培养基（微生物学的试验介质入 C12Q1/00）］	914
10	H02J（供电或配电的电路装置或系统；电能存储系统）	865

资料来源：科技大数据湖北省重点实验室

表 3-40　2023 年湖北省发明专利申请量优势企业和科研机构列表

序号	优势企业	发明专利申请量/件	序号	优势科研机构	发明专利申请量/件
1	东风汽车集团股份有限公司	1206	1	华中科技大学	3033
2	东风商用车有限公司	843	2	武汉大学	2043
3	岚图汽车科技有限公司	726	3	武汉理工大学	1725
4	中国长江三峡集团有限公司	590	4	三峡大学	918
5	中国长江电力股份有限公司	483	5	中国地质大学（武汉）	906
6	湖北亿纬动力有限公司	470	6	华中农业大学	692
7	中铁第四勘察设计院集团有限公司	452	7	湖北工业大学	662
8	中国一冶集团有限公司	431	8	武汉科技大学	586
9	武汉钢铁有限公司	424	9	武汉纺织大学	542
10	武汉天马微电子有限公司	415	10	武汉轻工大学	423
11	中国船舶集团有限公司第七一九研究所	341	11	中国人民解放军海军工程大学	410

续表

序号	优势企业	发明专利申请量/件	序号	优势科研机构	发明专利申请量/件
12	楚能新能源股份有限公司	339	12	武汉工程大学	339
13	湖北中烟工业有限责任公司	312	13	长江大学	304
14	中交第二航务工程局有限公司	290	14	湖北大学	297
15	武汉船用机械有限责任公司	248	15	中国科学院武汉岩土力学研究所	231
16	亿咖通（湖北）技术有限公司	241	15	华中师范大学	231
17	长江勘测规划设计研究有限责任公司	236	17	中南民族大学	177
18	国网湖北省电力有限公司电力科学研究院	226	18	宜昌测试技术研究所	173
19	中冶南方工程技术有限公司	211	19	江汉大学	164
20	烽火通信科技股份有限公司	199	20	湖北文理学院	146

资料来源：科技大数据湖北省重点实验室

3.3.7　山东省

2023 年，山东省基础研究竞争力指数为 69.1997，排名第 7 位。综合全省各学科论文数、被引量情况来看，山东省的基础研究优势学科为多学科材料、物理化学、环境科学、多学科化学、电子与电气工程、应用物理学、化学工程、能源与燃料、纳米科学与技术、环境工程等。多学科材料学科的高频词包括机械性能、微观结构、异质结构、析氧反应、光催化等；物理化学学科的高频词包括光催化、析氢反应、析氧反应、异质结构、电催化剂等；环境科学学科的高频词包括中国、重金属、深度学习、微塑料、机器学习等（表 3-41）。

表 3-41　2023 年山东省基础研究优势学科及高频词

序号	活跃学科	SCI 学科活跃度	高频词（词频）
1	多学科材料	6.25	机械性能（176）；微观结构（159）；异质结构（52）；析氧反应（49）；光催化（46）；超级电容器（45）；析氢反应（44）；抗腐蚀性（38）；静电纺丝（36）；碳纳米管（34）；石墨烯（33）；MXene 材料（32）；腐蚀（31）；电磁波吸收（30）；微波吸收（26）；复合材料（24）；锂离子电池（23）；电催化（22）；自我装配（22）；3D 打印（19）；自我修复（19）；抗菌性（18）；氧化还原反应（18）；钠离子电池（18）；激光熔覆（17）；纳米复合材料（17）；吸附（16）；深度学习（16）；金属有机框架（16）；阳极（15）
2	物理化学	4.65	光催化（86）；析氢反应（69）；析氧反应（68）；异质结构（61）；电催化剂（53）；密度泛函理论（40）；氧化还原反应（39）；电催化（36）；超级电容器（35）；锂离子电池（34）；分子动力学模拟（27）；吸附（26）；协同效应（26）；MXene 材料（26）；离散傅里叶变换（24）；电磁波吸收（23）；氧空位（23）；静电纺丝（23）；水分解（22）；析氢（22）；碳纳米管（20）；氢气生产（19）；整体水分解（18）；二氧化钛（17）；石墨烯（17）；机械性能（16）；锌空气电池（15）；氢能（15）；微观结构（15）；微波吸收（15）
3	环境科学	4.57	中国（72）；重金属（48）；深度学习（46）；微塑料（43）；机器学习（39）；氧化应激（38）；微生物群落（37）；数值模拟（34）；吸附（32）；遥感（31）；气候变化（24）；生物炭（24）；毒性（23）；黄河三角洲（23）；碳排放（21）；风险评估（20）；抗生素（20）；纳米塑料（19）；沉积物（18）；黄河流域（17）；可持续发展（17）；COVID-19（16）；光催化（16）；技术创新（16）；退化（16）；绿色创新（16）；生态风险（16）；生命周期评估（15）；转录组学（15）；空气污染（15）

续表

序号	活跃学科	SCI 学科活跃度	高频词（词频）
4	多学科化学	3.89	光催化（34）；电催化（27）；析氧反应（23）；异质结构（22）；深度学习（19）；锂离子电池（16）；离散傅里叶变换（14）；自我装配（13）；MXene 材料（13）；金属有机框架（12）；能量存储（12）；有机太阳能电池（11）；转录组学（11）；氧化还原反应（11）；析氢反应（10）；非生物性应力（10）；抗菌性（10）；超级电容器（9）；碳纳米管（9）；密度泛函理论计算（9）；氧空位（9）；密度泛函理论（9）；二氧化碳减排（9）；肠道微生物群（9）；电催化剂（9）；碳点（9）；单原子催化剂（8）；二氧化钛（8）；离子液体（8）；合成（8）
5	电子与电气工程	3.7	深度学习（143）；特征提取（111）；任务分析（75）；注意力机制（69）；训练（58）；变压器（52）；卷积神经网络（51）；数据模型（46）；传感器（42）；数学模型（37）；非线性系统（37）；不确定性（35）；计算模型（34）；预测模型（34）；优化（34）；交换机（30）；语义学（29）；卷积（28）；物联网（27）；自适应模型（26）；神经网络（25）；服务器（23）；数据挖掘（23）；成本（23）；自适应控制（22）；图像分割（20）；人工神经网络（20）；拓扑结构（19）；遥感（19）；故障诊断（18）
6	应用物理学	3.61	微观结构（44）；异质结构（34）；深度学习（33）；传感器（32）；MXene 材料（32）；光催化（28）；机械性能（27）；石墨烯（23）；超级电容器（22）；析氧反应（19）；复合材料（18）；析氢反应（17）；电磁波吸收（17）；激光熔覆（17）；锂离子电池（17）；抗腐蚀性（15）；钠离子电池（14）；静电纺丝（14）；摩擦电纳米发电机（13）；电催化（13）；气体传感器（12）；纳米粒子（12）；注意力机制（12）；饱和吸收器（12）；有机太阳能电池（11）；氧化还原反应（11）；纳米复合材料（11）；机器学习（11）；分子动力学模拟（10）
7	化学工程	3.61	吸附（50）；光催化（45）；数值模拟（41）；过氧化氢硫酸盐（31）；生物炭（25）；界面聚合（23）；析氢反应（22）；析氧反应（22）；生物量（21）；异质结构（21）；密度泛函理论（21）；活性炭（20）；MXene 材料（19）；动力学（19）；协同效应（17）；氧空位（16）；萃取精馏（16）；氧化还原反应（16）；机制（15）；热解（15）；稳定性（15）；电催化剂（14）；废水处理（15）；分子动力学模拟（15）；氢气生产（14）；离子液体（14）；四环素类药物（14）；反应机制（14）；电催化（14）；荧光探针（13）
8	能源与燃料	3.39	数值模拟（40）；锂离子电池（35）；相变材料（28）；生物量（28）；氢气生产（24）；析氧反应（23）；氢能（20）；天然气水合物（19）；热解（18）；可再生能源（18）；活性炭（17）；深度学习（17）；析氢反应（17）；热传递（16）；增强采收（16）；密度泛函理论（15）；电催化剂（15）；生物油（14）；超级电容器（14）；动力学（14）；机器学习（13）；光催化（13）；生物炭（12）；纤维素（12）；氧化还原反应（12）；中国（12）；异质结构（12）；分子动力学模拟（12）；水力压裂（11）；热性能（11）
9	纳米科学与技术	2.94	异质结构（33）；MXene 材料（33）；光催化（24）；析氧反应（24）；金属有机框架（22）；析氢反应（21）；抗菌性（20）；石墨烯（19）；自我装配（19）；电磁波吸收（17）；纳米酶（16）；静电纺丝（15）；氧化还原反应（15）；锂离子电池（14）；电催化（14）；摩擦电纳米发电机（13）；氧空位（13）；光动力疗法（13）；纳米材料（11）；有机太阳能电池（11）；碳点（11）；超级电容器（11）；钠离子电池（10）；碳纳米管（10）；细胞划痕实验（10）；密度泛函理论（10）；药物递送（10）；共价有机框架（9）；水凝胶（9）
10	环境工程	2.57	光催化（29）；过氧化氢硫酸盐（27）；吸附（27）；析氢反应（18）；微生物群落（18）；电催化剂（16）；四环素类药物（16）；微塑料（16）；废水处理（15）；生物炭（14）；重金属（13）；析氧反应（13）；异质结构（12）；氧空位（12）；协同效应（12）；抗生素耐药基因（11）；活性炭（11）；退化（11）；金属有机框架（11）；生命周期评估（10）；反应机制（10）；MXene 材料（10）；电子转移（10）；机制（9）；稳定性（9）；密度泛函理论（9）；电磁波吸收（8）；动力学（8）；海水养殖废水（8）；人工湿地（8）

资料来源：科技大数据湖北省重点实验室

2023 年，综合本省各学科的发文数量和排名位次来看，2023 年山东省基础研究在全国范围内较为突出的学科为水生生物学、海洋学、湖沼生物学、渔业、化学工程、分析化学、聚合物学、应用数学、电化学、涂层与薄膜材料等。

2023 年，山东省科学技术支出经费 322.7 亿元，全国排名第 9 位。截至 2023 年 12 月，山东省拥有国家重大科技基础设施 2 个，国家实验室 1 个，全国重点实验室 21 个，省级重点实验室 277 个，省实验室 9 个；拥有院士 37 位，全国排名第 12 位。

　　山东省发表 SCI 论文数量较多的学科为多学科材料、环境科学、物理化学、电子与电气工程、多学科化学、应用物理学、化学工程、能源与燃料、生物化学与分子生物学、纳米科学与技术（表 3-42）。山东省共有 41 个机构进入相关学科的 ESI 全球前 1%行列（表 3-43）；发明专利申请量共 96 906 件，全国排名第 6 位，发明专利申请量十强技术领域见表 3-44，发明专利申请量优势企业和科研机构见表 3-45。

表 3-42　2023 年山东省主要学科发文量、被引频次

序号	学科	论文数/篇（全国排名，省内排名）	被引次数/次（全国排名，省内排名）	篇均被引/次（全国排名，省内排名）	国际合作率（全国排名，省内排名）	国际合作度（全国排名，省内排名）
1	多学科材料	4 744（7，1）	34 316（7，1）	7.23（2，13）	0.17（8，99）	12.12（6，1）
2	环境科学	3 464（4，2）	18 613（4，5）	5.37（17，36）	0.18（17，94）	8.23（6，4）
3	物理化学	3 317（4，3）	28 741（5，2）	8.66（13，8）	0.15（21，113）	8.21（6，5）
4	电子与电气工程	2 820（9，4）	11 664（10，10）	4.14（3，65）	0.23（10，64）	8.36（10，2）
5	多学科化学	2 792（6，5）	19 471（7，4）	6.97（18，16）	0.15（14，118）	8.36（6，3）
6	应用物理学	2 569（8，6）	17 582（7，7）	6.84（14，19）	0.17（4，95）	7.22（6，9）
7	化学工程	2 490（3，7）	19 885（3，3）	7.99（13，14）	0.18（16，91）	7.8（3，6）
8	能源与燃料	2 373（4，8）	16 474（5，8）	6.94（14，18）	0.16（21，108）	6.22（6，10）
9	生物化学与分子生物学	1 780（6，9）	7 349（6，13）	4.13（15，66）	0.12（14，137）	4.52（7，16）
10	纳米科学与技术	1 770（8，10）	18 518（5，6）	10.46（2，4）	0.2（7，80）	7.44（6，8）
11	环境工程	1 460（5，11）	15 258（4，9）	10.45（7，5）	0.23（17，62）	6.12（4，11）
12	人工智能	1 334（9，12）	6 883（10，15）	5.16（6，42）	0.34（19，39）	7.79（8，7）
13	分析化学	1 224（3，13）	7 022（2，14）	5.74（1，31）	0.1（8，152）	3.16（4，41）
14	计算机信息系统	1 192（8，14）	4 399（7，23）	3.69（6，78）	0.29（7，46）	5.87（8，12）
15	应用化学	1 146（7，15）	8 481（3，12）	7.4（10，12）	0.18（10，90）	4.52（5，17）
16	药学与药理学	1 142（7，16）	4 309（7，24）	3.77（9，75）	0.08（17，167）	2.88（11，53）
17	肿瘤学	1 129（7，17）	2 764（8，38）	2.45（19，145）	0.08（7，173）	3.61（5，28）
18	自动控制	1 125（5，18）	5 268（4，20）	4.68（9，53）	0.19（25，87）	5.06（8，15）
19	凝聚态物理	1 122（8，19）	10 378（8，11）	9.25（9，7）	0.22（4，65）	5.14（6，14）
20	聚合物学	1 108（3，20）	5 753（2，18）	5.19（10，40）	0.12（14，141）	3.35（6，33）

资料来源：科技大数据湖北省重点实验室

注：学科排序为发表的论文数量

表 3-43　2023 年山东省各研究机构进入 ESI 前 1%的学科及排名

研究机构	综合	农业科学	生物学与生物化学	化学	临床医学	计算机科学	经济学与商业	工程学	环境生态学	地球科学	免疫学	材料科学	数学	微生物学	分子生物学与遗传学	神经科学与行为	药理学与毒理学	物理学	植物学与动物学	心理学	社会科学	机构进入 ESI 学科数
山东大学	143	732	151	50	327	96	372	50	180	465	334	49	190	236	246	456	48	164	452	569	498	20
中国石油大学	418	—	—	90	—	268	—	42	606	53	—	165	342	—	—	—	—	—	—	—	1240	8

续表

研究机构	综合	农业科学	生物学与生物化学	化学	临床医学	计算机科学	经济与商业	工程科学	环境生态学	地球科学	免疫学	材料科学	数学	微生物学	分子生物学与遗传学	神经科学与行为	药理学与毒理学	物理学	植物学与动物学	心理学	社会科学	机构进入ESI学科数
青岛大学	517	575	477	217	781	187	—	267	812	—	1023	147	—	—	527	509	220	—	—	—	689	13
中国海洋大学	667	156	512	403	—	465	—	344	251	140	—	444	—	447	—	—	475	—	182	—	1256	12
山东第一医科大学	807	—	538	1298	452	—	—	—	—	—	597	—	—	526	531	740	222	—	—	—	2049	9
山东科技大学	812	—	—	303	—	230	—	154	979	256	—	339	189	—	—	—	—	—	—	—	—	7
青岛科技大学	930	—	—	145	—	782	—	336	1401	—	—	220	—	—	—	—	—	—	—	—	—	5
济南大学	940	—	1201	196	2089	—	—	535	1202	—	—	225	—	—	—	—	1044	—	—	—	—	7
山东师范大学	1038	1146	—	316	6145	245	—	508	1137	—	—	592	191	—	—	—	—	808	512	—	1491	11
华南肿瘤学全国重点实验室	1058	—	1064	—	563	—	—	—	—	—	1090	—	—	—	369	—	963	—	—	—	—	5
崂山实验室	1073	710	750	1057	—	—	—	1296	487	133	922	—	—	563	—	—	696	—	221	—	—	10
齐鲁工业大学	1268	427	1117	429	—	471	—	592	1235	—	—	437	—	—	—	—	1206	—	—	—	—	8
山东农业大学	1414	113	1186	1027	—	—	—	1806	886	—	—	—	—	—	—	—	—	—	105	—	—	6
曲阜师范大学	1510	—	—	477	—	316	—	545	—	—	—	816	204	—	—	—	—	—	—	—	—	5
中国科学院青岛生物能源与过程研究所	1669	—	957	582	—	—	—	1643	1827	—	—	461	—	—	—	—	—	—	1449	—	—	6
中国科学院海洋研究所	1746	—	1328	1613	—	—	—	—	929	358	—	1101	—	—	—	—	—	—	1235	—	390	7
青岛农业大学	1760	225	1515	819	—	—	—	1647	1330	—	—	1388	—	—	—	—	—	—	401	—	—	7
聊城大学	1789	—	—	602	—	590	—	719	—	—	—	572	—	—	—	—	—	—	—	—	—	4
山东理工大学	2053	777	—	810	—	—	—	772	1832	—	—	775	—	—	—	—	—	—	—	—	—	5
青岛理工大学	2074	—	—	1526	—	—	—	413	1700	—	—	711	—	—	—	—	—	—	—	—	—	4
烟台大学	2106	—	—	770	—	—	—	1049	—	—	—	660	—	—	—	—	651	—	—	—	—	4
中国科学院烟台海岸带研究所	2424	1098	—	958	—	—	—	—	524	—	—	—	—	—	—	—	—	—	1186	—	—	4
滨州医学院	2741	—	—	1720	1747	—	—	—	—	—	—	—	—	—	—	—	779	—	—	—	—	3
鲁东大学	2882	1185	—	1519	—	—	—	1252	1818	—	—	1156	—	—	—	—	—	—	—	—	—	5
山东中医药大学	3535	—	—	—	2310	—	—	—	—	—	—	—	—	—	—	—	572	—	—	—	—	2
自然资源部第一海洋研究所	3618	—	—	—	—	—	—	—	1290	587	—	—	—	—	—	—	—	—	1662	—	—	3
临沂大学	3647	—	—	1178	—	—	—	1711	—	—	—	—	—	—	—	—	—	—	1447	—	—	3
山东农业科学院	3786	491	—	—	—	—	—	—	—	—	—	—	—	—	—	—	—	—	539	—	—	2
青岛市立医院	3814	—	—	—	2978	—	—	—	—	—	—	—	—	—	—	870	—	—	—	—	—	2
山东财经大学	3940	—	—	—	—	479	—	1174	—	—	—	—	—	—	—	—	—	—	—	—	1561	3
山东建筑大学	3989	—	—	—	—	—	—	877	1572	—	—	—	—	—	—	—	—	—	—	—	—	2
山东第二医科大学	4070	—	—	—	2641	—	—	—	—	—	—	—	—	—	—	—	881	—	—	—	—	2
济宁医学院	4460	—	—	—	2953	—	—	—	—	—	—	—	—	—	—	—	1066	—	—	—	—	2
中国水产科学研究院黄海渔业研究所	5955	—	—	—	—	—	—	—	—	—	—	—	—	—	—	—	—	—	808	—	—	1
聊城市人民医院	6174	—	—	—	3756	—	—	—	—	—	—	—	—	—	—	—	—	—	—	—	—	1
青岛海洋地质研究所	6336	—	—	—	—	—	—	—	—	885	—	—	—	—	—	—	—	—	—	—	—	1
烟台市毓璜顶医院	7588	—	—	—	5061	—	—	—	—	—	—	—	—	—	—	—	—	—	—	—	—	1

续表

研究机构	综合	农业科学	生物学与生物化学	化学	临床医学	计算机科学	经济与商业	工程科学	环境生态学	地球科学	免疫学	材料科学	数学	微生物学	分子生物学与遗传学	神经科学与行为	药理学与毒理学	物理学	植物学与动物学	心理学	社会科学	机构进入ESI学科数
山东工商学院	7878	—	—	—	—	—	—	1922	—	—	—	—	—	—	—	—	—	—	—	—	—	1
济宁市第一人民医院	8055	—	—	—	5477	—	—	—	—	—	—	—	—	—	—	—	—	—	—	—	—	1
山东交通学院	8731	—	—	—	—	—	—	2265	—	—	—	—	—	—	—	—	—	—	—	—	—	1
山东航空大学	8986	—	—	—	—	—	—	2404	—	—	—	—	—	—	—	—	—	—	—	—	—	1

表 3-44　2023 年山东省发明专利申请量十强技术领域

序号	IPC 号（技术领域）	发明专利申请量/件
1	G06F（电子数字数据处理）	7522
2	G01N（借助于测定材料的化学或物理性质来测试或分析材料）	3642
3	G06Q（专门适用于行政、商业、金融、管理、监督或预测目的的数据处理系统或方法；其他类目不包含的专门适用于行政、商业、金融、管理、监督或预测目的的处理系统或方法）	2858
4	F24F［空气调节；空气增湿；通风；空气流作为屏蔽的应用（从尘、烟产生区消除尘、烟入 B08B 15/00；从建筑物中排除废气的竖向管道入 E04F17/02；烟道末端入 F23L17/02）］	2316
5	H04L［数字信息的传输，例如电报通信（电报和电话通信的公用设备入 H04M）］	2097
6	G06V（图像、视频识别或理解）	1901
7	G06T（图像数据处理）	1866
8	B01D［分离（用湿法从固体中分离固体入 B03B、B03D，用风力跳汰机或摇床入 B03B，用其他干法入 B07；固体物料从固体物料或流体中的磁或静电分离，利用高压电场的分离入 B03C；离心机、涡旋装置入 B04B；涡旋装置入 B04C；用于从含液物料中挤出液体的压力机本身入 B30B 9/02）］	1630
9	A61K［医用、牙科用或梳妆用的配制品（专门适用于将药品制成特殊的物理或服用形式的装置或方法 A61J 3/00；空气除臭，消毒或灭菌，或者绷带、敷料、吸收垫或外科用品的化学方面，或材料的使用入 A61L；肥皂组合物入 C11D）］	1616
10	C12N［微生物或酶；其组合物（杀生剂、害虫驱避剂或引诱剂，或含有微生物、病毒、微生物真菌、酶、发酵物的植物生长调节剂，或从微生物或动物材料产生或提取制得的物质入 A01N63/00；药品入 A61K；肥料入 C05F）；繁殖、保藏或维持微生物；变异或遗传工程；培养基（微生物学的试验介质入 C12Q1/00）］	1588

资料来源：科技大数据湖北省重点实验室

表 3-45　2023 年山东省发明专利申请量优势企业和科研机构列表

序号	优势企业	发明专利申请量/件	序号	优势科研机构	发明专利申请量/件
1	青岛海尔空调器有限总公司	1623	1	山东大学	2956
2	潍柴动力股份有限公司	1156	2	中国石油大学（华东）	1227
3	万华化学集团股份有限公司	813	3	山东科技大学	995
4	青岛海尔洗衣机有限公司	796	4	中国海洋大学	899
5	歌尔股份有限公司	694	5	青岛科技大学	764
6	青岛海尔电冰箱有限公司	684	6	齐鲁工业大学（山东省科学院）	543
7	济南浪潮数据技术有限公司	667	7	济南大学	528
8	歌尔科技有限公司	661	8	青岛理工大学	515
9	青岛海尔智能技术研发有限公司	642	9	烟台大学	433

续表

序号	优势企业	发明专利申请量/件	序号	优势科研机构	发明专利申请量/件
10	山东云海国创云计算装备产业创新中心有限公司	585	10	青岛农业大学	402
11	中国重汽集团济南动力有限公司	569	11	山东理工大学	384
12	中国石油化工股份有限公司	553	12	青岛大学	379
13	海信视像科技股份有限公司	509	13	山东建筑大学	345
14	中车青岛四方机车车辆股份有限公司	505	14	山东农业大学	326
15	青岛海尔科技有限公司	464	15	哈尔滨工业大学（威海）	297
16	中建八局第二建设有限公司	436	16	中国科学院青岛生物能源与过程研究所	236
17	山东浪潮科学研究院有限公司	411	17	山东交通学院	229
18	浪潮云信息技术股份公司	386	18	山东师范大学	213
19	浪潮通用软件有限公司	361	19	山东省农业科学院	209
20	青岛海尔洗涤电器有限公司	321	20	曲阜师范大学	201

资料来源：科技大数据湖北省重点实验室

3.3.8 四川省

2023 年，四川省基础研究竞争力指数为 67.6492，排名第 8 位。综合全省各学科论文数、被引量情况来看，四川省的基础研究优势学科为多学科材料、电子与电气工程、物理化学、应用物理学、多学科化学、环境科学、化学工程、纳米科学与技术、能源与燃料、人工智能等。多学科材料学科的高频词包括机械性能、微观结构、微波吸收、抗腐蚀性、密度泛函理论等；电子与电气工程学科的高频词包括深度学习、特征提取、任务分析、训练、优化等；物理化学学科的高频词包括密度泛函理论、光催化、析氧反应、电催化、异质结构等（表 3-46）。

表 3-46 2023 年四川省基础研究优势学科及高频词

序号	活跃学科	SCI 学科活跃度	高频词（词频）
1	多学科材料	6.09	机械性能（137）；微观结构（112）；微波吸收（35）；抗腐蚀性（34）；密度泛函理论（32）；石墨烯（25）；抗菌性（24）；3D 打印（23）；深度学习（22）；锂离子电池（21）；第一性原理计算（20）；机器学习（19）；自我修复（19）；稳定性（19）；活性氧（19）；光催化（19）；MXene 材料（18）；钙钛矿太阳能电池（17）；数值模拟（17）；吸附（14）；金属有机框架（13）；二维材料（13）；水凝胶（13）；饰品（13）；免疫疗法（12）；锂硫电池（12）；离散傅里叶变换（12）；电磁波吸收（11）；药物递送（11）；腐蚀（11）
2	电子与电气工程	5.28	深度学习（164）；特征提取（121）；任务分析（99）；训练（91）；优化（79）；交换机（51）；数学模型（49）；计算模型（47）；阻抗（46）；数据模型（45）；物联网（43）；变压器（42）；传感器（41）；雷达（41）；语义学（40）；拓扑结构（34）；卷积神经网络（33）；无线通信（33）；电压控制（30）；带宽（28）；联轴器（27）；电力生产（27）；卷积（27）；无线电频率（26）；天线阵列（26）；故障诊断（25）；成本（24）；干扰（24）；解码（24）；资源管理（24）

续表

序号	活跃学科	SCI学科活跃度	高频词（词频）
3	物理化学	3.8	密度泛函理论（49）；光催化（41）；析氧反应（31）；电催化（25）；异质结构（24）；吸附（24）；氧化还原反应（23）；析氢反应（21）；机械性能（21）；氧空位（21）；离散傅里叶变换（19）；锂离子电池（18）；微波吸收（17）；稳定性（17）；超级电容器（16）；氢气生产（12）；石墨烯（12）；氧化石墨烯（12）；金属有机框架（12）；微观结构（11）；活性氧（11）；MXene材料（10）；氢储存（10）；抗腐蚀性（10）；协同效应（10）；碳纳米管（9）；钙钛矿太阳能电池（9）；二硫化钼（9）；超疏水（9）；免疫疗法（9）
4	应用物理学	3.74	深度学习（38）；机械性能（37）；微观结构（32）；传感器（30）；抗腐蚀性（15）；行波管（14）；光催化（14）；第一性原理计算（14）；石墨烯（13）；电子束（13）；数值模拟（12）；电力生产（11）；微波吸收（10）；电场（9）；活性氧（9）；电催化（9）；慢波结构（SWS）（8）；带宽（8）；3D打印（8）；太赫兹（8）；半导体（8）；纳米复合材料（8）；自供电（8）；薄膜（8）；锂硫电池（8）；锂离子电池（8）；电磁波导（7）；磁场（7）；腐蚀（7）；金属有机框架（7）
5	多学科化学	3.7	深度学习（16）；转录组学（16）；纳米粒子（15）；活性氧（14）；药物递送（14）；抗菌性（12）；免疫疗法（12）；发炎（12）；电催化（12）；细胞凋亡（11）；光催化（11）；抗氧化剂（11）；分子对接（10）；吸附（9）；金属有机框架（9）；锂硫电池（9）；离散傅里叶变换（8）；析氢反应（8）；基因表达（8）；数值模拟（8）；血管生成实验（8）；自我修复（8）；二维材料（8）；MXene材料（8）；阿尔茨海默病（7）；锂离子电池（7）；氧化应激（7）；超级电容器（7）；COVID-19（7）；能量转换（7）
6	环境科学	3.18	气候变化（45）；中国（44）；镉（37）；机器学习（28）；重金属（27）；青藏高原（23）；生物炭（23）；吸附（23）；深度学习（22）；可持续发展（21）；空气污染（18）；转录组学（16）；微塑料（13）；过氧化氢硫酸盐（13）；数值模拟（12）；铀（12）；成都（12）；碳排放（12）；光催化（12）；植物修复（11）；风险评估（11）；污染源解析（11）；氧化应激（10）；注意力机制（10）；发育（10）；COVID-19（10）；Vanadium（9）；遥感（9）；四环素类药物（8）
7	化学工程	2.88	吸附（39）；数值模拟（22）；氧空位（22）；过氧化氢硫酸盐（21）；光催化（18）；页岩气（18）；机器学习（15）；热解（12）；MXene材料（10）；生物炭（9）；海水淡化（9）；氧化石墨烯（9）；氢气生产（9）；水力压裂（9）；锂离子电池（9）；过硫酸盐（9）；废水处理（9）；密度泛函理论（9）；机制（8）；水凝胶（8）；分离（8）；溶剂萃取（8）；金属有机框架（8）；氧化还原反应（8）；电容去离子（8）；析氧反应（8）；膜（8）；退化（7）；离子液体（7）；自清洁（7）
8	纳米科学与技术	2.84	抗菌性（24）；活性氧（20）；光热疗法（18）；水凝胶（16）；锂离子电池（15）；金属有机框架（15）；药物递送（15）；锂硫电池（14）；3D打印（14）；免疫疗法（13）；细胞划痕实验（13）；自供电（12）；机械性能（12）；电催化（11）；骨再生（10）；微波吸收（10）；巨噬细胞极化（9）；血管生成实验（9）；发炎（9）；纳米医学（9）；MXene材料（8）；石墨烯（8）；光催化（8）；二维材料（8）；免疫原性细胞死亡（8）；共价有机框架（7）；稳定性（7）；纳米粒子（7）；四面体框架核酸（7）；自我修复（7）
9	能源与燃料	2.81	页岩气（35）；锂离子电池（34）；数值模拟（32）；机器学习（18）；可再生能源（17）；水力压裂（14）；页岩（13）；四川盆地（13）；氢能（13）；密度泛函理论（13）；相变材料（13）；氢气生产（12）；电池的充电状态（11）；优化（10）；热解（10）；热能储存（9）；析氧反应（9）；钙钛矿太阳能电池（9）；氢储存（8）；石油工程（8）；热传递（8）；能源效率（8）；中国（8）；光伏（8）；生物量（8）；需求响应（7）；地热能（7）；聚晶金刚石复合片切削工具（7）；重油（6）；氧空位（6）
10	人工智能	2.57	深度学习（99）；任务分析（45）；神经网络（40）；注意力机制（38）；训练（34）；特征提取（31）；卷积神经网络（31）；图形神经网络（28）；变压器（26）；优化（23）；功能选择（23）；强化学习（23）；深度强化学习（22）；迁移学习（19）；不确定性（18）；语义学（18）；机器学习（18）；鲁棒性（15）；异常检测（15）；对比学习（14）；数据模型（14）；预测模型（14）；可视化（13）；CNN（13）；计算模型（12）；无监督学习（11）；图卷积网络（11）；特征融合（11）；聚类（11）；信息融合（11）

资料来源：科技大数据湖北省重点实验室

2023 年，综合本省各学科的发文数量和排名位次来看，2023 年四川省基础研究在全国范围内较为突出的学科为法医学、外科学、口腔医学、石油工程、麻醉学、临床神经病学、骨科学、乳品与动物学、护理学、内科学等。

2023 年，四川省科学技术支出经费 244.12 亿元，全国排名第 12 位。截至 2023 年 12 月，四川省拥有国家重大科技基础设施 10 个，国家实验室 1 个，全国重点实验室 15 个，省级重点实验室 138 个，省实验室 4 个；拥有院士 52 位，全国排名第 7 位。

四川省发表 SCI 论文数量较多的学科为多学科材料、电子与电气工程、应用物理学、物理化学、多学科化学、环境科学、能源与燃料、化学工程、人工智能、纳米科学与技术（表3-47）。四川省共有 30 个机构进入相关学科的 ESI 全球前 1%行列（表 3-48）；发明专利申请量共 53 454 件，全国排名第 9 位，发明专利申请量十强技术领域见表 3-49，发明专利申请量优势企业和科研机构见表 3-50。

表 3-47　2023 年四川省主要学科发文量、被引频次

序号	学科	论文数/篇（全国排名，省内排名）	被引次数/次（全国排名，省内排名）	篇均被引/次（全国排名，省内排名）	国际合作率（全国排名，省内排名）	国际合作度（全国排名，省内排名）
1	多学科材料	4030（11，1）	26581（9，1）	6.6（11，17）	0.18（7，105）	10.38（11，2）
2	电子与电气工程	3623（6，2）	13202（7，6）	3.64（10，92）	0.24（8，70）	12.74（5，1）
3	应用物理学	2366（9，3）	13586（15，31）	5.74（15，31）	0.16（8，114）	6.43（9，6）
4	物理化学	2249（9，4）	18604（9，5）	8.27（18，5）	0.18（10，100）	7.18（10，4）
5	多学科化学	2248（9，5）	16100（10，3）	7.16（15，11）	0.18（8，103）	6.45（10，5）
6	环境科学	1997（9，6）	10301（10，8）	5.16（19，39）	0.2（10，92）	5.8（9，10）
7	能源与燃料	1665（9，7）	10163（9，9）	6.1（24，23）	0.24（6，75）	5.81（8，9）
8	化学工程	1651（10，8）	11773（11，7）	7.13（21，13）	0.17（17，108）	4.73（11，17）
9	人工智能	1544（8，9）	8150（7，11）	5.28（5，36）	0.4（10，37）	8.31（6，3）
10	纳米科学与技术	1455（9，10）	14223（9，4）	9.78（5，2）	0.23（2，78）	6.33（10，7）
11	生物化学与分子生物学	1329（8，11）	6520（8，13）	4.91（3，48）	0.13（13，139）	3.79（8，24）
12	药学与药理学	1325（6，12）	5614（6，14）	4.24（1，69）	0.07（23，181）	1.7（22，106）
13	外科学	1248（2，13）	1231（3，72）	0.99（23，224）	0.04（18，197）	2.12（7，82）
14	肿瘤学	1185（6，14）	3226（6，27）	2.72（11，146）	0.06（20，188）	3.16（7，42）
15	多学科地球科学	1159（5，15）	3561（5，25）	3.07（27，120）	0.27（9，60）	5.72（5，11）
16	土木工程	1079（8，16）	4269（13，18）	3.96（19，79）	0.24（14，71）	5.2（11，13）
17	计算机信息系统	1022（9，17）	4207（8，19）	4.12（3，71）	0.24（15，73）	5.26（9，12）
18	多学科	992（7，18）	3968（9，21）	4.0（17，76）	0.22（15，83）	3.65（7，28）
19	机械工程	991（6，19）	4906（5，15）	4.95（7，45）	0.15（22，120）	3.39（11，33）
20	凝聚态物理	975（9，20）	7971（10，12）	8.18（17，7）	0.22（5，81）	4.92（7，15）

资料来源：科技大数据湖北省重点实验室

注：学科排序为发表的论文数量

表 3-48　2023 年四川省各研究机构进入 ESI 前 1%的学科及排名

研究机构	综合	农业科学	生物学与生物化学	化学	临床医学	计算机科学	经济与商业	工程科学	环境生态学	地球科学	免疫学	材料科学	数学	微生物学	分子生物学与遗传学	综合交叉学科	神经科学与行为	药理学与毒理学	物理学	植物学与动物学	心理学	社会科学	机构进入 ESI 学科数
四川大学	117	225	156	29	218	52	332	64	318	448	332	32	184	286	149	192	299	32	427	555	409	425	21
电子科技大学	303	—	567	190	2014	7	—	33	990	499	—	83	93	—	975	—	494	770	253	829	709	1176	16
西南交通大学	666	—	—	801	—	102	392	56	1183	493	—	171	—	—	—	—	—	—	838	—	—	1002	9
中国工程物理研究院	892	—	—	323	—	—	—	493	—	—	—	194	341	—	—	—	—	—	347	—	—	—	5
四川农业大学	1153	120	680	1171	6281	—	—	1412	607	—	—	—	—	467	900	—	—	—	—	130	—	1452	10
西南石油大学	1271	—	—	467	—	—	—	256	—	433	—	502	—	—	—	—	—	—	—	—	—	—	4
西南科技大学	1489	—	—	572	—	—	—	556	1113	—	—	350	—	—	—	—	—	—	—	—	—	—	4
成都理工大学	1664	—	—	1311	—	—	—	767	995	207	—	1041	—	—	—	—	—	—	—	—	—	—	5
西南财经大学	1894	—	—	—	—	401	72	765	1469	—	—	—	176	—	—	—	—	—	—	—	—	558	6
西南医科大学	2166	—	955	—	1707	—	—	—	—	—	—	—	—	—	1050	—	—	460	—	—	—	—	4
成都大学	2257	518	—	1017	5842	—	—	841	—	—	—	—	—	924	—	—	—	—	—	—	—	—	5
成都中医药大学	2469	—	—	1637	2494	—	—	—	—	—	—	—	—	—	—	—	—	130	—	—	—	—	3
四川师范大学	2476	—	—	1030	—	579	—	1014	1816	—	—	—	—	1210	—	—	—	—	—	—	—	—	5
中国科学院、水利部成都山地灾害与环境研究所	2890	880	—	—	—	—	—	—	830	482	—	—	—	—	—	—	—	—	—	—	—	—	3
西华师范大学	3032	—	—	1047	—	—	—	2103	—	—	—	—	—	1118	—	—	—	—	—	1621	—	—	4
中国科学院成都生物研究所	3240	675	—	1818	—	—	—	—	1148	—	—	—	—	—	—	—	—	—	—	886	—	—	4
四川理工学院	3383	—	—	1259	—	—	—	1739	—	—	—	—	—	1190	—	—	—	—	—	—	—	—	3
四川省人民医院	3491	—	—	—	2001	—	—	—	—	—	—	—	—	—	—	—	889	—	—	—	—	—	2
成都信息工程大学	3643	—	—	—	—	—	—	1599	1562	651	—	—	—	—	—	—	—	—	—	—	—	—	3
四川省农业科学院	4724	838	—	—	—	—	—	—	—	—	—	—	—	—	—	—	—	—	—	752	—	—	2
川北医学院	4794	—	—	—	2690	—	—	—	—	—	—	—	—	—	—	—	—	—	—	—	—	—	1
西南民族大学	4913	—	—	1718	—	—	—	—	2115	—	—	—	—	—	—	—	—	—	—	—	—	—	2
成都市公共卫生临床医疗中心	5025	—	—	—	2867	—	—	—	—	—	—	—	—	—	—	—	—	—	—	—	—	—	1
西华大学	5240	—	—	—	—	—	—	1065	—	—	—	—	—	—	—	—	—	—	—	—	—	—	1
中国核动力研究设计院	6272	—	—	—	—	—	—	1450	—	—	—	—	—	—	—	—	—	—	—	—	—	—	1
中国空气动力研究与发展中心	6283	—	—	—	—	—	—	1453	—	—	—	—	—	—	—	—	—	—	—	—	—	—	1
成都医学院	6371	—	—	—	3924	—	—	—	—	—	—	—	—	—	—	—	—	—	—	—	—	—	1
四川省肿瘤医院	7558	—	—	—	5030	—	—	—	—	—	—	—	—	—	—	—	—	—	—	—	—	—	1
中国工程物理研究院力学研究所	8194	—	—	—	—	—	—	2043	—	—	—	—	—	—	—	—	—	—	—	—	—	—	1
成都市疾病预防控制中心	8292	—	—	—	5699	—	—	—	—	—	—	—	—	—	—	—	—	—	—	—	—	—	1

表 3-49　2023 年四川省发明专利申请量十强技术领域

序号	IPC 号（技术领域）	发明专利申请量/件
1	G06F（电子数字数据处理）	5711
2	G01N（借助于测定材料的化学或物理性质来测试或分析材料）	2174

序号	IPC 号（技术领域）	发明专利申请量/件
3	G06Q（专门适用于行政、商业、金融、管理、监督或预测目的的数据处理系统或方法；其他类目不包含的专门适用于行政、商业、金融、管理、监督或预测目的的处理系统或方法）	1950
4	H04L［数字信息的传输，例如电报通信（电报和电话通信的公用设备入 H04M）］	1735
5	G06V（图像、视频识别或理解）	1424
6	G06T（图像数据处理）	1342
7	A61K［医用、牙科用或梳妆用的配制品（专门适用于将药品制成特殊的物理或服用形式的装置或方法 A61J 3/00；空气除臭，消毒或灭菌，或者绷带、敷料、吸收垫或外科用品的化学方面，或材料的使用入 A61L；肥皂组合物入 C11D）］	1079
8	H01L［半导体器件；其他类目中不包括的电固体器件（使用半导体器件的测量入 G01；一般电阻入 H01C；磁体、电感器、变压器入 H01F；一般电容入 H01G；电解型器件入 H01G9/00；电池组、蓄电池入 H01M；波导管、谐振器或波导型线路入 H01P；线路连接器、汇流器入 H01R；受激发射器件入 H01S；机电谐振器入 H03H；扬声器、送话器、留声机拾音器或类似的声机电传感器入 H04R；一般电光源入 H05B；印刷电路、混合电路、电设备的外壳或结构零部件、电气元件的组件的制造入 H05K；在具有特殊应用的电路中使用的半导体器件见应用相关的小类）］	819
9	G01R［测量电变量；测量磁变量（指示谐振电路的正确调谐入 H03J3/12）］	774
10	H04W［无线通信网络（广播通信入 H04H；使用无线链路来进行非选择性通信的通信系统，如无线扩展入 H04M1/72）］	759

资料来源：科技大数据湖北省重点实验室

表 3-50　2023 年四川省发明专利申请量优势企业和科研机构列表

序号	优势企业	发明专利申请量/件	序号	优势科研机构	发明专利申请量/件
1	成都飞机工业（集团）有限责任公司	510	1	电子科技大学	2995
2	成都赛力斯科技有限公司	478	2	四川大学	2447
3	攀钢集团攀枝花钢铁研究院有限公司	454	3	西南石油大学	1540
4	中国五冶集团有限公司	450	4	西南交通大学	1506
5	中国电子科技集团公司第十研究所	375	5	成都理工大学	697
6	中国核动力研究设计院	339	6	西南科技大学	574
7	四川启睿克科技有限公司	307	7	四川农业大学	389
8	中国电子科技集团公司第二十九研究所	293	8	四川轻化工大学	326
9	中国电建集团成都勘测设计研究院有限公司	240	9	中国航发四川燃气涡轮研究院	297
10	中移（成都）信息通信科技有限公司	223	10	中国科学院光电技术研究所	285
11	中铁二院工程集团有限责任公司	222	11	成都信息工程大学	265
12	成都先进金属材料产业技术研究院股份有限公司	200	12	西华大学	263
13	国网四川省电力公司电力科学研究院	194	13	成都大学	241
14	成都秦川物联网科技股份有限公司	178	14	中国民用航空飞行学院	234
15	三峡金沙江川云水电开发有限公司	176	15	中国空气动力研究与发展中心计算空气动力研究所	194
15	成都辰显光电有限公司	176	16	中国工程物理研究院激光聚变研究中心	141
17	业成科技（成都）有限公司	174	17	中国空气动力研究与发展中心高速空气动力研究所	122
18	中国电子科技集团公司第三十研究所	172	18	中国空气动力研究与发展中心超高速空气动力研究所	120

序号	优势企业	发明专利申请量/件	序号	优势科研机构	发明专利申请量/件
19	中国兵器装备集团自动化研究所有限公司	167	19	中国空气动力研究与发展中心空天技术研究所	116
20	中国十九冶集团有限公司	155	20	中国空气动力研究与发展中心低速空气动力研究所	104

资料来源：科技大数据湖北省重点实验室

3.3.9　安徽省

2023年，安徽省基础研究竞争力指数为67.5156，排名第9位。综合全省各学科论文数、被引量情况来看，安徽省的基础研究优势学科为多学科材料、电子与电气工程、应用物理学、物理化学、多学科化学、环境科学、纳米科学与技术、人工智能、能源与燃料、化学工程等。多学科材料学科的高频词包括机械性能、微观结构、光催化、锂离子电池、金属有机框架等；电子与电气工程学科的高频词包括深度学习、特征提取、任务分析、训练、变压器等；应用物理学学科的高频词包括微观结构、传感器、机械性能、光催化、析氢反应等（表3-51）。

表3-51　2023年安徽省基础研究优势学科及高频词

序号	活跃学科	SCI学科活跃度	高频词（词频）
1	多学科材料	7.25	机械性能（109）；微观结构（96）；光催化（34）；锂离子电池（25）；金属有机框架（25）；析氢反应（24）；析氧反应（24）；石墨烯（19）；抗腐蚀性（19）；超级电容器（19）；电催化（18）；异质结构（17）；钨（16）；纳米粒子（16）；MXene材料（15）；微波吸收（14）；抗压强度（13）；机器学习（12）；3D打印（11）；钠离子电池（11）；二氧化碳电化学还原（10）；碳纳米管（10）；细胞划痕实验（10）；磁性能（10）；太阳能电池（10）；数值模拟（9）；退火（9）；能量储存和转换（9）；密度泛函理论（9）；氧空位（9）
2	电子与电气工程	4.95	深度学习（85）；特征提取（73）；任务分析（62）；训练（61）；变压器（43）；数据模型（39）；故障诊断（37）；目标检测（35）；注意力机制（34）；卷积神经网络（32）；计算模型（32）；优化（30）；传感器（28）；预测模型（28）；机器学习（27）；数学模型（23）；卷积（22）；成本（20）；交换机（20）；自适应模型（20）；语义学（19）；可视化（18）；物联网（18）；行为科学（18）；延迟（17）；估算（17）；轨迹（16）；三维显示（16）；逻辑门（16）；鲁棒性（15）
3	应用物理学	4.58	微观结构（25）；传感器（23）；机械性能（21）；光催化（20）；析氢反应（17）；MXene材料（16）；机器学习（13）；金属有机框架（12）；电催化（12）；特征提取（9）；能量储存和转换（9）；异质结构（9）；氮化铝镓（9）；复合材料（9）；钠离子电池（7）；纳米复合材料（7）；深度学习（7）；碳材料（7）；纳米粒子（7）；电催化剂（7）；化学动力学治疗（6）；抗冲击性（6）；碳纳米管（6）；二氧化碳电化学还原（6）；氧空位（6）；超级电容器（6）；钨（5）；退化（5）；逻辑门（5）
4	物理化学	4.56	光催化（53）；析氧反应（35）；析氢反应（33）；密度泛函理论（27）；电催化（25）；机械性能（20）；金属有机框架（16）；电催化剂（15）；氧化还原反应（15）；MXene材料（14）；异质结构（14）；协同效应（13）；石墨烯（11）；电磁波吸收（11）；热稳定性（11）；氢气生产（10）；超级电容器（9）；二氧化碳电化学还原（9）；微波吸收（9）；CO氧化（9）；机制（7）；钠离子电池（7）；密度泛函理论计算（7）；氢能（7）；吸附（7）；热解（7）；碳纳米管（7）；化学动力学治疗（6）；锂离子电池（6）；钙钛矿太阳能电池（6）

续表

序号	活跃学科	SCI 学科活跃度	高频词（词频）
5	多学科化学	4.46	光催化（34）；金属有机框架（19）；电催化（15）；MXene 材料（13）；电催化剂（10）；析氢反应（10）；超级电容器（9）；机械性能（8）；机器学习（8）；析氧反应（8）；密度泛函理论（7）；自我装配（7）；钠离子电池（6）；多相催化（6）；太阳能电池（6）；单原子催化剂（6）；钯金（6）；碳纳米管（6）；氧空位（6）；碳点（5）；类风湿性关节炎（5）；碳氮化物（5）；晶体结构（5）；细胞划痕实验（5）；网络药理学（5）；铁死亡（5）；纳米材料（4）；电子转移（4）
6	环境科学	3.66	重金属（33）；空气污染（33）；中国（24）；生物炭（24）；遥感（19）；吸附（18）；深度学习（18）；微塑料（16）；镉（15）；元分析（14）；可持续发展（13）；风险评估（12）；微生物群落（11）；气候变化（11）；长江三角洲（11）；国家健康和营养调查（11）；微粒物质（10）；抗生素（10）；氧化应激（10）；多轴差分光学吸收光谱法（9）；健康风险评估（9）；细颗粒物（9）；城市化（8）；水质量（8）；污染源解析（8）；PM_2 颗粒物（8）；精神分裂症（8）；发炎（8）；土壤（7）；机器学习（7）
7	纳米科学与技术	3.38	金属有机框架（21）；析氢反应（14）；光催化（13）；MXene 材料（13）；析氧反应（12）；细胞划痕实验（11）；化学动力学治疗（11）；光热疗法（10）；纳米粒子（9）；电催化（9）；自我装配（9）；机械性能（8）；碳纳米管（8）；二氧化碳电化学还原（8）；钠离子电池（8）；电催化剂（8）；活性氧（7）；密度泛函理论（7）；微观结构（7）；纳米酶（6）；掺杂（6）；化疗（6）；氧空位（6）；太阳能电池（6）；单原子催化剂（6）；氧化还原反应（6）；氢气生产（5）；飞秒激光（5）；石墨烯（5）
8	人工智能	3.01	深度学习（47）；任务分析（36）；变压器（32）；卷积神经网络（28）；注意力机制（26）；神经网络（25）；特征提取（24）；训练（22）；图形神经网络（19）；强化学习（18）；可视化（18）；语义学（13）；目标检测（13）；生成对抗性网络（13）；数据模型（12）；自适应模型（11）；预测模型（11）；功能选择（11）；相关性（10）；优化（10）；表征学习（10）；收敛（9）；马尔可夫决策过程（9）；计算机视觉（9）；进化算法（9）；数据增强（8）；机器学习（8）；鲁棒性（8）；卷积（8）；异常检测（8）
9	能源与燃料	2.99	锂离子电池（25）；数值模拟（20）；太阳能（20）；可再生能源（13）；光伏（11）；动力学（11）；氨（10）；热失控（10）；煤炭自燃（10）；热传递（9）；生物量（9）；相变材料（9）；生物炭（8）；吸附（8）；氢气生产（8）；协同效应（7）；析氧反应（7）；密度泛函理论（7）；机器学习（7）；火焰高度（7）；热电发电机（7）；热管理（7）；热解（7）；煤尘（7）；燃烧（7）；健康状况（7）；能源效率（6）；超级电容器（6）；锂离子电池安全性（6）；深度学习（5）
10	化学工程	2.85	吸附（24）；光催化（14）；离子液体（11）；氨（10）；密度泛函理论（10）；动力学（10）；煤炭自燃（9）；热失控（9）；生物量（9）；分子模拟（9）；密度泛函理论计算（9）；生物炭（9）；阴离子交换膜（8）；离散傅里叶变换（7）；二硫化钼（7）；过氧化氢硫酸盐（7）；协同效应（7）；电容去离子（7）；机制（7）；煤尘（6）；热解（6）；热稳定性（6）；火焰高度（6）；电渗析（6）；石墨烯（6）；机器学习（6）；吸附机制（6）；膜分离（6）；退化（6）；反应机制（6）

资料来源：科技大数据湖北省重点实验室

2023 年，综合本省各学科的发文数量和排名位次来看，2023 年安徽省基础研究在全国范围内较为突出的学科为核科学与技术、鸟类学、核物理学、量子科技、原子、分子与化学物理学、流体与等离子体物理、概率与统计、男科、显微学、天文学与天体物理等。

2023 年，安徽省科学技术支出经费 535.34 亿元，全国排名第 4 位。截至 2023 年 12 月，安徽省拥有国家重大科技基础设施 9 个，国家实验室 1 个，国家研究中心 1 个，全国重点实验室 7 个，省级重点实验室 288 个，省实验室 13 个；拥有院士 38 位，全国排名第 11 位。

安徽省发表 SCI 论文数量较多的学科为多学科材料、电子与电气工程、应用物理学、物理化学、多学科化学、环境科学、人工智能、纳米科学与技术、能源与燃料、化学工程（表 3-52）。安徽省共有 21 个机构进入相关学科的 ESI 全球前 1%行列（表 3-53）；发明专利申请量共 67 093 件，全国排名第 7 位，发明专利申请量十强技术领域见表 3-54，发明专利申请量优势企业和科研机构见表 3-55。

表 3-52　2023 年安徽省主要学科发文量、被引频次

序号	学科	论文数/篇（全国排名，省内排名）	被引次数/次（全国排名，省内排名）	篇均被引/次（全国排名，省内排名）	国际合作率（全国排名，省内排名）	国际合作度（全国排名，省内排名）
1	多学科材料	3 031（13，1）	18 895（13，1）	6.23（15，24）	0.15（18，108）	7.08（17，1）
2	电子与电气工程	2 100（13，2）	7 200（14，8）	3.43（16，90）	0.23（9，61）	6.75（15，2）
3	应用物理学	1 858（11，3）	10 133（12，5）	5.45（19，30）	0.13（19，117）	5.66（11，5）
4	物理化学	1 723（13，4）	14 905（12，2）	8.65（14，6）	0.15（23，106）	5.72（13，4）
5	多学科化学	1 684（12，5）	14 323（12，3）	8.51（4，7）	0.15（13，104）	5.32（14，6）
6	环境科学	1 467（12，6）	6 947（16，9）	4.74（23，45）	0.15（26，102）	4.19（15，11）
7	人工智能	1 186（11，7）	5 261（12，11）	4.44（10，48）	0.38（14，38）	6.14（11，3）
8	纳米科学与技术	1 181（11，8）	10 532（12，4）	8.92（19，4）	0.15（25，97）	4.41（16，9）
9	能源与燃料	1 090（14，9）	7 330（14，7）	6.72（18，15）	0.17（18，89）	3.92（15，14）
10	化学工程	995（14，10）	7 524（14，6）	7.56（17，10）	0.16（20，95）	3.41（16，17）
11	计算机信息系统	894（11，11）	3 403（11，14）	3.81（5，70）	0.3（4，46）	4.84（11，7）
12	凝聚态物理	801（11，12）	6 809（12，10）	8.5（14，8）	0.17（14，85）	3.45（15，16）
13	光学	771（12，13）	1 804（14，30）	2.34（26，148）	0.1（21，141）	2.52（13，36）
14	生物化学与分子生物学	742（13，14）	3 060（14，16）	4.12（16，55）	0.11（21，128）	2.19（19，50）
15	计算机科学理论与方法	693（8，15）	1 958（12，25）	2.83（17，120）	0.64（5，26）	3.94（12，13）
16	多学科	670（11，16）	4 371（7，13）	6.52（3，18）	0.29（5，49）	3.11（10，20）
17	仪器与仪表	661（12，17）	1 895（16，27）	2.87（27，118）	0.15（11，109）	2.45（17，39）
18	药学与药理学	650（11，18）	2 531（11，19）	3.89（8，66）	0.07（24，165）	2.21（16，45）
19	机械工程	584（15，19）	2 213（15，22）	3.79（23，71）	0.19（12，77）	3.04（14，23）
20	分析化学	564（13，20）	2 074（16，24）	3.68（21，76）	0.1（9，137）	2.56（9，35）

资料来源：科技大数据湖北省重点实验室

注：学科排序为发表的论文数量

表 3-53　2023 年安徽省各研究机构进入 ESI 前 1% 的学科及排名

研究机构	综合	农业科学	生物学与生物化学	化学	临床医学	计算机科学	经济与商业	工程科学	环境生态学	地球科学	免疫学	材料科学	数学	微生物学	分子生物学与遗传学	神经科学与行为	药理学与毒理学	物理学	植物学与动物学	心理学	社会科学	机构进入 ESI 学科数
中国科学技术大学	101	—	338	8	1674	44	350	29	246	183	459	8	45	—	497	977	555	27	1023	—	568	17
合肥工业大学	719	191	1322	397	—	109	—	107	1000	535	—	232	—	—	—	—	—	921	—	—	1097	10
安徽医科大学	872	—	630	1780	658	—	—	—	1173	—	418	1264	—	722	508	662	156	—	—	874	1609	12
中国科学院合肥物质科学研究院	877	—	—	274	—	—	—	434	1137	891	—	214	—	—	—	—	—	405	—	—	—	6
安徽大学	1056	—	1431	369	—	165	—	479	1387	—	—	346	368	—	—	—	—	885	—	—	2146	9
安徽农业大学	1863	154	1342	1249	—	—	—	—	1833	1165	—	—	—	—	—	—	—	—	304	—	—	6
安徽工业大学	1901	—	—	985	—	771	—	600	—	—	—	469	—	—	—	—	—	—	—	—	—	4
安徽师范大学	2047	—	—	508	—	—	—	—	1655	1871	—	851	—	—	—	—	—	—	—	—	1953	5

续表

研究机构	综合	农业科学	生物学与生物化学	化学	临床医学	计算机科学	经济与商业	工程科学	环境生态学	地球科学	免疫学	材料科学	数学	微生物学	分子生物学与遗传学	神经科学与行为	药理学与毒理学	物理学	植物学与动物学	心理学	社会科学	机构进入ESI学科数
安徽理工大学	2606	—	—	1325	—	—	—	911	1514	—	—	963	—	—	—	—	—	—	—	—	—	4
淮北师范大学	3133	—	—	946	—	—	—	—	1711	—	—	1310	—	—	—	—	—	—	—	—	—	3
安徽工程大学	3489	—	—	1746	—	—	—	1187	—	—	—	1261	—	—	—	—	—	—	—	—	—	3
蚌埠医学院	3725	—	—	—	2204	—	—	—	—	—	—	—	—	—	—	—	1027	—	—	—	—	2
安徽财经大学	4296	—	—	—	—	—	—	1446	1777	—	—	—	—	—	—	—	—	—	—	—	1057	3
安徽中医药大学	4689	—	—	—	5105	—	—	—	—	—	—	—	—	—	—	—	551	—	—	—	—	2
安徽建筑大学	4898	—	—	1806	—	—	—	1903	—	—	—	—	—	—	—	—	—	—	—	—	—	2
皖南医学院	4970	—	—	—	2822	—	—	—	—	—	—	—	—	—	—	—	—	—	—	—	—	1
安徽省农业科学院	5346	726	—	—	—	—	—	—	—	—	—	—	—	—	—	—	—	—	1199	—	—	2
安徽省立医院	6516	—	—	—	4046	—	—	—	—	—	—	—	—	—	—	—	—	—	—	—	—	
中国科学院安徽光学精密机械研究所	7250	—	—	—	—	—	—	—	—	1010	—	—	—	—	—	—	—	—	—	—	—	1
合肥学院	8285	—	—	—	—	—	—	2083	—	—	—	—	—	—	—	—	—	—	—	—	—	
安庆师范大学	8968	—	—	—	—	—	—	2378	—	—	—	—	—	—	—	—	—	—	—	—	—	1

表 3-54　2023 年安徽省发明专利申请量十强技术领域

序号	IPC 号（技术领域）	发明专利申请量/件
1	G06F（电子数字数据处理）	3638
2	G01N（借助于测定材料的化学或物理性质来测试或分析材料）	2248
3	H01L［半导体器件；其他类目中不包括的电固体器件（使用半导体器件的测量入 G01；一般电阻器入 H01C；磁体、电感器、变压器入 H01F；一般电容器入 H01G；电解型器件入 H01G9/00；电池组、蓄电池入 H01M；波导管、谐振器或波导型线路入 H01P；线路连接器、汇流器入 H01R；受激发射器入 H01S；机电谐振器入 H03H；扬声器、送话器、留声机拾音器或类似的声机电传感器入 H04R；一般电光源入 H05B；印刷电路、混合电路、电设备的外壳或结构零部件、电气元件的组件的制造入 H05K；在具有特殊应用的电路中使用的半导体器件见应用相关的小类）］	1674
4	G06Q（专门适用于行政、商业、金融、管理、监督或预测目的的数据处理系统或方法；其他类目不包含的专门适用于行政、商业、金融、管理、监督或预测目的的处理系统或方法）	1630
5	H01M（用于直接转变化学能为电能的方法或装置，例如电池组）	1366
6	G06V（图像、视频识别或理解）	1306
7	B65G［运输或贮存装置，例如装载或倾卸用输送机、车间输送机系统或气动管道输送机（包装用的入 B65B；搬运薄的或细丝状材料如纸张或细丝入 B65H；起重机入 B66C；便携式或可移动的举升或牵引用具，如升降机入 B66D；用于装载或卸载目的的升降货物的装置，如叉车，入 B66F9/00；不包括在其他类目中的瓶子、罐、罐头、木桶、桶或类似容器的排空入 B67C9/00；液体分配或转移入 B67D；将压缩的、液化的或固体化的气体灌入容器或从容器内排出入 F17C；流体用管道系统入 F17D）］	1252
8	B01D［分离（用湿法从固体中分离固体入 B03B、B03D，用风力跳汰机或摇床入 B03B，用其他干法入 B07；固体物料从固体物料或流体中的磁或静电分离，利用高压电场的分离入 B03C；离心机、涡旋装置入 B04B；涡旋装置入 B04C；用于从含液物料中挤出液体的压力机本身入 B30B 9/02）］	1165
9	G01R［测量电变量；测量磁变量（指示谐振电路的正确调谐入 H03J3/12）］	1106
10	B29C［塑料的成型或连接；塑性状态材料的成型，不包含在其他类目中的；已成型产品的后处理，例如修整（制作预型件入 B29B 11/00；通过将原本不相连接的层结合成为各层连在一起的产品来制造层状产品入 B32B 7/00 至 B32B 41/00）］	1044

资料来源：科技大数据湖北省重点实验室

表3-55　2023年安徽省发明专利申请量优势企业和科研机构列表

序号	优势企业	发明专利申请量/件	序号	优势科研机构	发明专利申请量/件
1	长鑫存储技术有限公司	1881	1	合肥工业大学	2330
2	中国十七冶集团有限公司	1126	2	中国科学技术大学	1548
3	科大讯飞股份有限公司	613	3	安徽大学	1113
4	奇瑞汽车股份有限公司	608	4	安徽理工大学	988
5	奇瑞新能源汽车股份有限公司	556	5	安徽农业大学	717
6	合肥维信诺科技有限公司	535	6	中国科学院合肥物质科学研究院	663
7	安徽江淮汽车集团股份有限公司	504	7	安徽信息工程学院	649
8	合肥国轩高科动力能源有限公司	430	8	安徽工业大学	544
9	阳光电源股份有限公司	373	9	安徽工程大学	376
10	中铁四局集团有限公司	359	10	安徽建筑大学	225
11	蔚来汽车科技（安徽）有限公司	350	11	安徽科技学院	162
12	马鞍山钢铁股份有限公司	325	12	安徽师范大学	153
13	国网安徽省电力有限公司电力科学研究院	299	13	合肥学院	122
14	淮北矿业股份有限公司	266	14	蚌埠学院	119
15	中国电子科技集团公司第三十八研究所	242	15	安庆师范大学	117
16	合肥联宝信息技术有限公司	234	16	合肥综合性国家科学中心人工智能研究院（安徽省人工智能实验室）	115
17	合肥美的电冰箱有限公司	223	17	西安电子科技大学芜湖研究院	106
18	合肥晶合集成电路股份有限公司	218	18	中国科学技术大学先进技术研究院	102
19	芜湖美的智能厨电制造有限公司	197	19	安徽中医药大学	100
20	彩虹（合肥）液晶玻璃有限公司	196	19	安徽医科大学	100

资料来源：科技大数据湖北省重点实验室

3.3.10　陕西省

2023年，陕西省基础研究竞争力指数为67.2339，排名第10位。综合全省各学科论文数、被引量情况来看，陕西省的基础研究优势学科为多学科材料、电子与电气工程、应用物理学、物理化学、环境科学、多学科化学、能源与燃料、人工智能、纳米科学与技术、化学工程等。多学科材料学科的高频词包括机械性能、微观结构、石墨烯、稳定性、电磁波吸收等；电子与电气工程学科的高频词包括特征提取、深度学习、任务分析、训练、优化等；应用物理学学科的高频词包括微观结构、传感器、深度学习、机械性能、石墨烯等（表3-56）。

表3-56　2023年陕西省基础研究优势学科及高频词

序号	活跃学科	SCI学科活跃度	高频词（词频）
1	多学科材料	7.49	机械性能（283）；微观结构（244）；石墨烯（57）；稳定性（46）；电磁波吸收（45）；光催化（43）；热导率（40）；数值模拟（37）；3D打印（36）；抗腐蚀性（35）；微观结构演变（34）；机器学习（32）；钙钛矿太阳能电池（32）；微波吸收（31）；增材制造（28）；MXene材料（26）；分子动力学（25）；高熵合金（23）；电催化（22）；异质结构（22）；深度学习（22）；激光粉末床熔接（21）；热稳定性（20）；分子动力学模拟（20）；相变（20）；能量存储（20）；钛合金（20）；氧化锌（19）；残余应力（19）；碳纳米管（19）

续表

序号	活跃学科	SCI 学科活跃度	高频词（词频）
2	电子与电气工程	6.52	特征提取（267）；深度学习（239）；任务分析（209）；训练（137）；优化（132）；变压器（96）；数据模型（93）；传感器（93）；数学模型（89）；目标检测（85）；注意力机制（78）；遥感（75）；计算模型（68）；故障诊断（67）；预测模型（64）；卷积神经网络（63）；卷积（60）；雷达（53）；估算（53）；检测器（48）；无线通信（47）；神经网络（45）；成本（44）；不确定性（43）；图像重建（43）；物联网（43）；语义学（42）；联轴器（42）；数据挖掘（41）；高光谱成像（41）
3	应用物理学	4.43	微观结构（68）；传感器（53）；深度学习（45）；机械性能（36）；石墨烯（30）；光催化（25）；稳定性（25）；钙钛矿太阳能电池（22）；特征提取（20）；异质结构（18）；离散傅里叶变换（15）；电极（13）；机器学习（12）；数值模拟（12）；故障诊断（12）；氧化锌（12）；high efficiency（12）；微波吸收（11）；注意力机制（11）；电场（11）；复合材料（11）；温度测量（11）；氧化还原反应（11）；缺陷（10）；超表面（10）；钻石（10）；二硫化钼（10）；数学模型（10）；微电子机械系统（10）
4	物理化学	4.18	光催化（65）；机械性能（60）；微波吸收（43）；微观结构（41）；电催化（38）；析氧反应（38）；异质结构（35）；析氢反应（33）；水分解（31）；离散傅里叶变换（30）；电磁波吸收（28）；氧化还原反应（27）；钙钛矿太阳能电池（22）；氧空位（21）；二硫化钼（20）；密度泛函理论（20）；石墨烯（19）；MXene 材料（19）；氢气生产（18）；稳定性（17）；吸附（17）；氢能（16）；能量存储（15）；分子动力学（15）；锂离子电池（14）；超级电容器（14）；二氧化碳减排（14）；电化学性能（13）；协同效应（12）；S 型异质结（12）
5	环境科学	3.66	气候变化（56）；黄土高原（53）；中国（40）；微塑料（38）；重金属（34）；生物炭（33）；吸附（31）；深度学习（29）；可持续发展（27）；遥感（23）；微生物群落（22）；碳排放（20）；数值模拟（19）；镉（18）；土壤有机碳（17）；机制（16）；氧化应激（16）；生命周期评估（15）；语义分割（15）；机器学习（15）；能源消耗（15）；风险评估（15）；土壤湿度（14）；细菌群落（14）；黄河流域（14）；驱动因素（13）；污染源解析（12）；影响因素（12）；溶解有机物（12）；反硝化作用（12）
6	多学科化学	3.42	光催化（31）；电催化（22）；深度学习（21）；钙钛矿太阳能电池（20）；氧化还原反应（16）；石墨烯（15）；稳定性（15）；析氧反应（14）；机械性能（12）；超级电容器（12）；钙钛矿（12）；吸附（11）；析氢反应（11）；水分解（11）；太阳能电池（11）；机器学习（11）；超声波（11）；自我装配（10）；故障诊断（9）；数值模拟（9）；电催化剂（8）；电磁波吸收（8）；机制（8）；锂离子电池（8）；铁死亡（8）；密度泛函理论（8）；增殖（8）；转录组学（8）；钠离子电池（8）；协同效应（8）
7	能源与燃料	3.41	数值模拟（45）；多目标优化（38）；氢能（37）；锂离子电池（33）；热传递（30）；氢气生产（29）；煤炭自燃（29）；优化（23）；热力学分析（23）；能量存储（21）；可再生能源（20）；热解（19）；超临界水气化（17）；太阳能（17）；机器学习（16）；超临界水（16）；热能储存（15）；能源分析（15）；氨（15）；超级电容器（15）；生物炭（14）；生物量（14）；钙钛矿太阳能电池（13）；热管理（12）；固体氧化物燃料电池（11）；煤炭（11）；燃料电池（11）；稳定性（11）；质子交换膜燃料电池（11）；喷射器（11）
8	人工智能	3.04	深度学习（131）；任务分析（91）；特征提取（84）；优化（58）；变压器（58）；卷积神经网络（48）；训练（46）；注意力机制（44）；神经网络（41）；数据模型（36）；机器学习（24）；计算模型（23）；强化学习（23）；故障诊断（23）；聚类算法（22）；可视化（21）；语义学（20）；图像分割（20）；特征融合（19）；鲁棒性（18）；异常检测（18）；差异进化算法（17）；对比学习（17）；卷积（17）；功能选择（17）；收敛（16）；数据挖掘（16）；表征学习（16）；图像分类（16）；深度强化学习（16）
9	纳米科学与技术	2.93	石墨烯（29）；机械性能（26）；钙钛矿太阳能电池（18）；金属有机框架（18）；稳定性（18）；电磁波吸收（17）；氧化还原反应（17）；电催化（15）；异质结构（14）；析氧反应（13）；MXene 材料（12）；微观结构（12）；钠离子电池（12）；水分解（11）；析氢反应（11）；铁死亡（10）；摩擦电纳米发电机（9）；变形机制（8）；超级电容器（8）；光催化（8）；锂硫电池（8）；锂离子电池（8）；静电纺丝（8）；电催化剂（7）；热导率（7）；3D 打印（7）；掺杂（7）；单原子催化剂（7）；功率转换效率（7）；二硫化钼（7）

续表

序号	活跃学科	SCI学科活跃度	高频词（词频）
10	化学工程	2.77	光催化（43）；吸附（38）；数值模拟（26）；金属有机框架（19）；煤炭自燃（18）；超临界水（17）；氢能（17）；热解（16）；氨（14）；生物炭（13）；电催化（13）；氢气生产（13）；生物量（13）；密度泛函理论（12）；异质结构（12）；氧空位（12）；超临界水气化（11）；能量存储（10）；废弃活性污泥（10）；动力学（10）；反应机制（10）；过氧化氢硫酸盐（10）；析氢反应（10）；二氧化碳减排（10）；MXene材料（9）；退化（9）；水分解（8）；3D打印（8）；微观结构（8）；煤炭（8）

资料来源：科技大数据湖北省重点实验室

2023年，综合本省各学科的发文数量和排名位次来看，2023年陕西省基础研究在全国范围内较为突出的学科为陶瓷材料、航空航天工程、土壤学、流体与等离子体物理、地质学、电子与电气工程、能源与燃料、机械工程、力学、通信等。

2023年，陕西省科学技术支出经费134.18亿元，全国排名第14位。截至2023年12月，陕西省拥有国家重大科技基础设施3个，全国重点实验室15个，省级重点实验室197个，省实验室2个；拥有院士77位，全国排名第4位。

陕西省发表SCI论文数量较多的学科为多学科材料、电子与电气工程、应用物理学、物理化学、环境科学、能源与燃料、多学科化学、人工智能、纳米科学与技术、机械工程（表3-57）。陕西省共有30个机构进入相关学科的ESI全球前1%行列（表3-58）；发明专利申请量共41 729件，全国排名第10位，发明专利申请量十强技术领域见表3-59，发明专利申请量优势企业和科研机构见表3-60。

表3-57　2023年陕西省主要学科发文量、被引频次

序号	学科	论文数/篇（全国排名，省内排名）	被引次数/次（全国排名，省内排名）	篇均被引/次（全国排名，省内排名）	国际合作率（全国排名，省内排名）	国际合作度（全国排名，省内排名）
1	多学科材料	5 974（4，1）	39 869（5，1）	6.67（9，21）	0.17（9，116）	14.12（5，2）
2	电子与电气工程	5 316（3，2）	21 098（3，3）	3.97（6，79）	0.21（14，82）	17.48（3，1）
3	应用物理学	3 417（4，3）	19 180（5，4）	5.61（17，32）	0.14（13，140）	7.08（7，9）
4	物理化学	2 931（6，4）	28 737（6，2）	9.8（2，2）	0.19（7，94）	8.07（7，6）
5	环境科学	2 775（8，5）	15 039（8，8）	5.42（14，36）	0.19（13，104）	7.09（8，8）
6	能源与燃料	2 424（3，6）	18 156（3，6）	7.49（5，15）	0.21（10，80）	6.24（5，13）
7	多学科化学	2 400（4，7）	19 014（8，5）	7.92（9，10）	0.18（7，108）	7.08（8，10）
8	人工智能	2 274（5，8）	11 202（3，11）	4.93（8，46）	0.35（17，40）	8.61（5，4）
9	纳米科学与技术	1 875（7，9）	17 957（8，7）	9.58（7，5）	0.2（6，85）	7.72（5，7）
10	机械工程	1 872（3，10）	8 913（3，13）	4.76（10，52）	0.18（17，112）	5.63（4，14）
11	化学工程	1 846（6，11）	14 610（7，9）	7.91（15，11）	0.2（10，86）	5.61（8，15）
12	土木工程	1 645（4，12）	8 377（4，14）	5.09（15，43）	0.2（19，88）	6.48（5，12）
13	力学	1 557（3，13）	7 646（3，16）	4.91（14，47）	0.22（16，76）	5.26（4，17）
14	冶金	1 427（4，14）	8 336（3，15）	5.84（5，28）	0.13（15，153）	4.41（6，24）
15	计算机信息系统	1 405（6，15）	5 372（3，20）	3.82（4，85）	0.25（12，64）	8.33（3，5）
16	通信	1 384（3，16）	5 022（3，23）	3.63（6，91）	0.25（8，68）	9.2（3，3）

续表

序号	学科	论文数/篇（全国排名，省内排名）	被引次数/次（全国排名，省内排名）	篇均被引/次（全国排名，省内排名）	国际合作率（全国排名，省内排名）	国际合作度（全国排名，省内排名）
17	光学	1 358 (5, 17)	3 093 (6, 36)	2.28 (28, 149)	0.13 (10, 152)	4.0 (5, 30)
18	仪器与仪表	1 323 (3, 18)	4 012 (4, 30)	3.03 (25, 119)	0.12 (21, 161)	3.86 (6, 31)
19	凝聚态物理	1 260 (5, 19)	12 079 (5, 10)	9.59 (4, 4)	0.21 (11, 83)	4.78 (8, 20)
20	多学科地球科学	1 258 (4, 20)	4 658 (4, 25)	3.7 (12, 90)	0.2 (21, 89)	4.48 (7, 23)

资料来源：科技大数据湖北省重点实验室

注：学科排序为发表的论文数量

表3-58　2023年陕西省各研究机构进入 ESI 前1%的学科及排名

研究机构	综合	农业科学	生物学与生物化学	化学	临床医学	计算机科学	经济与商业	工程科学	环境生态学	地球科学	免疫学	材料科学	数学	微生物学	分子生物学与遗传学	神经科学与行为	药理学与毒理学	物理学	植物学与动物学	心理学	社会科学	机构进入ESI学科数
西安交通大学	124	846	314	70	448	53	179	9	402	237	593	22	8	641	317	452	114	223	—	869	417	19
西北工业大学	313	1113	1109	165	4785	47	—	31	1430	437	—	27	224	—	—	—	—	358	—	—	2151	12
西北农林科技大学	453	9	305	561	5723	423	—	355	107	572	—	1179	—	297	530	—	705	—	29	—	1243	14
西安电子科技大学	679	—	—	1392	3667	6	—	70	—	316	—	460	—	—	—	—	—	715	—	—	—	7
中国人民解放军空军军医大学	805	—	435	1796	579	—	—	—	—	—	773	767	—	—	386	457	303	—	—	1038	—	9
陕西师范大学	864	278	1285	245	5488	347	—	837	748	1022	—	238	—	—	—	—	—	873	1236	926	919	13
西北大学	876	463	1072	224	3441	702	—	664	1001	219	—	371	—	—	—	—	633	—	1075	—	1822	12
长安大学	1124	—	—	1251	—	—	—	231	455	333	—	386	—	—	—	—	—	—	—	—	1118	6
西安理工大学	1381	881	—	1323	—	505	—	331	961	926	—	342	—	—	—	—	—	—	—	—	—	7
陕西科技大学	1395	574	—	478	—	—	—	785	1890	—	—	276	—	—	—	—	—	—	—	—	—	5
西安建筑科技大学	1427	—	1455	1205	—	—	—	275	584	—	—	483	—	—	—	—	—	—	—	—	—	5
西安科技大学	1951	—	—	1408	—	—	—	589	1191	611	—	770	—	—	—	—	—	—	—	—	—	5
中国科学院水利部水土保持研究所	2007	124	—	—	—	—	—	1749	482	940	—	—	—	—	—	—	—	—	1017	—	—	5
中国科学院地球环境研究所	2091	1173	—	—	—	—	—	2280	618	230	—	—	—	—	—	—	—	—	—	—	—	4
西安工业大学	2769	—	—	1617	—	—	—	1179	—	—	—	645	—	—	—	—	—	—	—	—	—	3
空军工程大学	3336	—	—	—	—	—	—	657	—	—	—	1182	—	—	—	—	—	—	—	—	—	2
中国科学院西安光学精密机械研究所	3524	—	—	—	—	322	—	1255	—	1024	—	—	—	—	—	—	—	—	—	—	—	3
西安医学院	3683	—	—	—	2176	—	—	—	—	—	—	—	—	—	—	—	958	—	—	—	—	2
西安邮电大学	4330	—	—	—	—	429	—	1326	—	—	—	—	—	—	—	—	—	—	—	—	—	2
延安大学	4393	—	—	1828	5726	—	—	1977	—	—	—	—	—	—	—	—	—	—	—	—	—	3
瞬态光学与光子技术全国重点实验室	4432	—	—	—	—	404	—	1530	—	—	—	—	—	—	—	—	—	—	—	—	—	
西安工程大学	4539	—	—	—	—	—	—	1718	—	—	—	1166	—	—	—	—	—	—	—	—	—	2
西安石油大学	4647	—	—	1915	—	—	—	1471	—	—	—	—	—	—	—	—	—	—	—	—	—	2
西北有色金属研究院	5028	—	—	—	—	—	—	—	—	—	—	980	—	—	—	—	—	—	—	—	—	1
火箭军工程大学	5253	—	—	—	—	—	—	1071	—	—	—	—	—	—	—	—	—	—	—	—	—	1
陕西中医药大学	5528	—	—	—	4882	—	—	—	—	—	—	—	—	—	—	—	1089	—	—	—	—	2
西安近代化学研究所	5692	—	—	1635	—	—	—	—	—	—	—	—	—	—	—	—	—	—	—	—	—	1

续表

研究机构	综合	农业科学	生物学与生物化学	化学	临床医学	计算机科学	经济与商业	工程科学	环境生态学	地球科学	免疫学	材料科学	数学	微生物学	分子生物学与遗传学	神经科学与行为	药理学与毒理学	物理学	植物学与动物学	心理学	社会科学	机构进入ESI学科数
宝鸡文理学院	8770	—	—	—	—	—	—	2274	—	—	—	—	—	—	—	—	—	—	—	—	—	1
西京学院	8940	—	—	—	—	—	—	2347	—	—	—	—	—	—	—	—	—	—	—	—	—	1
西安热工研究院有限公司	9045	—	—	—	—	—	—	2479	—	—	—	—	—	—	—	—	—	—	—	—	—	1

表 3-59　2023 年陕西省发明专利申请量十强技术领域

序号	IPC 号（技术领域）	发明专利申请量/件
1	G06F（电子数字数据处理）	4080
2	G01N（借助于测定材料的化学或物理性质来测试或分析材料）	1609
3	G06V（图像、视频识别或理解）	1171
4	G06T（图像数据处理）	1042
5	H04L［数字信息的传输，例如电报通信（电报和电话通信的公用设备入 H04M）］	927
6	G06Q（专门适用于行政、商业、金融、管理、监督或预测目的的数据处理系统或方法；其他类目不包含的专门适用于行政、商业、金融、管理、监督或预测目的的处理系统或方法）	903
7	G01S（无线电定向；无线电导航；采用无线电波测距或测速；采用无线电波的反射或再辐射的定位或存在检测；采用其他波的类似装置）	864
8	G01R［测量电变量；测量磁变量（指示谐振电路的正确调谐入 H03J3/12）］	801
9	H01L［半导体器件；其他类目中不包括的电固体器件（使用半导体器件的测量入 G01；一般电阻器入 H01C；磁体、电感器、变压器入 H01F；一般电容器入 H01G；电解型器件入 H01G9/00；电池组、蓄电池入 H01M；波导管、谐振器或波导型线路入 H01P；线路连接器、汇流器入 H01R；受激发射器件入 H01S；机电谐振器入 H03H；扬声器、送话器、留声机拾音器或类似的声机电传感器入 H04R；一般电光源入 H05B；印刷电路、混合电路、电设备的外壳或结构零部件、电气元件的组件的制造入 H05K；在具有特殊应用的电路中使用的半导体器件见应用相关的小类）］	609
10	A61K［医用、牙科用或梳妆用的配制品（专门适用于将药品制成特殊的物理或服用形式的装置或方法 A61J 3/00；空气除臭，消毒或灭菌，或者绷带、敷料、吸收垫或外科用品的化学方面，或材料的使用入 A61L；肥皂组合物入 C11D）］	567

资料来源：科技大数据湖北省重点实验室

表 3-60　2023 年陕西省发明专利申请量优势企业和科研机构列表

序号	优势企业	发明专利申请量/件	序号	优势科研机构	发明专利申请量/件
1	西安热工研究院有限公司	1535	1	西安交通大学	3712
2	中煤科工西安研究院（集团）有限公司	284	2	西北工业大学	2924
3	中国电建集团西北勘测设计研究院有限公司	281	3	西安电子科技大学	2523
4	中国航空工业集团公司西安航空计算技术研究所	244	4	陕西科技大学	1083
5	隆基绿能科技股份有限公司	206	5	西安理工大学	873
6	中国航发动力股份有限公司	180	6	长安大学	653
7	中国航空工业集团公司西安飞机设计研究所	167	7	西北农林科技大学	635

续表

序号	优势企业	发明专利申请量/件	序号	优势科研机构	发明专利申请量/件
8	中铁第一勘察设计院集团有限公司	162	8	中国人民解放军空军军医大学	578
9	国网陕西省电力有限公司电力科学研究院	155	9	西安建筑科技大学	574
10	中航西安飞机工业集团股份有限公司	154	10	西北大学	532
11	西安奕斯伟材料科技有限公司	142	11	西安石油大学	350
12	中国重型机械研究院股份公司	140	12	陕西师范大学	327
13	陕西法士特齿轮有限责任公司	136	13	中国科学院西安光学精密机械研究所	323
14	西安奕斯伟材料科技股份有限公司	133	14	西安科技大学	297
15	中铁一局集团有限公司	127	15	中国人民解放军火箭军工程大学	288
16	国家电投集团黄河上游水电开发有限责任公司	124	16	西安邮电大学	272
17	西安诺瓦星云科技股份有限公司	119	17	西安工业大学	270
18	西安超越申泰信息科技有限公司	114	18	西北核技术研究所	261
19	中交第二公路工程局有限公司	102	19	中国人民解放军空军工程大学	257
20	陕西重型汽车有限公司	100	20	西安航天动力研究所	223

资料来源：科技大数据湖北省重点实验室

3.3.11 湖南省

2023 年，湖南省基础研究竞争力指数为 59.1604，排名第 11 位。综合全省各学科论文数、被引量情况来看，湖南省的基础研究优势学科为多学科材料、电子与电气工程、物理化学、应用物理学、环境科学、多学科化学、化学工程、纳米科学与技术、冶金、土木工程等。多学科材料学科的高频词包括机械性能、微观结构、数值模拟、机器学习、石墨烯等；电子与电气工程学科的高频词包括深度学习、任务分析、特征提取、训练、优化等；物理化学学科的高频词包括机械性能、微观结构、光催化、锂离子电池、析氧反应等（表 3-61）。

表 3-61　2023 年湖南省基础研究优势学科及高频词

序号	活跃学科	SCI 学科活跃度	高频词（词频）
1	多学科材料	7.59	机械性能（277）；微观结构（256）；数值模拟（47）；机器学习（39）；石墨烯（27）；析氢反应（27）；相变（26）；锂离子电池（26）；钠离子电池（25）；纹理（24）；增材制造（23）；沉淀（22）；抗腐蚀性（22）；电催化（19）；析氧反应（19）；强度（18）；热处理（17）；强化机制（17）；微观结构演变（17）；激光粉末床熔接（17）；热导率（16）；Al-Cu-Li 合金（15）；计算相图热力学（15）；分子动力学（14）；动态再结晶（14）；复合材料（13）；铝锌镁铜合金（13）；粉末冶金（13）；分子动力学模拟（13）；沥青混合料（13）
2	电子与电气工程	4.72	深度学习（145）；任务分析（115）；特征提取（102）；训练（76）；优化（73）；注意力机制（56）；数据模型（49）；数学模型（45）；传感器（43）；计算模型（34）；成本（28）；雷达（28）；变压器（28）；卷积神经网络（28）；交换机（28）；轨迹（27）；预测模型（27）；不确定性（26）；目标检测（26）；拓扑结构（25）；自适应模型（24）；语义学（23）；三维显示（22）；电压（22）；资源管理（22）；估算（22）；延迟（22）；神经网络（20）；高光谱成像（20）；联轴器（19）

续表

序号	活跃学科	SCI学科活跃度	高频词（词频）
3	物理化学	4.07	机械性能（68）；微观结构（64）；光催化（36）；锂离子电池（27）；析氧反应（25）；析氢反应（24）；电催化（22）；氧化还原反应（20）；钠离子电池（20）；氧空位（20）；密度泛函理论计算（18）；吸附（17）；密度泛函理论（16）；金属有机框架（15）；浮选（14）；计算相图热力学（13）；协同效应（12）；锂金属电池（11）；离散傅里叶变换（11）；过氧化氢硫酸盐（10）；阴极（10）；电化学性能（10）；阴极材料（10）；二氧化碳减排（10）；稳定性（9）；分子动力学（9）；光电探测器（9）；沉淀（9）；浮选分离（8）；石墨烯（8）
4	应用物理学	4.06	微观结构（67）；机械性能（53）；深度学习（28）；数值模拟（27）；传感器（22）；析氧反应（18）；光催化（18）；析氢反应（17）；石墨烯（15）；机器学习（15）；耐磨性（14）；钠离子电池（12）；光电探测器（11）；异质结构（11）；热导率（11）；腐蚀（11）；锂金属电池（10）；电催化（9）；二维材料（9）；复合材料（9）；离散傅里叶变换（8）；数学模型（8）；光纤激光器（8）；微观结构演变（8）；金属和合金（8）；第一性原理计算（7）；协同效应（7）；电催化剂（7）；硬度（7）；注意力机制（6）
5	环境科学	3.7	重金属（37）；镉（34）；生物炭（34）；吸附（28）；中国（26）；深度学习（23）；砷（17）；水稻（16）；城市化（16）；机器学习（16）；微塑料（15）；植物修复（14）；数值模拟（13）；遥感（13）；微生物群落（12）；影响因素（12）；废水处理（12）；环境调节（12）；空气污染（12）；国家健康和营养调查（11）；气候变化（10）；退化（10）；氧化应激（10）；可持续发展（9）；过氧化氢硫酸盐（9）；机制（9）；铀（9）；土壤（9）；溶解有机物（9）；活性氧（8）
6	多学科化学	3.52	电催化（26）；光催化（20）；数值模拟（20）；钠离子电池（13）；析氧反应（13）；电催化剂（11）；阴极（11）；深度学习（9）；锌阳极（9）；锂金属电池（9）；光电探测器（9）；电化学（8）；机器学习（8）；析氢反应（8）；光热疗法（8）；密度泛函理论（7）；锂离子电池（7）；免疫疗法（6）；氧空位（6）；吸附（6）；能量存储（6）；有机太阳能电池（5）；锂硫电池（5）；金属有机框架（5）；聚集诱导发光（5）；异质结构（5）；单原子催化剂（5）；化学气相沉积（5）；分子对接（5）；催化作用（5）
7	化学工程	3.05	吸附（47）；光催化（30）；过氧化氢硫酸盐（24）；浮选（23）；密度泛函理论（22）；金属有机框架（20）；生物炭（19）；氧空位（16）；退化（13）；过硫酸盐（13）；二氧化碳捕获（12）；废水处理（12）；电子转移（11）；吸附机制（11）；机制（11）；烟气（11）；水凝胶（11）；氧化还原反应（10）；协同效应（10）；四环素类药物（10）；单线态氧（10）；化学循环（10）；黄铁矿（10）；黄铜矿（10）；离散傅里叶变换（9）；稳定性（9）；生物量（9）；元素汞（9）；析氢反应（9）；机器学习（9）
8	纳米科学与技术	2.81	机械性能（23）；钠离子电池（18）；析氧反应（16）；电催化（16）；光热疗法（14）；电催化剂（14）；微观结构（12）；锌阳极（11）；光催化（10）；析氢反应（10）；二硫化钼（10）；异质结构（9）；能量存储（9）；光电探测器（9）；锂金属电池（8）；光动力疗法（8）；金属有机框架（7）；石墨烯（7）；锂离子电池（7）；适配体（7）；化学动力学治疗（7）；密度泛函理论（6）；氧化还原反应（6）；活性氧（6）；纳米酶（6）；MXene材料（6）；化学气相沉积（6）；免疫疗法（6）；二维材料（6）；电解质添加剂（6）
9	冶金	2.78	机械性能（189）；微观结构（172）；微观结构演变（35）；相变（24）；抗腐蚀性（23）；热处理（23）；纹理（21）；沉淀（20）；数值模拟（20）；强化机制（17）；粉末冶金（16）；Al-Cu-Li合金（16）；强度（16）；镁合金（16）；动态再结晶（14）；计算相图热力学（13）；激光粉末床熔接（12）；增材制造（12）；晶粒细化（12）；捻线（12）；热变形（10）；选择性激光熔化（10）；析出行为（10）；混乱（9）；铝锌镁铜合金（9）；挤压（9）；铝合金（9）；镁（8）；腐蚀（8）；热导率（8）

续表

序号	活跃学科	SCI 学科活跃度	高频词（词频）
10	土木工程	2.73	超高性能混凝土（31）；数值模拟（27）；机械性能（23）；微观结构（21）；有限元分析（17）；机器学习（15）；高速铁路（15）；风洞试验（14）；沥青混合料（13）；动态响应（13）；抗剪强度（12）；改性沥青（11）；抗震性能（11）；流变性质（11）；深度学习（10）；优化（10）；能量吸收（10）；耐撞性（9）；耐久性（9）；热舒适性（9）；有限元模型（9）；高速列车（9）；抗压强度（8）；承载力（7）；地质聚合物（7）；规模效应（7）；离散元素方法（7）；无砟轨道（7）

资料来源：科技大数据湖北省重点实验室

2023 年，综合本省各学科的发文数量和排名位次来看，2023 年湖南省基础研究在全国范围内较为突出的学科为矿物加工、矿物学、药物滥用、林业、冶金、航空航天工程、建造技术、地质工程、护理学、土木工程等。

2023 年，湖南省地方科学技术支出经费 314.04 亿元，全国排名第 10 位。截至 2023 年 12 月，湖南省拥有全国重点实验室 11 个，省级重点实验室 434 个，省实验室 4 个；拥有院士 48 位，全国排名第 10 位。

湖南省发表 SCI 论文数量较多的学科为多学科材料、电子与电气工程、应用物理学、物理化学、环境科学、多学科化学、冶金、化学工程、土木工程、人工智能（表 3-62）。湖南省共有 21 个机构进入相关学科的 ESI 全球前 1%行列（表 3-63）；发明专利申请量共 35 007件，全国排名第 11 位，发明专利申请量十强技术领域见表 3-64，发明专利申请量优势企业和科研机构见表 3-65。

表 3-62　2023 年湖南省主要学科发文量、被引频次

序号	学科	论文数/篇（全国排名，省内排名）	被引次数/次（全国排名，省内排名）	篇均被引/次（全国排名，省内排名）	国际合作率（全国排名，省内排名）	国际合作度（全国排名，省内排名）
1	多学科材料	4 074（10，1）	26 343（10，1）	6.47（13，31）	0.17（10，106）	11.19（9，1）
2	电子与电气工程	2 496（10，2）	12 230（8，6）	4.9（1，65）	0.19（17，97）	8.24（11，2）
3	应用物理学	2 081（10，3）	12 077（10，7）	5.8（12，38）	0.13（22，137）	6.24（10，6）
4	物理化学	1 956（12，4）	17 327（11，2）	8.86（10，10）	0.16（18，121）	6.97（12，3）
5	环境科学	1 833（10，5）	12 540（9，5）	6.84（2，26）	0.16（20，110）	5.09（11，11）
6	多学科化学	1 647（13，6）	14 430（11，3）	8.76（2，12）	0.16（9，114）	5.9（13，7）
7	冶金	1 407（5，7）	6 270（5，14）	4.46（24，77）	0.16（10，117）	6.59（2，4）
8	化学工程	1 350（12，8）	12 764（9，4）	9.45（1，6）	0.19（13，96）	4.63（12，12）
9	土木工程	1 339（7，9）	7 243（6，12）	5.41（3，50）	0.26（12，61）	5.66（8，8）
10	人工智能	1 181（12，10）	6 725（11，13）	5.69（2，42）	0.33（20，50）	5.6（13，9）
11	纳米科学与技术	1 177（12，11）	12 068（11，8）	10.25（3，4）	0.19（15，99）	6.39（9，5）
12	能源与燃料	1 151（13，12）	9 968（10，10）	8.66（3，13）	0.18（15，100）	4.02（14，19）
13	凝聚态物理	971（10，13）	8 106（9，11）	8.35（16，15）	0.16（17，122）	4.17（10，16）
14	计算机信息系统	963（10，14）	4 009（9，19）	4.16（2，85）	0.25（11，64）	5.2（10，10）
15	环境工程	952（9，15）	11 096（8，9）	11.66（1，3）	0.25（9，65）	3.96（11，21）
16	生物化学与分子生物学	912（12，16）	4 641（10，17）	5.09（2，59）	0.11（24，147）	3.24（10，35）

续表

序号	学科	论文数/篇（全国排名，省内排名）	被引次数/次（全国排名，省内排名）	篇均被引/次（全国排名，省内排名）	国际合作率（全国排名，省内排名）	国际合作度（全国排名，省内排名）
17	力学	862 (7, 17)	5 143 (5, 15)	5.97 (5, 36)	0.23 (15, 77)	4.25 (7, 14)
18	机械工程	847 (9, 18)	4 718 (7, 16)	5.57 (2, 45)	0.16 (20, 113)	3.44 (9, 31)
19	药学与药理学	790 (10, 19)	2 771 (10, 28)	3.51 (15, 113)	0.1 (5, 153)	3.74 (6, 23)
20	建造技术	770 (6, 20)	4 457 (6, 18)	5.79 (4, 39)	0.26 (9, 60)	4.45 (7, 13)

资料来源：科技大数据湖北省重点实验室

注：学科排序为发表的论文数量

表 3-63　2023 年湖南省各研究机构进入 ESI 前 1%的学科及排名

研究机构	综合	农业科学	生物学与生物化学	化学	临床医学	计算机科学	经济与商业	工程科学	环境生态学	地球科学	免疫学	材料科学	数学	微生物学	分子生物学与遗传学	神经科学与行为	药理学与毒理学	物理学	植物学与动物学	心理学	社会科学	机构进入ESI学科数
中南大学	108	506	184	69	232	32	259	30	193	148	232	18	350	396	142	275	72	404	—	287	407	19
湖南大学	260	1077	532	48	5578	55	195	28	166	655	—	54	287	—	—	—	—	384	1551	—	822	14
国防科学技术大学	909	—	—	1409	—	69	—	126	—	491	—	524	—	—	—	—	—	491	—	—	—	6
湘潭大学	1325	—	—	417	—	629	—	620	1761	—	—	310	6	—	—	—	—	—	—	—	—	6
长沙理工大学	1341	—	—	784	—	264	—	311	1339	—	—	456	348	—	—	—	—	—	—	—	—	6
湖南师范大学	1346	—	1294	678	3021	712	—	931	1244	—	—	791	288	—	—	—	—	750	1206	—	1958	11
湖南农业大学	1454	208	1037	938	—	—	—	1068	581	—	—	1132	—	—	—	—	—	—	256	—	—	7
湖南科技大学	1885	—	—	789	—	432	—	679	1896	991	—	907	—	—	—	—	—	—	—	—	—	6
南华大学	2004	—	1202	1068	1878	—	—	1409	—	—	—	1381	—	—	—	—	—	758	—	—	—	6
中南林业科技大学	2214	558	—	1465	—	—	—	968	1024	—	—	969	—	—	—	—	—	—	1133	—	—	6
中国科学院亚热带农业生态研究所	3200	347	—	—	—	—	—	936	—	—	—	—	—	—	—	—	—	—	939	—	—	3
湖南中医药大学	4417	—	—	—	3502	—	—	—	—	—	—	—	—	—	—	—	651	—	—	—	—	2
长沙市第一医院	4506	—	—	—	2479	—	—	—	—	—	—	—	—	—	—	—	—	—	—	—	—	
湖南工业大学	5109	—	—	1373	—	—	—	1527	—	—	—	665	—	—	—	—	—	—	—	—	—	3
湖南省农业科学院	5530	758	—	—	—	—	—	—	—	—	—	—	—	—	—	—	—	—	1284	—	—	2
湖南省癌症医院	5546	—	—	—	—	—	—	—	—	—	—	—	—	—	—	—	—	—	—	—	—	
湖南省人民医院	7354	—	—	—	4816	—	—	—	—	—	—	—	—	—	—	—	—	—	—	—	—	
湖南省疾病预防控制中心	7510	—	—	—	4976	—	—	—	—	—	—	—	—	—	—	—	—	—	—	—	—	1
湖南工程学院	7775	—	—	—	—	—	—	1892	—	—	—	—	—	—	—	—	—	—	—	—	—	1
湖南理工学院	8224	—	—	—	—	—	—	2061	—	—	—	—	—	—	—	—	—	—	—	—	—	1
长沙学院	8955	—	—	—	—	—	—	2363	—	—	—	—	—	—	—	—	—	—	—	—	—	1

表 3-64　2023 年湖南省发明专利申请量十强技术领域

序号	IPC 号（技术领域）	发明专利申请量/件
1	G06F（电子数字数据处理）	2915
2	G01N（借助于测定材料的化学或物理性质来测试或分析材料）	1264
3	G06Q（专门适用于行政、商业、金融、管理、监督或预测目的的数据处理系统或方法；其他类目不包含的专门适用于行政、商业、金融、管理、监督或预测目的的处理系统或方法）	1021
4	H04L［数字信息的传输，例如电报通信（电报和电话通信的公用设备入 H04M)]	819
5	G06V（图像、视频识别或理解）	754

续表

序号	IPC 号（技术领域）	发明专利申请量/件
6	H01M（用于直接转变化学能为电能的方法或装置，例如电池组）	738
7	G06T（图像数据处理）	722
8	A61K〔医用、牙科用或梳妆用的配制品（专门适用于将药品制成特殊的物理或服用形式的装置或方法 A61J 3/00；空气除臭，消毒或灭菌，或者绷带、敷料、吸收垫或外科用品的化学方面，或材料的使用入 A61L；肥皂组合物入 C11D）〕	649
9	C04B〔石灰；氧化镁；矿渣；水泥；其组合物，例如：砂浆、混凝土或类似的建筑材料；人造石；陶瓷（微晶玻璃陶瓷入 C03C 10/00）；耐火材料（难熔金属的合金入 C22C）；天然石的处理〕	536
10	A61B〔诊断；外科；鉴定（分析生物材料入 G01N，如 G01N 33/48）〕	509

资料来源：科技大数据湖北省重点实验室

表 3-65　2023 年湖南省发明专利申请量优势企业和科研机构列表

序号	优势企业	发明专利申请量/件	序号	优势科研机构	发明专利申请量/件
1	国网湖南省电力有限公司	540	1	中南大学	2675
2	中国铁建重工集团股份有限公司	514	2	中国人民解放军国防科学技术大学	1867
3	中联重科股份有限公司	374	3	湖南大学	1512
4	中国建筑第五工程局有限公司	261	4	湘潭大学	730
5	湖南快乐阳光互动娱乐传媒有限公司	241	5	长沙理工大学	632
6	中车株洲电力机车有限公司	221	6	湖南科技大学	375
7	株洲中车时代电气股份有限公司	211	7	中国航发湖南动力机械研究所	339
8	株洲时代新材料科技股份有限公司	199	8	湖南农业大学	215
9	中车株洲电力机车研究所有限公司	195	9	中南林业科技大学	202
10	湖南华菱涟源钢铁有限公司	168	10	湖南工商大学	194
11	中国航发南方工业有限公司	167	11	南华大学	178
12	湖南华菱湘潭钢铁有限公司	145	12	湖南师范大学	176
13	楚天科技股份有限公司	141	13	湖南工业大学	174
14	湖南省华芯医疗器械有限公司	137	14	湖南工程学院	133
15	中冶长天国际工程有限责任公司	126	15	湖南中医药大学	121
16	三一汽车制造有限公司	102	16	湖南科技学院	87
16	湖南中联重科智能高空作业机械有限公司	102	17	湖南城市学院	80
18	中科云谷科技有限公司	100	18	邵阳学院	76
19	长沙中联重科环境产业有限公司	88	19	湖南理工学院	74
20	中建五局第三建设有限公司	83	20	怀化学院	60

资料来源：科技大数据湖北省重点实验室

3.3.12　辽宁省

2023 年，辽宁省基础研究竞争力指数为 54.8458，排名第 12 位。综合全省各学科论文数、被引量情况来看，辽宁省的基础研究优势学科为多学科材料、电子与电气工程、物理化学、冶金、多学科化学、应用物理学、化学工程、环境科学、能源与燃料、人工智能等。多学科材料学科的高频词包括机械性能、微观结构、抗腐蚀性、腐蚀、纹理等；电子与电气工程学科的高频词包括深度学习、特征提取、任务分析、传感器、自适应控制等；物理化学学科的高频词包括机械性能、微观结构、光催化、析氧反应、电催化等（表3-66）。

表3-66　2023年辽宁省基础研究优势学科及高频词

序号	活跃学科	SCI学科活跃度	高频词（词频）
1	多学科材料	8.17	机械性能（327）；微观结构（261）；抗腐蚀性（50）；腐蚀（45）；纹理（38）；增材制造（38）；机器学习（34）；高熵合金（31）；光催化（31）；微观结构演变（29）；激光熔覆（29）；动态再结晶（23）；强度（19）；氧化作用（18）；变形机制（18）；深度学习（17）；激光粉末床熔接（17）；电导率（16）；热稳定性（16）；钛合金（16）；扩散（16）；强化机制（16）；残余奥氏体（15）；沉淀（15）；镁合金（15）；固化（14）；马氏体转变（14）；相变（14）；第一性原理计算（14）；纳米粒子（14）
2	电子与电气工程	4.51	深度学习（101）；特征提取（80）；任务分析（61）；传感器（53）；自适应控制（42）；变压器（42）；优化（41）；注意力机制（39）；训练（39）；故障诊断（38）；神经网络（34）；交换机（31）；数据模型（29）；预测模型（27）；数学模型（26）；语义学（25）；多智能体（23）；启发式算法（23）；计算模型（22）；温度传感器（21）；不确定性（21）；敏感度（20）；可视化（19）；轨迹（19）；自适应模型（18）；控制系统（18）；收敛（18）；事件触发控制（18）；语义分割（17）；鲁棒性（17）
3	物理化学	4.49	机械性能（62）；微观结构（43）；光催化（41）；析氧反应（23）；电催化（22）；氧空位（19）；密度泛函理论（18）；析氢反应（18）；异质结构（18）；金属有机框架（17）；离散傅里叶变换（16）；石墨烯（14）；电化学性能（13）；超级电容器（13）；吸附（13）；协同效应（12）；氢能（11）；氢气生产（10）；气体传感器（10）；电子特性（10）；水分解（10）；氧化还原反应（10）；阴极材料（10）；稳定性（9）；阴极（9）；阳极（9）；可见光（9）；反应机制（9）；四环素类药物（8）；光催化降解（8）
4	冶金	3.77	机械性能（243）；微观结构（189）；高熵合金（35）；微观结构演变（35）；镁合金（34）；抗腐蚀性（33）；数值模拟（31）；动态再结晶（25）；固化（23）；纹理（23）；钛合金（18）；腐蚀（17）；沉淀（17）；变形机制（16）；残余奥氏体（14）；冲击韧性（14）；热稳定性（14）；晶粒细化（13）；电导率（13）；EIS（13）；强化机制（13）；强度（13）；热变形（12）；相变（12）；拉伸性能（12）；连续铸造（12）；第一性原理计算（11）；氧化作用（11）；增材制造（11）
5	多学科化学	3.72	光催化（24）；合成（16）；深度学习（13）；荧光探针（12）；分子对接（12）；金属有机框架（11）；电催化（10）；摩擦电纳米发电机（8）；转录组学（8）；密度泛函理论（8）；离散傅里叶变换（8）；机器学习（8）；药物递送（7）；分子模拟（6）；机械性能（6）；液晶（6）；电荷转移（6）；纳米粒子（6）；细胞凋亡（6）；聚合物（6）；锂硫电池（6）；电子特性（5）；电子结构（5）；胃癌（5）；注意力机制（5）；析氢反应（5）；BAP31蛋白（5）；阴极材料（5）；分子动力学（5）；系间窜越（5）
6	应用物理学	3.61	微观结构（59）；机械性能（53）；传感器（26）；抗腐蚀性（24）；深度学习（22）；激光熔覆（19）；敏感度（17）；腐蚀（17）；触发特性（16）；激光触发真空开关（LTVS）（16）；光催化（14）；耐磨性（14）；石墨烯（12）；温度传感器（11）；析氧反应（10）；扩散（10）；机器学习（10）；金属和合金（10）；复合材料（9）；纳米粒子（9）；故障诊断（9）；电子结构（9）；氧化作用（9）；生物材料（8）；注意力机制（8）；特征提取（8）；光学纤维传感器（8）；光学特性（8）；电催化（7）；数值模拟（7）

续表

序号	活跃学科	SCI 学科活跃度	高频词（词频）
7	化学工程	3.5	数值模拟（27）；吸附（19）；动力学（15）；氢能（15）；天然气水合物（14）；相变（14）；氧空位（13）；金属有机框架（13）；稳定性（12）；光催化（12）；密度泛函理论（12）；二氧化碳捕获（12）；生物炭（10）；协同效应（10）；二氧化碳氢化（9）；甲醇（9）；生物量（9）；氧化还原反应（8）；热稳定性（8）；反应机制（8）；热解（8）；荧光探针（8）；过氧化氢（7）；响应面方法（7）；共热解（7）；过氧单硫酸盐活化（7）；氨（7）；羰基化（6）；介质阻挡放电（6）；选择性（6）
8	环境科学	3.07	可持续发展（25）；吸附（24）；碳排放（23）；中国（23）；数值模拟（14）；生物炭（13）；微塑料（13）；镉（11）；机器学习（11）；微生物群落（11）；可持续性（11）；COVID-19（8）；废水处理（8）；水稻（8）；PM_2 颗粒物（8）；绿色金融（8）；生物降解（7）；多环芳烃（7）；回收（7）；空气污染（7）；数字化转型（7）；粒子群优化（7）；氧化应激（6）；深度学习（6）；细颗粒物（6）；双酚 A（6）；数字经济（6）；气候变化（6）；植物修复（6）
9	能源与燃料	2.92	数值模拟（22）；氢能（21）；天然气水合物（17）；锂离子电池（17）；超级电容器（17）；氢气生产（15）；相变材料（14）；生物量（12）；优化（11）；多目标优化（10）；氨（10）；热能储存（9）；水合物（9）；能量存储（9）；析氧反应（9）；动力学（8）；甲烷水合物（8）；热解（7）；孔隙结构（7）；格子玻尔兹曼方法（7）；质子交换膜燃料电池（7）；综合能源系统（7）；天然气水合物（6）；共热解（6）；渗透性（6）；节能（6）；油页岩（6）；固体氧化物燃料电池（6）；氢气爆炸（6）；故障诊断（5）
10	人工智能	2.78	深度学习（77）；注意力机制（30）；自适应控制（30）；任务分析（29）；神经网络（28）；多智能体（26）；交换机（23）；优化（21）；特征提取（20）；变压器（19）；控制系统（19）；观察员（18）；图形神经网络（16）；机器学习（16）；人工神经网络（16）；不确定性（16）；切换系统（16）；卷积神经网络（15）；非线性系统（15）；收敛（14）；反步法（13）；执行器（13）；强化学习（12）；拓扑结构（12）；多目标优化（11）；启发式算法（11）；多智能体系统（MASs）（11）；水下图像增强（11）；语义学（11）；训练（10）

资料来源：科技大数据湖北省重点实验室

2023 年，综合本省各学科的发文数量和排名位次来看，2023 年辽宁省基础研究在全国范围内较为突出的学科为海洋工程、海事工程、冶金、自动控制、海洋学、机械工程、制造工程、无机与核化学、矿物加工、晶体学等。

2023 年，辽宁省科学技术支出经费 78.93 亿元，全国排名第 20 位。截至 2023 年 12 月，辽宁省拥有国家研究中心 1 个，全国重点实验室 11 个，省级重点实验室 613 个，省实验室 4 个；拥有院士 52 位，全国排名第 7 位。

辽宁省发表 SCI 论文数量较多的学科为多学科材料、电子与电气工程、物理化学、冶金、应用物理学、多学科化学、化学工程、环境科学、能源与燃料、自动控制（表 3-67）。辽宁省共有 34 个机构进入相关学科的 ESI 全球前 1%行列（表 3-68）；发明专利申请量共 25 496 件，全国排名第 16 位，发明专利申请量十强技术领域见表 3-69，发明专利申请量优势企业和科研机构见表 3-70。

表 3-67　2023 年辽宁省主要学科发文量、被引频次

序号	学科	论文数/篇（全国排名，省内排名）	被引次数/次（全国排名，省内排名）	篇均被引/次（全国排名，省内排名）	国际合作率（全国排名，省内排名）	国际合作度（全国排名，省内排名）
1	多学科材料	4 252 (9, 1)	21 411 (12, 1)	5.04 (24, 41)	0.14 (20, 99)	11.23 (8, 1)
2	电子与电气工程	2 264 (11, 2)	10 454 (11, 5)	4.62 (2, 53)	0.21 (13, 68)	7.78 (13, 2)
3	物理化学	2 160 (10, 3)	14 261 (13, 2)	6.6 (24, 14)	0.15 (22, 90)	7.17 (11, 3)
4	冶金	1 872 (2, 4)	8 156 (4, 8)	4.36 (26, 61)	0.11 (22, 130)	4.65 (5, 15)
5	应用物理学	1 765 (12, 5)	8 243 (16, 7)	4.67 (22, 51)	0.13 (20, 108)	5.29 (13, 10)
6	多学科化学	1 758 (11, 6)	10 912 (15, 4)	6.21 (20, 16)	0.14 (17, 101)	6.34 (12, 5)
7	化学工程	1 605 (11, 7)	10 993 (12, 3)	6.85 (24, 13)	0.14 (26, 102)	5.76 (6, 7)
8	环境科学	1 459 (13, 8)	7 201 (14, 11)	4.94 (21, 45)	0.13 (29, 106)	4.02 (16, 18)
9	能源与燃料	1 280 (11, 9)	8 946 (12, 6)	6.99 (13, 11)	0.17 (19, 84)	5.14 (10, 11)
10	自动控制	1 262 (3, 10)	6 463 (3, 13)	5.12 (3, 35)	0.2 (23, 71)	5.58 (5, 9)
11	人工智能	1 247 (10, 11)	7 563 (8, 9)	6.06 (1, 18)	0.29 (23, 47)	7.12 (10, 4)
12	土木工程	1 046 (9, 12)	5 283 (8, 14)	5.05 (7, 40)	0.2 (21, 70)	5.74 (7, 8)
13	机械工程	1 026 (5, 13)	4 620 (8, 15)	4.5 (13, 56)	0.12 (27, 118)	3.19 (13, 27)
14	纳米科学与技术	1 020 (13, 14)	7 336 (17, 10)	7.19 (25, 9)	0.17 (20, 82)	6.0 (11, 6)
15	生物化学与分子生物学	935 (10, 15)	3 635 (13, 20)	3.89 (23, 81)	0.1 (25, 135)	3.08 (15, 31)
16	力学	877 (6, 16)	4 523 (8, 17)	5.16 (10, 33)	0.17 (24, 80)	3.17 (12, 29)
17	多学科工程	847 (6, 17)	3 575 (6, 21)	4.22 (1, 67)	0.14 (15, 100)	2.61 (11, 43)
18	计算机信息系统	839 (12, 18)	2 967 (12, 25)	3.54 (8, 99)	0.22 (16, 62)	4.42 (12, 16)
19	药学与药理学	834 (9, 19)	3 257 (9, 23)	3.91 (7, 79)	0.08 (22, 163)	2.32 (15, 57)
20	仪器与仪表	820 (10, 20)	3 140 (8, 24)	3.83 (9, 85)	0.13 (18, 109)	3.18 (10, 28)

资料来源：科技大数据湖北省重点实验室

注：学科排序为发表的论文数量

表 3-68　2023 年辽宁省各研究机构进入 ESI 前 1%的学科及排名

研究机构	综合	农业科学	生物学与生物化学	化学	临床医学	计算机科学	工程科学	环境生态学	地球科学	免疫学	材料科学	数学	分子生物学与遗传学	神经科学与行为	药理学与毒理学	物理学	植物学与动物学	心理学	社会科学	机构进入ESI学科数
大连理工大学	271	—	635	49	5010	26	24	305	671	—	62	322	—	—	1258	525	1596	—	575	13
东北大学	496	—	—	320	4891	49	51	1145	484	—	87	225	—	—	842	—	—	—	1821	10
中国科学院大连化学物理研究所	611	—	1070	36	5896	—	885	868	—	—	154	—	—	—	1259	—	—	—	—	7
中国医科大学	738	—	439	—	464	—	—	1885	—	631	1247	—	346	454	159	—	—	894	1736	10
中国科学院金属研究所	932	—	—	474	—	—	1369	1624	—	—	75	—	—	—	—	—	—	—	—	4
大连医科大学	1283	—	761	1469	1021	—	—	—	—	—	—	—	561	869	221	—	—	—	—	6
大连海事大学	1557	—	—	1623	—	159	247	1473	—	—	1076	—	—	—	—	—	—	—	1141	6
沈阳药科大学	1584	1006	1299	707	4263	—	—	—	—	—	972	—	—	—	46	—	—	—	—	6
渤海大学	2165	440	—	1441	—	302	445	—	—	—	—	—	—	—	—	—	—	—	—	4
大连工业大学	2231	172	1503	1056	—	—	—	1540	—	—	1186	—	—	—	—	—	—	—	—	5
中国科学院沈阳应用生态研究所	2338	303	—	—	—	—	2048	443	—	—	—	—	—	—	—	—	725	—	—	4

续表

研究机构	综合	农业科学	生物学与生物化学	化学	临床医学	计算机科学	工程科学	环境生态学	地球科学	免疫学	材料科学	数学	分子生物学与遗传学	神经科学与行为	药理学与毒理学	物理学	植物学与动物学	心理学	社会科学	机构进入ESI学科数
沈阳农业大学	2558	155	—	—	—	—	—	1159	—	—	—	—	—	—	—	—	430	—	—	3
沈阳工业大学	3014	—	—	1805	—	—	1136	—	—	—	783	—	—	—	—	—	—	—	—	3
辽宁大学	3140	—	—	1004	—	—	1637	—	—	—	1314	—	—	—	—	—	—	—	—	3
辽宁工业大学	3142	—	—	—	—	274	668	—	—	—	—	—	—	—	—	—	—	—	—	2
辽宁石油化工大学	3292	—	—	1226	—	—	1426	—	—	—	1290	—	—	—	—	—	—	—	—	3
辽宁科技大学	3488	—	—	1627	—	—	1629	—	—	—	1051	—	—	—	—	—	—	—	—	3
沈阳航空航天大学	3802	—	—	—	—	—	909	—	—	—	1266	—	—	—	—	—	—	—	—	2
东北财经大学	4159	—	—	—	—	—	829	—	—	—	—	—	—	—	—	—	—	—	1372	2
锦州医科大学	4314	—	—	—	2984	—	—	—	—	—	—	—	—	—	822	—	—	—	—	2
沈阳化工大学	4430	—	—	1347	—	—	2251	—	—	—	—	—	—	—	—	—	—	—	—	2
辽宁师范大学	4805	—	—	1589	—	—	2246	—	—	—	—	—	—	—	—	—	—	—	—	2
大连交通大学	4817	—	—	—	—	—	1772	—	—	—	1339	—	—	—	—	—	—	—	—	2
中国科学院沈阳自动化研究所	5005	—	—	—	—	—	977	—	—	—	—	—	—	—	—	—	—	—	—	1
沈阳建筑大学	5504	—	—	—	—	—	1163	—	—	—	—	—	—	—	—	—	—	—	—	1
辽宁中医药大学	5965	—	—	—	5855	—	—	—	—	—	—	—	—	—	1046	—	—	—	—	2
辽宁工程技术大学	6214	—	—	—	—	—	1432	—	—	—	—	—	—	—	—	—	—	—	—	1
大连大学	6365	—	—	—	3920	—	—	—	—	—	—	—	—	—	—	—	—	—	—	1
沈阳师范大学	6447	—	—	1904	—	—	—	—	—	—	—	—	—	—	—	—	—	—	—	1
国家海洋环境监测中心	6490	—	—	—	—	—	—	—	1390	—	—	—	—	—	—	—	—	—	—	1
大连海洋大学	6774	—	—	—	—	—	—	—	—	—	—	—	—	—	—	—	998	—	—	1
辽宁省肿瘤医院	7367	—	—	—	4828	—	—	—	—	—	—	—	—	—	—	—	—	—	—	1
大连民族大学	7846	—	—	—	—	—	1917	—	—	—	—	—	—	—	—	—	—	—	—	1
盘锦市疾病预防控制中心	8757	—	—	—	—	—	—	—	—	—	—	—	—	—	—	—	—	—	—	—

表 3-69　2023 年辽宁省发明专利申请量十强技术领域

序号	IPC 号（技术领域）	发明专利申请量/件
1	G06F（电子数字数据处理）	1933
2	G01N（借助于测定材料的化学或物理性质来测试或分析材料）	1215
3	G06Q（专门适用于行政、商业、金融、管理、监督或预测目的的数据处理系统或方法；其他类目不包含的专门适用于行政、商业、金融、管理、监督或预测目的的处理系统或方法）	675
4	B01J（化学或物理方法，例如，催化作用或胶体化学；其有关设备）	658
5	C22C［合金（合金的处理入 C21D、C22F）］	586
6	G06V（图像、视频识别或理解）	553
7	G06T（图像数据处理）	546
8	G01M（机器或结构部件的静或动平衡的测试；其他类目中不包括的结构部件或设备的测试）	509
9	H01M（用于直接转变化学能为电能的方法或装置，例如电池组）	489
10	A61K［医用、牙科用或梳妆用的配制品（专门适用于将药品制成特殊的物理或服用形式的装置或方法 A61J 3/00；空气除臭，消毒或灭菌，或者绷带、敷料、吸收垫或外科用品的化学方面，或材料的使用入 A61L；肥皂组合物入 C11D）］	427

资料来源：科技大数据湖北省重点实验室

表 3-70　2023 年辽宁省发明专利申请量优势企业和科研机构列表

序号	优势企业	发明专利申请量/件	序号	优势科研机构	发明专利申请量/件
1	鞍钢股份有限公司	485	1	大连理工大学	2330
2	本钢板材股份有限公司	256	2	中国科学院大连化学物理研究所	1292
3	中国航发沈阳黎明航空发动机有限责任公司	236	3	东北大学	1163
4	中国航空工业集团公司沈阳飞机设计研究所	194	4	大连海事大学	873
5	中冶焦耐（大连）工程技术有限公司	189	5	中国航发沈阳发动机研究所	848
6	东软睿驰汽车技术（沈阳）有限公司	164	6	中国科学院金属研究所	479
7	三一重型装备有限公司	140	7	辽宁工程技术大学	454
8	中冶北方（大连）工程技术有限公司	138	8	中国科学院沈阳自动化研究所	424
9	中国航空工业集团公司沈阳空气动力研究所	135	9	沈阳工业大学	355
9	华晨宝马汽车有限公司	135	10	辽宁大学	314
11	国网辽宁省电力有限公司电力科学研究院	129	11	沈阳农业大学	280
12	沈阳飞机工业（集团）有限公司	126	12	大连交通大学	255
13	东软集团股份有限公司	115	13	大连工业大学	253
14	中车大连机车车辆有限公司	105	13	沈阳航空航天大学	253
15	国网辽宁省电力有限公司经济技术研究院	97	15	沈阳化工大学	220
16	沈阳富创精密设备股份有限公司	94	16	沈阳药科大学	214
17	沈阳新松机器人自动化股份有限公司	92	17	大连大学	194
18	拓荆科技股份有限公司	85	18	沈阳建筑大学	129
19	中煤科工集团沈阳研究院有限公司	83	19	沈阳理工大学	121
20	中国水利水电第六工程局有限公司	78	20	大连民族大学	118

资料来源：科技大数据湖北省重点实验室

3.3.13　天津市

2023 年，天津市基础研究竞争力指数为 53.9222，排名第 13 位。综合全市各学科论文数、被引量情况来看，天津市的基础研究优势学科为多学科材料、物理化学、多学科化学、电子与电气工程、化学工程、应用物理学、环境科学、能源与燃料、纳米科学与技术、环境工程等。多学科材料学科的高频词包括机械性能、微观结构、锂离子电池、光催化、石墨烯等；物理化学学科的高频词包括光催化、析氧反应、电催化、析氢反应、密度泛函理论等；多学科化学学科的高频词包括金属有机框架、光催化、电催化、自我装配、有机太阳能电池等（表 3-71）。

表 3-71　2023 年天津市基础研究优势学科及高频词

序号	活跃学科	SCI 学科活跃度	高频词（词频）
1	多学科材料	7.53	机械性能（105）；微观结构（83）；锂离子电池（32）；光催化（29）；石墨烯（26）；电催化（22）；钙钛矿太阳能电池（21）；析氢反应（19）；超级电容器（18）；锂硫电池（18）；MXene 材料（18）；稳定性（16）；金属有机框架（16）；自我装配（14）；二氧化碳减排（14）；析氧反应（14）；增材制造（14）；自我修复（13）；氧化还原反应（13）；3D 打印（13）；抗腐蚀性（13）；密度泛函理论（12）；太阳能电池（11）；太赫兹（11）；离散傅里叶变换（10）；腐蚀（10）；聚集诱导发光（10）；缺陷钝化（10）；有机太阳能电池（10）；钠离子电池（9）
2	物理化学	5.2	光催化（41）；析氧反应（37）；电催化（35）；析氢反应（34）；密度泛函理论（28）；氧化还原反应（28）；氧空位（25）；二氧化碳减排（21）；稳定性（21）；异质结构（21）；密度泛函理论计算（19）；锂硫电池（18）；金属有机框架（17）；MXene 材料（16）；离散傅里叶变换（16）；机械性能（15）；锂离子电池（15）；微观结构（14）；石墨烯（13）；电催化剂（13）；钙钛矿太阳能电池（12）；吸附（12）；协同效应（12）；超级电容器（12）；水分解（10）；溶解度（10）；生物量（9）；太阳能电池（8）；有机太阳能电池（8）；共价有机框架（8）
3	多学科化学	4.97	金属有机框架（29）；光催化（24）；电催化（21）；自我装配（14）；有机太阳能电池（14）；锂离子电池（13）；二氧化碳减排（12）；稳定性（11）；多相催化（11）；DNA 纳米技术（11）；钙钛矿太阳能电池（10）；纳米医学（10）；氧化还原反应（8）；钠离子电池（7）；癌症免疫疗法（7）；太阳能电池（7）；铁死亡（7）；氢气生产（6）；能量转移（6）；缺陷钝化（6）；机器学习（6）；析氧反应（6）；有机半导体（6）；协同效应（6）；共价有机框架（6）；MXene 材料（6）；细胞凋亡（6）；细胞划痕实验（5）；肝癌（5）；聚集诱导发光（5）
4	电子与电气工程	4.46	深度学习（88）；特征提取（61）；任务分析（59）；卷积神经网络（44）；变压器（43）；注意力机制（35）；训练（34）；目标检测（34）；传感器（33）；数学模型（32）；优化（31）；计算模型（24）；可视化（22）；交换机（22）；自适应模型（21）；神经网络（20）；联轴器（19）；数据模型（18）；相关性（18）；预测模型（18）；图像重建（18）；三维显示（17）；语义学（16）；卷积（16）；拓扑结构（16）；不确定性（16）；无线能量传输（16）；可靠性（15）；图像分割（15）；无线通信（14）
5	化学工程	4.44	吸附（36）；纳米过滤（25）；界面聚合（20）；金属有机框架（18）；氧空位（18）；过氧化氢硫酸盐（16）；废水处理（16）；析氧反应（14）；膜结垢（14）；纳滤膜（14）；稳定性（13）；气体分离（13）；氢脱氧（12）；氧化作用（12）；静电纺丝（12）；光催化（12）；离散傅里叶变换（11）；电催化（11）；生物量（11）；生物炭（11）；膜（11）；微通道（11）；MXene 材料（11）；动力学（11）；热解（10）；海水淡化（10）；质量传递（10）；过程强化（10）；氢能（10）；机制（10）
6	应用物理学	4.31	微观结构（35）；机械性能（33）；传感器（25）；石墨烯（17）；深度学习（17）；析氧反应（16）；光催化（16）；钙钛矿太阳能电池（11）；锂离子电池（11）；金属有机框架（10）；电催化（10）；析氢反应（10）；二氧化碳减排（9）；焊接（8）；MXene 材料（8）；等离子喷涂（8）；抗腐蚀性（8）；特征提取（8）；太阳能电池（8）；太赫兹（8）；缺陷钝化（7）；增材制造（7）；金属和合金（7）；离散傅里叶变换（7）；注意力机制（7）；锂硫电池（7）；光学纤维传感器（7）；电荷传输（6）；自我装配（6）；Conductivity（6）
7	环境科学	3.68	微塑料（40）；中国（26）；吸附（26）；机器学习（18）；污染源解析（17）；微生物群落（17）；抗生素耐药基因（16）；重金属（15）；溶解有机物（14）；镉（14）；生物炭（14）；气候变化（13）；细菌群落（11）；厌氧消化（11）；生命周期评估（11）；机制（10）；风险评估（9）；氧化应激（9）；毒性（9）；土壤（9）；抗生素（9）；空气污染（9）；过氧化氢硫酸盐（9）；退化（8）；深度学习（8）；水稻（8）；代谢组学（8）；碳排放（7）；细颗粒物（7）；渤海（7）

续表

序号	活跃学科	SCI 学科活跃度	高频词（词频）
8	能源与燃料	3.62	锂离子电池（23）；余热回收（14）；析氧反应（14）；数值模拟（13）；钙钛矿太阳能电池（12）；热解（12）；氧化还原反应（12）；质子交换膜燃料电池（11）；稳定性（11）；电动汽车（11）；多目标优化（11）；氢能（11）；电催化（10）；相变材料（10）；氨（9）；能源消耗（9）；生物量（9）；人工神经网络（9）；不确定性（8）；湍流射流点火（8）；氢脱氧（8）；区域供热系统（8）；太阳能（7）；微生物群落（7）；吸附（7）；可再生能源（7）；机器学习（7）；燃烧（7）；甲醇（7）；区域供热（7）
9	纳米科学与技术	3.55	锂离子电池（16）；电催化（15）；金属有机框架（13）；光催化（13）；析氢反应（11）；光动力疗法（11）；MXene 材料（11）；析氧反应（10）；锂硫电池（10）；钙钛矿太阳能电池（10）；机械性能（9）；免疫原性细胞死亡（9）；自我装配（9）；氧化还原反应（9）；密度泛函理论（8）；有机太阳能电池（8）；药物递送（8）；纳米粒子（8）；共价有机框架（8）；二氧化碳减排（8）；太阳能电池（7）；自我修复（7）；稳定性（7）；DNA 纳米技术（7）；电荷传输（6）；聚集诱导发光（6）；缺陷钝化（6）；水分解（6）；癌症免疫疗法（6）；抗菌性（6）
10	环境工程	2.89	过氧化氢硫酸盐（16）；微生物群落（15）；吸附（14）；生物炭（13）；微塑料（13）；光催化（12）；废水处理（11）；金属有机框架（10）；密度泛函理论计算（9）；抗生素（8）；氧空位（8）；稳定性（8）；电子转移（7）；抗生素耐药基因（7）；析氧反应（7）；四环素类药物（7）；生物膜（7）；MXene 材料（7）；离散傅里叶变换（6）；机器学习（6）；多应用宽带无线电（6）；单线态氧（6）；氢能（6）；氮去除（6）；过硫酸盐（6）；污染源解析（6）；生物降解（6）；钙钛矿（6）；计算流体动力学（6）；电催化（5）

资料来源：科技大数据湖北省重点实验室

2023 年，综合本市各学科的发文数量和排名位次来看，2023 年天津市基础研究在全国范围内较为突出的学科为血液学、纺织材料、生物医学工程、概率与统计、晶体学、眼科学、康复学、器官移植、化学工程、结合与补充医学等。

2023 年，天津市科学技术支出经费 77.03 亿元，全国排名第 21 位。截至 2023 年 12 月，天津市拥有国家重大科技基础设施 1 个，全国重点实验室 17 个，省级重点实验室 350 个，省实验室 6 个；拥有院士 31 位，全国排名第 13 位。

天津市发表 SCI 论文数量较多的学科为多学科材料、物理化学、多学科化学、电子与电气工程、化学工程、应用物理学、环境科学、能源与燃料、纳米科学与技术、环境工程（表 3-72）。天津市共有 21 个机构进入相关学科的 ESI 全球前 1%行列（表 3-73）；发明专利申请量共 24 263 件，全国排名第 17 位，发明专利申请量十强技术领域见表 3-74，发明专利申请量优势企业和科研机构见表 3-75。

表 3-72 2023 年天津市主要学科发文量、被引频次

序号	学科	论文数/篇（全国排名，市内排名）	被引次数/次（全国排名，市内排名）	篇均被引/次（全国排名，市内排名）	国际合作率（全国排名，市内排名）	国际合作度（全国排名，市内排名）
1	多学科材料	3 047（12，1）	21 501（11，1）	7.06（3，13）	0.14（21，111）	8.82（12，1）
2	物理化学	1 964（11，2）	18 002（10，2）	9.17（8，7）	0.17（12，87）	7.5（9，3）
3	多学科化学	1 874（10，3）	16 703（9，3）	8.91（1，9）	0.15（11，98）	6.67（9，4）
4	电子与电气工程	1 830（14，4）	6 132（15，11）	3.35（18，90）	0.2（15，67）	8.4（9，2）
5	化学工程	1 696（9，5）	12 368（10，4）	7.29（18，11）	0.15（21，96）	5.38（9，8）

续表

序号	学科	论文数/篇（全国排名，市内排名）	被引次数/次（全国排名，市内排名）	篇均被引/次（全国排名，市内排名）	国际合作率（全国排名，市内排名）	国际合作度（全国排名，市内排名）
6	应用物理学	1 663 (13, 6)	10 887 (11, 6)	6.55 (4, 18)	0.14 (16, 112)	5.61 (12, 6)
7	环境科学	1 397 (14, 7)	8 769 (12, 9)	6.28 (3, 22)	0.18 (15, 83)	4.62 (12, 12)
8	能源与燃料	1 341 (10, 8)	9 699 (11, 7)	7.23 (8, 12)	0.2 (14, 74)	4.65 (11, 11)
9	纳米科学与技术	1 212 (10, 9)	12 326 (10, 5)	10.17 (4, 4)	0.16 (21, 92)	5.29 (13, 9)
10	环境工程	941 (11, 10)	9 140 (10, 8)	9.71 (13, 5)	0.2 (22, 70)	3.95 (12, 13)
11	光学	877 (10, 11)	2 219 (10, 23)	2.53 (25, 140)	0.15 (8, 101)	3.54 (7, 20)
12	凝聚态物理	779 (12, 12)	7 529 (11, 10)	9.66 (3, 6)	0.21 (10, 63)	3.74 (12, 15)
13	土木工程	760 (14, 13)	2 941 (15, 16)	3.87 (21, 71)	0.21 (17, 62)	3.88 (14, 14)
14	人工智能	760 (15, 13)	3 285 (15, 13)	4.32 (12, 57)	0.38 (15, 30)	5.39 (14, 7)
15	生物化学与分子生物学	736 (14, 15)	2 749 (17, 18)	3.74 (24, 75)	0.15 (4, 104)	3.22 (11, 30)
16	仪器与仪表	622 (14, 16)	1 903 (15, 30)	3.06 (24, 110)	0.12 (20, 125)	3.42 (9, 22)
17	机械工程	605 (14, 17)	2 698 (15, 19)	4.46 (14, 53)	0.23 (6, 56)	3.73 (8, 16)
18	计算机信息系统	587 (15, 18)	2 007 (15, 26)	3.42 (9, 85)	0.24 (14, 52)	3.3 (15, 28)
19	肿瘤学	570 (11, 19)	1 443 (12, 37)	2.53 (17, 139)	0.09 (3, 145)	2.83 (9, 36)
20	聚合物学	555 (10, 20)	3 002 (10, 15)	5.41 (6, 36)	0.14 (9, 110)	3.04 (10, 34)

资料来源：科技大数据湖北省重点实验室

注：学科排序为发表的论文数量

表 3-73 2023 年天津市各研究机构进入 ESI 前 1%的学科及排名

研究机构	综合	农业科学	生物学与生物化学	化学	临床医学	计算机科学	经济与商业	工程科学	环境生态学	地球科学	免疫学	材料科学	数学	微生物学	分子生物学与遗传学	神经科学与行为	药理学与毒理学	物理学	植物学与动物学	社会科学	机构进入ESI学科数
天津大学	162	478	340	16	3106	50	339	14	172	422	—	23	159	—	—	—	691	322	1647	772	15
南开大学	270	513	402	23	1765	249	316	203	190	—	1018	61	235	597	563	—	452	309	1055	684	17
天津医科大学	683	—	437	1382	404						517	789			329	378	274			2078	9
河北工业大学	1244	—	—	524	—	661		301	1655			281									5
天工大学（天津工业大学）	1355	—	—	391	—			484	1602			376	160								5
天津化学科学与工程协同创新中心	1383	—	—	228				1810				333									3
天津理工大学	1501	—	—	418		644		771				368									4
天津科技大学	1576	111	684	616				1355				949									5
天津师范大学	2704	—	—	981				2028	1640			899									4
天津中医药大学	2814	—	—	1829	2583												258				3
天津大学–新加坡国立大学联合学院	3462	—	—	1152								989									2
天津城建大学	3907	—	—	1937				1223	1848												3
天津市疾病预防控制中心	4016	—	—		2116																1
中国民航大学	4450	—	—					1041					335								2
中国医学科学院血液病医院	4528	—	—		2495																1

续表

研究机构	综合	农业科学	生物学与生物化学	化学	临床医学	计算机科学	经济与商业	工程科学	环境生态学	地球科学	免疫学	材料科学	数学	微生物学	分子生物学与遗传学	神经科学与行为	药理学与毒理学	物理学	植物学与动物学	社会科学	机构进入ESI学科数
中国科学院天津工业生物技术研究所	4660	—	790	—	—	—	—	—	—	—	—	—	—	—	—	—	—	—	—	—	1
天津商业大学	5246	1213	—	—	—	—	—	1374	—	—	—	—	—	—	—	—	—	—	—	—	2
天津市第一中心医院	6175	—	—	—	3758	—	—	—	—	—	—	—	—	—	—	—	—	—	—	—	1
天津市联合医疗中心	7152	—	—	—	4642	—	—	—	—	—	—	—	—	—	—	—	—	—	—	—	1
天津市环湖医院	8384	—	—	—	5791	—	—	—	—	—	—	—	—	—	—	—	—	—	—	—	1
天津职业技术师范大学	8958	—	—	—	—	—	—	2365	—	—	—	—	—	—	—	—	—	—	—	—	1

表 3-74 2023 年天津市发明专利申请量十强技术领域

序号	IPC 号·（技术领域）	发明专利申请量/件
1	G06F（电子数字数据处理）	2611
2	G01N（借助于测定材料的化学或物理性质来测试或分析材料）	1077
3	G06Q（专门适用于行政、商业、金融、管理、监督或预测目的的数据处理系统或方法；其他类目不包含的专门适用于行政、商业、金融、管理、监督或预测目的的处理系统或方法）	795
4	G06T（图像数据处理）	603
5	H04L［数字信息的传输，例如电报通信（电报和电话通信的公用设备入 H04M）］	593
6	C12N［微生物或酶；其组合物（杀生剂、害虫驱避剂或引诱剂，或含有微生物、病毒、微生物真菌、酶、发酵物的植物生长调节剂，或从微生物或动物材料产生或提取制得的物质入 A01N63/00；药品入 A61K；肥料入 C05F）；繁殖、保藏或维持微生物；变异或遗传工程；培养基（微生物学的试验介质入 C12Q1/00）］	568
7	H01M（用于直接转变化学能为电能的方法或装置，例如电池组）	540
8	G06V（图像、视频识别或理解）	502
9	A61K［医用、牙科用或梳妆用的配制品（专门适用于将药品制成特殊的物理或服用形式的装置或方法 A61J 3/00；空气除臭，消毒或灭菌，或者绷带、敷料、吸收垫或外科用品的化学方面，或材料的使用入 A61L；肥皂组合物入 C11D）］	459
10	E02D［基础；挖方；填方（专用于水利工程的入 E02B）；地下或水下结构物］	441

资料来源：科技大数据湖北省重点实验室

表 3-75 2023 年天津市发明专利申请量优势企业和科研机构列表

序号	优势企业	发明专利申请量/件	序号	优势科研机构	发明专利申请量/件
1	中国船舶集团有限公司第七〇七研究所	317	1	天津大学	2718
2	中冶天工集团有限公司	252	2	河北工业大学	993
3	中国铁路设计集团有限公司	248	3	南开大学	675
4	中交第一航务工程局有限公司	219	4	天津科技大学	474
5	海光信息技术股份有限公司	211	5	天津理工大学	417
6	天津市捷威动力工业有限公司	193	6	天津工业大学	401
7	国网天津市电力公司	177	7	中国民航大学	364

续表

序号	优势企业	发明专利 申请量/件	序号	优势科研机构	发明专利 申请量/件
8	国网天津市电力公司电力科学 研究院	162	8	中国科学院天津工业生物 技术研究所	208
9	紫光云技术有限公司	158	9	天津津航计算技术研究所	183
10	麒麟软件有限公司	156	10	交通运输部天津水运工程 科学研究所	139
11	中国建筑第六工程局有限公司	150	11	核工业理化工程研究院	133
12	中海油田服务股份有限公司	141	12	天津津航技术物理研究所	113
13	飞腾信息技术有限公司	131	13	天津师范大学	91
14	中汽研汽车检验中心（天津） 有限公司	105	14	天津农学院	89
15	海洋石油工程股份有限公司	101	15	中国医学科学院生物医学 工程研究所	88
16	天津巴莫科技有限责任公司	95	16	天津城建大学	79
17	中国水电基础局有限公司	91	17	天津商业大学	75
17	中国汽车技术研究中心有限公司	91	18	天津中医药大学	74
17	中铁十八局集团有限公司	91	19	天津市职业大学	72
20	华海清科股份有限公司	90	20	天津职业技术师范大学（中国 职业培训指导教师进修中心）	71

资料来源：科技大数据湖北省重点实验室

3.3.14　黑龙江省

2023 年，黑龙江省基础研究竞争力指数为 53.2957，排名第 14 位。综合全省各学科论文数、被引量情况来看，黑龙江省的基础研究优势学科为多学科材料、电子与电气工程、应用物理学、物理化学、环境科学、能源与燃料、多学科化学、化学工程、纳米科学与技术、土木工程等。多学科材料学科的高频词包括机械性能、微观结构、微观结构演变、石墨烯、机器学习等；电子与电气工程学科的高频词包括深度学习、特征提取、任务分析、训练、传感器等；应用物理学学科的高频词包括微观结构、机械性能、传感器、深度学习、机器学习等（表 3-76）。

表 3-76　2023 年黑龙江省基础研究优势学科及高频词

序号	活跃学科	SCI 学科 活跃度	高频词（词频）
1	多学科材料	7.31	机械性能（213）；微观结构（182）；微观结构演变（45）；石墨烯（36）；机器学习（23）；光催化（23）；3D 打印（20）；高熵合金（19）；分子动力学（18）；强化机制（18）；钎焊（18）；析氢反应（18）；断裂韧性（16）；动态再结晶（15）；超级电容器（15）；锂离子电池（14）；抗腐蚀性（14）；激光粉末床熔接（13）；深度学习（13）；耐磨性（12）；激光熔覆（12）；抗剪强度（12）；增材制造（12）；镁合金（12）；拉伸性能（11）；相变（11）；MXene 材料（11）；钛铝合金（11）；金属有机框架（11）
2	电子与电气工程	5.43	深度学习（101）；特征提取（90）；任务分析（75）；训练（52）；传感器（41）；变压器（40）；估算（40）；数学模型（39）；故障诊断（35）；优化（32）；数据模型（28）；预测模型（26）；轨迹（26）；计算模型（25）；交换机（25）；注意力机制（25）；电压（23）；卷积神经网络（23）；目标检测（23）；谐波分析（22）；联轴器（20）；延迟（20）；卫星（20）；语义学（20）；绕组（19）；电容器（19）；不确定性（19）；观察员（18）；启发式算法（18）；扭矩（18）

续表

序号	活跃学科	SCI学科活跃度	高频词（词频）
3	应用物理学	4.04	微观结构（48）；机械性能（43）；传感器（30）；深度学习（17）；机器学习（14）；光催化（14）；光学纤维传感器（12）；激光熔覆（12）；敏感度（10）；石墨烯（9）；氧化还原反应（9）；锂离子电池（9）；金属和合金（8）；单原子催化剂（8）；析氧反应（7）；异质结构（7）；超级电容器（7）；微观结构演变（7）；氧化锌（7）；界面（6）；热稳定性（6）；温度传感器（6）；碳纳米管（6）；MXene材料（6）；特征提取（6）；第一性原理计算（6）；抗腐蚀性（6）；钻石（6）；神经网络（5）；碳纳米管（5）
4	物理化学	3.86	机械性能（35）；析氢反应（31）；异质结构（30）；光催化（29）；锂离子电池（26）；析氧反应（26）；微观结构（22）；氧化还原反应（19）；密度泛函理论（17）；电催化（16）；密度泛函理论计算（16）；MXene材料（15）；超级电容器（15）；多金属氧酸盐（12）；整体水分解（12）；石墨烯（12）；分子动力学（11）；离散傅里叶变换（10）；单原子催化剂（10）；光催化降解（8）；氧空位（8）；光催化制氢（8）；阳极（7）；协同效应（7）；电磁波吸收（7）；ZIF-67金属有机框架（7）；氢能（7）；S型异质结（6）；氢储存（6）
5	环境科学	3.61	生物炭（33）；氧化应激（31）；机器学习（22）；细胞凋亡（19）；吸附（17）；微塑料（16）；微生物群落（16）；镉（15）；中国东北地区（14）；重金属（14）；中国（14）；气候变化（14）；深度学习（13）；发炎（10）；阿特拉津（10）；堆肥（10）；生物降解（10）；影响因素（10）；生命周期评估（9）；膜结垢（9）；厌氧消化（8）；细胞自噬（8）；抗生素耐药基因（8）；COVID-19（8）；溶解有机物（8）；细菌群落（7）；遥感（7）；过氧化氢硫酸盐（7）；可持续发展（7）；多环芳烃（6）
6	能源与燃料	3.26	锂离子电池（22）；氨（20）；数值模拟（18）；生物炭（17）；超级电容器（16）；太阳能（15）；氢能（14）；深度学习（10）；堆肥（10）；固体氧化物燃料电池（10）；热解（9）；氢储存（9）；析氧反应（9）；微生物群落（9）；析氢反应（8）；相变材料（8）；离散傅里叶变换（8）；能源消耗（7）；燃烧（7）；辐射传递（7）；孔隙结构（7）；优化（7）；微藻（7）；热性能（6）；燃烧特性（6）；机器学习（6）；热传递增强（6）；热传递（6）；故障诊断（6）；页岩油（6）
7	多学科化学	3.23	光催化（12）；氧化还原反应（11）；析氧反应（8）；深度学习（8）；离散傅里叶变换（8）；锂离子电池（7）；单原子催化剂（7）；异质结构（7）；金属有机框架（7）；分子动力学模拟（7）；钙钛矿太阳能电池（7）；机器人操作系统（6）；密度泛函理论（6）；大豆（6）；多糖体（6）；细胞自噬（6）；光热转换（6）；铁死亡（6）；协同效应（5）；细胞凋亡（5）；氧空位（5）；阿尔茨海默病（5）；析氢反应（5）；电催化（5）；MXene材料（5）；盐胁迫（5）；超声波（5）；应用程序（5）；干旱胁迫（5）；声动力疗法（5）
8	化学工程	3.06	生物炭（21）；光催化（20）；吸附（19）；过氧化氢硫酸盐（15）；密度泛函理论（14）；密度泛函理论计算（13）；协同效应（11）；氧空位（10）；氨（9）；废水处理（9）；离散傅里叶变换（9）；反应机制（8）；析氢反应（8）；铀（8）；氧化还原反应（8）；水处理（8）；机械性能（7）；离散元素方法（7）；氢气生产（7）；动力学（7）；数值模拟（7）；微生物群落（6）；膜（6）；高级氧化工艺（6）；MXene材料（6）；钙钛矿（5）；电子转移（5）；海水淡化（5）；燃烧（5）；阳极材料（5）
9	纳米科学与技术	2.7	机械性能（29）；微观结构（17）；MXene材料（11）；异质结构（9）；锂离子电池（9）；氧化还原反应（9）；石墨烯（9）；声动力疗法（9）；析氧反应（8）；微观结构演变（8）；金属有机框架（8）；析氢反应（7）；机器学习（7）；光电化学（7）；铁死亡（7）；单原子催化剂（7）；摩擦电纳米发电机（6）；微波吸收（6）；密度泛函理论（6）；光催化（6）；自我装配（6）；碳纳米管（5）；吸附（5）；碳点（5）；电磁波吸收（5）；光热转换（5）；二硫化钼（5）；自我修复（5）；热绝缘（5）
10	土木工程	2.67	机械性能（36）；数值模拟（26）；微观结构（23）；抗震性能（22）；有限元分析（21）；机器学习（15）；深度学习（13）；轨迹跟踪（10）；沥青混合料（9）；动态响应（9）；自主水下航行器（9）；纤维增强复合材料（8）；失效模式（8）；混凝土（8）；模型试验（8）；入水（7）；振动台试验（7）；能量吸收（7）；路径规划（7）；神经网络（6）；本构模型（6）；计算流体动力学（6）；抗压强度（6）；孔隙结构（5）；实验（5）；失效机制（5）；无人水面艇（5）；鲁棒性（5）；流变性质（5）；滑行三体船（5）

资料来源：科技大数据湖北省重点实验室

2023 年，综合本省各学科的发文数量和排名位次来看，2023 年黑龙江省基础研究在全国范围内较为突出的学科为海事工程、林业、纸质和木质材料、海洋工程、航空航天工程、力学、复合材料、农业工程、海洋学、声学等。

2023 年，黑龙江省科学技术支出经费 49.41 亿元，全国排名第 27 位。截至 2023 年 12 月，黑龙江省拥有国家重大科技基础设施 1 个，全国重点实验室 12 个，省级重点实验室 320 个；拥有院士 31 位，全国排名第 13 位。

黑龙江省发表 SCI 论文数量较多的学科为多学科材料、电子与电气工程、应用物理学、物理化学、环境科学、能源与燃料、多学科化学、化学工程、土木工程、机械工程（表 3-77）。黑龙江省共有 15 个机构进入相关学科的 ESI 全球前 1%行列（表 3-78）；发明专利申请量共 14 726 件，全国排名第 20 位，发明专利申请量十强技术领域见表 3-79，发明专利申请量优势企业和科研机构见表 3-80。

表 3-77　2023 年黑龙江省主要学科发文量、被引频次

序号	学科	论文数/篇（全国排名，省内排名）	被引次数/次（全国排名，省内排名）	篇均被引/次（全国排名，省内排名）	国际合作率（全国排名，省内排名）	国际合作度（全国排名，省内排名）
1	多学科材料	2 969（14，1）	18 488（14，1）	6.23（16，26）	0.14（23，107）	8.24（13，1）
2	电子与电气工程	2 239（12，2）	8 226（12，7）	3.67（9，89）	0.21（12，56）	7.85（12，2）
3	应用物理学	1 563（14，3）	9 006（14，5）	5.76（14，35）	0.12（23，126）	4.57（15，6）
4	物理化学	1 363（17，4）	12 871（15，2）	9.44（5，6）	0.13（25，117）	4.28（17，10）
5	环境科学	1 339（16，5）	9 315（11，3）	6.96（1，20）	0.16（19，83）	4.31（13，9）
6	能源与燃料	1 198（12，6）	7 979（13，10）	6.66（20，22）	0.2（13，62）	4.35（12，7）
7	多学科化学	1 144（17，7）	8 991（17，6）	7.86（11，14）	0.11（22，130）	4.33（17，8）
8	化学工程	1 044（13，8）	9 028（13，4）	8.65（5，9）	0.2（11，65）	3.95（14，16）
9	土木工程	1 014（11，9）	4 477（11，15）	4.42（15，69）	0.19（27，73）	4.61（13，5）
10	机械工程	931（8，10）	4 436（9，16）	4.76（9，63）	0.19（11，69）	4.06（5，14）
11	力学	903（5，11）	4 915（6，14）	5.44（8，41）	0.26（8，41）	5.19（5，3）
12	人工智能	883（14，12）	3 611（14，19）	4.09（16，78）	0.32（21，36）	4.14（16，11）
13	纳米科学与技术	862（17，13）	8 152（16，8）	9.46（5，5）	0.16（22，85）	4.09（17，12）
14	仪器与仪表	817（11，14）	3 110（9，21）	3.81（11，86）	0.15（7，91）	2.64（15，31）
15	冶金	795（9，15）	4 029（9，17）	5.07（19，53）	0.14（13，105）	3.77（8，17）
16	自动控制	791（10，16）	3 376（10，20）	4.27（15，73）	0.24（20，47）	4.93（9，4）
17	生物化学与分子生物学	735（15，17）	3 943（12，18）	5.36（1，42）	0.08（28，144）	2.59（17，34）
18	环境工程	726（12，18）	8 035（12，9）	11.07（4，2）	0.2（24，64）	4.0（10，15）
19	食品科学	685（10，19）	5 052（7，13）	7.38（1，16）	0.13（13，109）	3.73（8，18）
20	计算机信息系统	674（14，20）	2 134（14，27）	3.17（10，116）	0.19（17，67）	3.17（17，21）

资料来源：科技大数据湖北省重点实验室

注：学科排序为发表的论文数量

表 3-78 2023 年黑龙江省各研究机构进入 ESI 前 1%的学科及排名

研究机构	综合	农业科学	生物学与生物化学	化学	临床医学	计算机科学	经济与商业	工程科学	环境生态学	地球科学	免疫学	材料科学	数学	微生物学	分子生物学与遗传学	神经科学与行为	药理学与毒理学	物理学	植物学与动物学	社会科学	机构进入ESI学科数
哈尔滨工业大学	144	692	297	63	3697	21	428	6	106	428	—	13	304	—	—	—	—	233	—	567	13
哈尔滨医科大学	808	—	385	1597	576	—	—	—	—	—	736	1232	—	—	327	769	219	—	—	1949	9
哈尔滨工程大学	879	—	—	586	—	228	—	108	—	1753	—	215	—	—	—	—	—	829	—	—	6
东北林业大学	1403	353	1340	641	—	—	—	954	999	—	—	539	—	—	—	—	—	—	324	—	7
黑龙江大学	1769	—	—	455	—	—	—	—	1077	—	—	489	—	—	—	—	—	—	—	—	3
哈尔滨理工大学	2409	—	—	1191	—	—	—	828	—	—	—	608	—	—	—	—	—	—	—	—	3
哈尔滨师范大学	2636	—	—	919	—	—	—	—	2100	—	—	683	—	—	—	—	—	—	—	—	3
东北石油大学	3261	—	—	1581	—	—	—	926	—	889	—	—	—	—	—	—	—	—	—	—	3
中国农业科学院哈尔滨兽医研究所	4437	—	—	—	—	—	—	—	—	—	332	—	—	—	—	—	—	—	1306	—	2
齐齐哈尔大学	4822	—	—	1600	—	—	—	—	2217	—	—	—	—	—	—	—	—	—	—	—	2
黑龙江中医药大学	5191	—	—	4945	—	—	—	—	—	—	—	—	—	—	—	—	798	—	—	—	2
黑龙江省农业科学院	5201	721	—	—	—	—	—	—	—	—	—	—	—	—	—	—	—	—	1106	—	2
黑龙江八一农垦大学	5908	981	—	—	—	—	—	—	—	—	—	—	—	—	—	—	—	—	1282	—	2
牡丹江医学院	8364	—	—	—	5772	—	—	—	—	—	—	—	—	—	—	—	—	—	—	—	1
齐齐哈尔医学院	8898	—	—	—	6272	—	—	—	—	—	—	—	—	—	—	—	—	—	—	—	1

表 3-79 2023 年黑龙江省发明专利申请量十强技术领域

序号	IPC 号（技术领域）	发明专利申请量/件
1	G06F（电子数字数据处理）	1319
2	G01N（借助于测定材料的化学或物理性质来测试或分析材料）	715
3	G06V（图像、视频识别或理解）	419
4	E21B［土层或岩石的钻进（采矿、采石入 E21C；开凿立井、掘进平巷或隧洞入 E21D）；从井中开采油、气、水、可溶解或可熔化物质或矿物泥浆］	353
5	G06T（图像数据处理）	337
6	A61K［医用、牙科用或梳妆用的配制品（专门适用于将药品制成特殊的物理或服用形式的装置或方法 A61J 3/00；空气除臭，消毒或灭菌，或者绷带、敷料、吸收垫或外科用品的化学方面，或材料的使用入 A61L；肥皂组合物入 C11D）］	331
7	C12N［微生物或酶；其组合物（杀生剂、害虫驱避剂或引诱剂，或含有微生物、病毒、微生物真菌、酶、发酵物的植物生长调节剂，或从微生物或动物材料产生或提取制得的物质入 A01N63/00；药品入 A61K；肥料入 C05F）；繁殖、保藏或维持微生物；变异或遗传工程；培养基（微生物学的试验介质入 C12Q1/00）］	317
8	A61B［诊断；外科；鉴定（分析生物材料入 G01N，如 G01N 33/48）］	308
9	G01M（机器或结构部件的静或动平衡的测试；其他类目中不包括的结构部件或设备的测试）	306
10	G06Q（专门适用于行政、商业、金融、管理、监督或预测目的的数据处理系统或方法；其他类目不包含的专门适用于行政、商业、金融、管理、监督或预测目的的处理系统或方法）	295

资料来源：科技大数据湖北省重点实验室

表 3-80 2023 年黑龙江省发明专利申请量优势企业和科研机构列表

序号	优势企业	发明专利申请量/件	序号	优势科研机构	发明专利申请量/件
1	大庆油田有限责任公司	158	1	哈尔滨工业大学	3382
2	中国船舶重工集团公司第七〇三研究所	119	2	哈尔滨工程大学	1552

续表

序号	优势企业	发明专利 申请量/件	序号	优势科研机构	发明专利 申请量/件
3	安天科技集团股份有限公司	112	3	哈尔滨理工大学	1123
4	中国船舶集团有限公司第七〇三研究所	102	4	东北农业大学	588
5	中国航发哈尔滨东安发动机有限公司	101	5	东北林业大学	438
6	国网黑龙江省电力有限公司电力科学研究院	97	6	佳木斯大学	253
7	哈尔滨思哲睿智能医疗设备股份有限公司	73	7	东北石油大学	237
8	哈尔滨锅炉厂有限责任公司	69	8	黑龙江大学	184
9	中国航发哈尔滨轴承有限公司	68	9	齐齐哈尔大学	180
9	黑龙江飞鹤乳业有限公司	68	10	哈尔滨商业大学	176
11	大庆石油管理局有限公司	61	11	黑龙江八一农垦大学	174
12	哈尔滨市科佳通用机电股份有限公司	57	12	哈尔滨医科大学	163
12	中国船舶集团有限公司第七〇三研究所	57	13	哈尔滨学院	141
14	哈尔滨汽轮机厂有限责任公司	47	14	黑龙江中医药大学	84
15	华能伊春热电有限公司	46	15	哈尔滨师范大学	79
16	中国移动通信集团黑龙江有限公司	45	16	中国农业科学院哈尔滨兽医研究所（中国动物卫生与流行病学中心哈尔滨分中心）	68
16	哈尔滨东安汽车动力股份有限公司	45	17	黑龙江科技大学	47
18	东北轻合金有限责任公司	44	18	黑龙江建筑职业技术学院	45
18	哈尔滨电机厂有限责任公司	44	19	中国水产科学研究院黑龙江水产研究所	39
20	黑龙江惠达科技股份有限公司	39	19	牡丹江师范学院	39

资料来源：科技大数据湖北省重点实验室

3.3.15　河南省

2023 年，河南省基础研究竞争力指数为 52.8754，排名第 15 位。综合全省各学科论文数、被引量情况来看，河南省的基础研究优势学科为多学科材料、物理化学、多学科化学、应用物理学、环境科学、电子与电气工程、纳米科学与技术、化学工程、生物化学与分子生物学、能源与燃料等。多学科材料学科的高频词包括机械性能、微观结构、石墨烯、光催化、稳定性等；物理化学学科的高频词包括析氢反应、光催化、析氧反应、电催化、密度泛函理论等；多学科化学学科的高频词包括光催化、碳点、自我装配、密度泛函理论、电催化等（表 3-81）。

表 3-81　2023 年河南省基础研究优势学科及高频词

序号	活跃学科	SCI 学科 活跃度	高频词（词频）
1	多学科材料	7.05	机械性能（143）；微观结构（121）；石墨烯（26）；光催化（25）；稳定性（25）；抗腐蚀性（24）；异质结构（21）；MXene 材料（21）；机器学习（21）；抗压强度（20）；电化学性能（19）；超级电容器（18）；电催化（16）；深度学习（14）；析氧反应（13）；碳点（13）；纳米复合材料（12）；锂离子电池（12）；析氢反应（11）；钙钛矿太阳能电池（11）；金属有机框架（11）；摩擦电纳米发电机（11）；吸附（11）；能量储存和转换（10）；氧化还原反应（10）；注意力机制（10）；表面改性（9）；气体传感器（9）；高熵合金（9）；混凝土（9）

序号	活跃学科	SCI学科活跃度	高频词（词频）
2	物理化学	4.58	析氢反应（34）；光催化（30）；析氧反应（28）；电催化（26）；密度泛函理论（24）；溶解度（23）；氧化还原反应（23）；异质结构（23）；吸附（22）；离子液体（20）；离散傅里叶变换（20）；机械性能（17）；稳定性（17）；MXene材料（17）；微观结构（16）；密度泛函理论计算（14）；协同效应（14）；金属有机框架（14）；热力学性质（12）；电催化剂（11）；碳点（10）；摩擦电纳米发电机（10）；锂离子电池（10）；电化学性能（10）；机制（10）；质子传导（9）；晶体结构（9）；荧光探针（9）；超级电容器（8）；氢气生产（8）
3	多学科化学	4.35	光催化（25）；碳点（20）；自我装配（15）；密度泛函理论（13）；电催化（11）；金属有机框架（10）；深度学习（9）；注意力机制（9）；超级电容器（9）；二氧化碳减排（8）；铁死亡（8）；稳定性（8）；分子对接（8）；生物炭（7）；析氧反应（7）；吸附（7）；抗氧化剂（6）；MXene材料（6）；氧化还原反应（6）；抗菌性（6）；癌症（6）；转录组学（6）；变压器（5）；钙钛矿太阳能电池（5）；光动力疗法（5）；碳纳米点（5）；碳纳米管（5）；免疫疗法（5）；退化（5）；能量转移（5）
4	应用物理学	4.2	微观结构（30）；深度学习（24）；机械性能（21）；石墨烯（14）；注意力机制（14）；光催化（13）；纳米复合材料（12）；氧化还原反应（12）；密度泛函理论（12）；摩擦电纳米发电机（11）；钠离子电池（10）；纳米粒子（10）；传感器（10）；碳点（10）；稳定性（9）；MXene材料（9）；吸附（9）；功能选择（9）；异质结构（8）；机器学习（8）；金属有机框架（8）；气体传感器（8）；能量储存和转换（8）；电催化（8）；析氧反应（7）；遗传算法（7）；变压器（7）；有限元分析（6）；量子电容（6）；能量存储（6）
5	环境科学	4.15	中国（43）；吸附（28）；气候变化（27）；重金属（25）；数值模拟（22）；黄河流域（21）；碳排放（21）；氧化应激（21）；深度学习（18）；遥感（18）；机器学习（15）；可持续性（15）；空气污染（15）；城市化（14）；河南省（14）；微塑料（11）；可持续发展（11）；生物炭（11）；可再生能源（10）；镉（10）；二氧化碳排放（9）；转录组学（8）；微生物群落（8）；影响因素（8）；毒性（7）；污染源解析（7）；小麦（7）；土壤（7）；细颗粒物（7）；遥感图像（7）
6	电子与电气工程	3.69	深度学习（78）；特征提取（69）；注意力机制（32）；卷积神经网络（30）；目标检测（29）；训练（28）；任务分析（25）；数学模型（24）；优化（22）；图像分割（21）；变压器（20）；数据模型（20）；计算模型（18）；传感器（17）；预测模型（17）；图像处理（15）；分析模型（14）；计算机视觉（13）；可视化（13）；汽车动力学（11）；CNN（11）；数据挖掘（11）；卷积（11）；神经网络（10）；拓扑结构（10）；语义学（10）；延迟（10）；安全性（10）；功能选择（10）；交换机（9）
7	纳米科学与技术	3.0	金属有机框架（18）；稳定性（14）；碳点（13）；摩擦电纳米发电机（13）；电催化（12）；电催化剂（10）；析氧反应（10）；氧化还原反应（9）；协同效应（9）；MXene材料（9）；析氢反应（8）；钠离子电池（8）；纳米粒子（7）；机械性能（7）；吸附（7）；自我装配（7）；表面改性（6）；钙钛矿太阳能电池（6）；水分解（6）；水凝胶（6）；碳纳米点（5）；掺杂（5）；太阳能电池（5）；电化学性能（5）；密度泛函理论（5）；光催化（5）；锂离子电池（5）；单原子催化剂（5）；微观结构（5）；机制（4）
8	化学工程	2.75	吸附（28）；光催化（16）；金属有机框架（14）；离子液体（11）；过氧化氢硫酸盐（10）；浮选（10）；四环素类药物（10）；动力学（9）；异质结构（9）；退化（8）；生物量（8）；界面聚合（8）；数值模拟（8）；机制（7）；磷酸盐（7）；密度泛函理论（7）；析氢反应（7）；二氧化碳（7）；氢能（7）；黄金回收（6）；煤炭（6）；氧化还原反应（6）；生物炭（6）；氨（6）；析氧反应（6）；氧空位（6）；纳米过滤（6）；再生（6）；稳定性（6）；机器学习（6）

续表

序号	活跃学科	SCI 学科活跃度	高频词（词频）
9	生物化学与分子生物学	2.62	细胞凋亡（30）；发炎（16）；细胞自噬（14）；氧化应激（14）；铁死亡（12）；抗氧化剂（11）；分子对接（10）；肺纤维化（9）；棉花（9）；机器人操作系统（8）；转录组学（8）；血管生成实验（6）；光合作用（6）；代谢组学（6）；增殖（6）；癌症（6）；相互作用（5）；癌症治疗（5）；抗菌性（5）；基因表达（5）；理化性质（5）；光催化（5）；羧甲基壳聚糖（4）；细胞周期（4）；肝癌（4）；自我装配（4）；转录因子（4）；转录组测序（4）；非编码 RNA（4）；DNA 甲基化（4）
10	能源与燃料	2.53	锂离子电池（14）；可再生能源（13）；数值模拟（13）；超级电容器（12）；协同效应（11）；生物柴油（10）；生物量（10）；析氢反应（9）；深度学习（9）；氢气生产（8）；氢能（8）；机器学习（7）；煤炭（7）；煤炭自燃（7）；析氧反应（7）；热泵（6）；氨（6）；共热解（6）；析氢（5）；热解（5）；电化学性能（5）；生物氢（5）；能量存储（5）；优化（5）；左旋糖酸（5）；厌氧消化（5）；钙钛矿太阳能电池（5）；氢储存（4）；敏感性分析（4）；热力学（4）

资料来源：科技大数据湖北省重点实验室

2023 年，综合本省各学科的发文数量和排名位次来看，2023 年河南省基础研究在全国范围内较为突出的学科为寄生物学、乳品与动物学、农艺学、昆虫学、热带医学、应用数学、数学、有机化学、毒理学、兽医学等。

2023 年，河南省科学技术支出经费 463.8 亿元，全国排名第 6 位。截至 2023 年 12 月，河南省拥有全国重点实验室 13 个，省级重点实验室 247 个，省实验室 16 个；拥有院士 16 位，全国排名第 18 位。

河南省发表 SCI 论文数量较多的学科为多学科材料、物理化学、多学科化学、环境科学、应用物理学、电子与电气工程、生物化学与分子生物学、纳米科学与技术、化学工程、能源与燃料（表 3-82）。河南省共有 22 个机构进入相关学科的 ESI 全球前 1%行列（表 3-83）；发明专利申请量共 30 637 件，全国排名第 13 位，发明专利申请量十强技术领域见表 3-84，发明专利申请量优势企业和科研机构见表 3-85。

表 3-82　2023 年河南省主要学科发文量、被引频次

序号	学科	论文数/篇（全国排名，省内排名）	被引次数/次（全国排名，省内排名）	篇均被引/次（全国排名，省内排名）	国际合作率（全国排名，省内排名）	国际合作度（全国排名，省内排名）
1	多学科材料	2 743（15，1）	16 886（15，1）	6.16（18，23）	0.15（16，96）	6.39（18，1）
2	物理化学	1 650（14，2）	12 700（16，2）	7.7（21，8）	0.15（19，93）	5.58（14，2）
3	多学科化学	1 596（14，3）	10 353（16，3）	6.49（19，17）	0.14（18，104）	4.68（16，4）
4	环境科学	1 587（11，4）	7 053（15，6）	4.44（25，58）	0.17（18，83）	4.02（17，8）
5	应用物理学	1 558（15，5）	9 102（13，4）	5.84（11，25）	0.14（18，105）	4.22（19，6）
6	电子与电气工程	1 441（16，6）	4 469（16，11）	3.1（22，111）	0.15（24，98）	4.55（17，5）
7	生物化学与分子生物学	933（11，7）	4 394（11，12）	4.71（5，49）	0.14（12，106）	3.11（13，13）
8	纳米科学与技术	928（16，8）	8 584（14，5）	9.25（10，24）	0.19（11，72）	4.91（15，3）
9	化学工程	896（15，9）	6 485（16，7）	7.24（20，12）	0.19（12，71）	3.47（15，11）
10	能源与燃料	813（16，10）	5 644（17，8）	6.94（15，13）	0.22（9，61）	3.67（16，10）
11	计算机信息系统	803（13，11）	1 820（16，27）	2.27（24，160）	0.13（25，108）	2.8（19，23）

续表

序号	学科	论文数/篇（全国排名，省内排名）	被引次数/次（全国排名，省内排名）	篇均被引/次（全国排名，省内排名）	国际合作率（全国排名，省内排名）	国际合作度（全国排名，省内排名）
12	植物学	704（9，12）	2 546（10，19）	3.62（12，83）	0.17（16，89）	3.26（8，12）
13	食品科学	689（9，13）	3 693（12，13）	5.36（19，32）	0.11（23，128）	3.09（13，14）
14	凝聚态物理	677（14，14）	4 975（15，9）	7.35（19，11）	0.17（15，87）	3.03（17，17）
15	人工智能	670（17，15）	2 869（16，16）	4.28（13，62）	0.28（24，37）	3.06（20，15）
16	土木工程	662（15，16）	3 124（14，15）	4.72（9，48）	0.2（22，68）	2.72（18，24）
17	应用数学	639（8，17）	1 227（9，42）	1.92（14，174）	0.17（23，86）	2.92（9，21）
18	肿瘤学	625（10，18）	1 730（10，28）	2.77（10，137）	0.1（1，139）	2.43（14，32）
19	多学科	624（12，19）	2 221（16，22）	3.56（19，89）	0.17（20，82）	2.1（17，48）
20	药学与药理学	553（12，20）	1 896（14，25）	3.43（16，94）	0.1（8，146）	2.12（17，45）

资料来源：科技大数据湖北省重点实验室

注：学科排序为发表的论文数量

表3-83　2023年河南省各研究机构进入ESI前1%的学科及排名

研究机构	综合	农业科学	生物学与生物化学	化学	临床医学	计算机科学	工程科学	环境生态学	地球科学	免疫学	材料科学	数学	微生物学	分子生物学与遗传学	神经科学与行为	药理学与毒理学	物理学	植物学与动物学	心理学	社会科学	机构进入ESI学科数
郑州大学	209	570	281	45	367	285	157	536	—	408	36	1	471	254	441	89	455	1149	1043	883	18
河南大学	956	654	950	379	2236	643	777	783	1053	—	329					486	—	427	—	1184	12
河南师范大学	1257	—	—	334	—	—	925	941	—	—	403	—	—	—	—	—	864	1234	—	—	6
河南理工大学	1446	—	—	859	—	649	364	1538	648	—	532	299	—	—	—	—	—	—	—	—	7
河南农业大学	1822	408	1242	1649	—	—	998	1012	—	—	519	—	—	—	—	—	—	287	—	—	7
河南科技大学	1869	441	—	1342	3541	—	898	—	—	—	565	—	—	—	—	—	—	806	—	—	6
郑州轻工业大学	2132	579	—	765	—	784	914	—	—	—	974	—	—	—	—	—	—	—	—	—	5
河南工业大学	2375	281	—	974	—	—	—	1053	—	—	1239	—	—	—	—	—	—	—	—	—	4
南阳师范学院	3249	—	—	970	—	—	2269	—	—	—	1316	—	—	—	—	—	—	—	—	—	3
新乡医学院	3266	—	1413	—	2219	—	—	—	—	—	—	—	—	—	—	875	—	—	—	—	3
信阳师范学院	3290	—	—	1049	—	—	2316	—	—	—	1176	—	—	—	—	—	—	—	—	—	3
安阳师范学院	3957	—	—	1293	—	—	—	—	—	—	1406	—	—	—	—	—	—	—	—	—	2
洛阳师范大学	3984	—	—	933	—	—	—	—	—	—	—	—	—	—	—	—	—	—	—	—	1
中原工学院	4318	—	—	—	—	—	1648	—	—	—	1059	—	—	—	—	—	—	—	—	—	2
华北水利水电大学	4386	—	—	—	—	—	1099	1589	—	—	—	—	—	—	—	—	—	—	—	—	2
中国人民解放军战略支援部队信息工程大学	4748	—	—	—	—	561	1503	—	—	—	—	—	—	—	—	—	—	—	—	—	2
中国农业科学院棉花研究所	4827	1162	—	—	—	—	—	—	—	—	—	—	—	—	—	—	—	701	—	—	2
河南中医药大学	5207	—	—	—	4861	—	—	—	—	—	—	—	—	—	—	839	—	—	—	—	2
河南省农业科学院	5263	766	—	—	—	—	—	—	—	—	—	—	—	—	—	—	—	1091	—	—	2
河南科技学院	5477	762	—	—	—	—	—	—	—	—	—	—	—	—	—	—	—	1237	—	—	2
郑州航空工业管理学院	5973	—	—	—	—	—	—	—	—	—	—	1294	—	—	—	—	—	—	—	—	1
中国农业科学院烟草研究所	8750	—	—	—	—	—	—	—	—	—	—	—	—	—	—	—	—	1473	—	—	1

表 3-84 2023 年河南省发明专利申请量十强技术领域

序号	IPC 号（技术领域）	发明专利申请量/件
1	G06F（电子数字数据处理）	2078
2	G01N（借助于测定材料的化学或物理性质来测试或分析材料）	1450
3	G06Q（专门适用于行政、商业、金融、管理、监督或预测目的的数据处理系统或方法；其他类目不包含的专门适用于行政、商业、金融、管理、监督或预测目的的处理系统或方法）	782
4	A61K［医用、牙科用或梳妆用的配制品（专门适用于将药品制成特殊的物理或服用形式的装置或方法 A61J 3/00；空气除臭，消毒或灭菌，或者绷带、敷料、吸收垫或外科用品的化学方面，或材料的使用入 A61L；肥皂组合物入 C11D）］	701
5	H04L［数字信息的传输，例如电报通信（电报和电话通信的公用设备入 H04M）］	669
6	B01D［分离（用湿法从固体中分离固体入 B03B、B03D，用风力跳汰机或摇床入 B03B，其他干法入 B07；固体物料从固体物料或流体中的磁或静电分离，利用高压电场的分离入 B03C；离心机、涡旋装置入 B04B；涡旋装置入 B04C；用于从含液物中挤出液体的压力机本身入 B30B 9/02）］	584
7	C12N［微生物或酶；其组合物（杀生剂、害虫驱避剂或引诱剂，或含有微生物、病毒、微生物真菌、酶、发酵物的植物生长调节剂，或从微生物或动物材料产生或提取制得的物质入 A01N63/00；药品入 A61K；肥料入 C05F）；繁殖、保藏或维持微生物；变异或遗传工程；培养基（微生物学的试验介质入 C12Q1/00）］	569
8	G01R［测量电变量；测量磁变量（指示诸振电路的正确调诸入 H03J3/12）］	543
9	A61B［诊断；外科；鉴定（分析生物材料入 G01N，如 G01N 33/48）］	535
10	G06V（图像、视频识别或理解）	533

资料来源：科技大数据湖北省重点实验室

表 3-85 2023 年河南省发明专利申请量优势企业和科研机构列表

序号	优势企业	发明专利申请量/件	序号	优势科研机构	发明专利申请量/件
1	超聚变数字技术有限公司	720	1	郑州大学	1357
2	河南中烟工业有限责任公司	285	2	河南科技大学	597
3	宇通客车股份有限公司	272	3	河南大学	578
4	中铁工程装备集团有限公司	260	4	河南农业大学	438
5	中航光电科技股份有限公司	227	5	中国人民解放军战略支援部队信息工程大学	394
6	国网河南省电力公司电力科学研究院	210	6	河南理工大学	373
7	中国建筑第七工程局有限公司	195	7	郑州轻工业大学	354
8	国网河南省电力公司经济技术研究院	151	8	华北水利水电大学	323
9	中国航空工业集团公司洛阳电光设备研究所	140	9	河南工业大学	321
10	中国烟草总公司郑州烟草研究院	136	10	河南师范大学	263
11	河南云迹智能技术有限公司	132	11	郑州航空工业管理学院	146
12	郑州云海信息技术有限公司	127	12	河南中医药大学	141
13	平高集团有限公司	119	13	河南城建学院	131
14	中铁七局集团有限公司	118	14	许昌学院	129
15	许继电气股份有限公司	114	15	中原工学院	125
16	中国船舶重工集团公司第七一三研究所	108	15	新乡医学院	125
17	中铝郑州有色金属研究院有限公司	106	17	南阳理工学院	122

序号	优势企业	发明专利申请量/件	序号	优势科研机构	发明专利申请量/件
18	河南翔宇医疗设备股份有限公司	104	18	黄河科技学院	120
19	国网河南省电力公司安阳供电公司	103	19	河南科技学院	108
20	洛阳船舶材料研究所（中国船舶集团有限公司第七二五研究所）	100	20	黄淮学院	107

资料来源：科技大数据湖北省重点实验室

3.3.16　福建省

2023 年，福建省基础研究竞争力指数为 52.8731，排名第 16 位。综合全省各学科论文数、被引量情况来看，福建省的基础研究优势学科为多学科材料、多学科化学、物理化学、环境科学、应用物理学、电子与电气工程、纳米科学与技术、化学工程、能源与燃料、环境工程等。多学科材料学科的高频词包括机械性能、微观结构、钙钛矿太阳能电池、稳定性、锂离子电池等；多学科化学学科的高频词包括光催化、金属有机框架、自我装配、析氢反应、共价有机框架等；物理化学学科的高频词包括光催化、钙钛矿太阳能电池、析氢反应、氧空位、密度泛函理论等（表 3-86）。

表 3-86　2023 年福建省基础研究优势学科及高频词

序号	活跃学科	SCI 学科活跃度	高频词（词频）
1	多学科材料	6.78	机械性能（46）；微观结构（31）；钙钛矿太阳能电池（27）；稳定性（24）；锂离子电池（21）；光催化（20）；金属有机框架（18）；MXene 材料（16）；析氢反应（14）；吸附（12）；发光二极管（12）；3D 打印（12）；量子点（11）；深度学习（11）；二氧化碳减排（10）；氧化还原反应（10）；二维材料（9）；氧化石墨烯（8）；钙钛矿（8）；掺杂（8）；X-ray imaging（7）；激光熔覆（7）；燃料电池（7）；密度泛函理论（7）；缺陷钝化（7）；共价有机框架（7）；二次谐波生成（7）；钙钛矿（7）；高压钴酸锂（7）；能量存储（7）
2	多学科化学	5.25	光催化（32）；金属有机框架（14）；自我装配（14）；析氢反应（12）；共价有机框架（12）；钙钛矿太阳能电池（10）；稳定性（10）；吸附（9）；电催化（9）；氧化还原反应（9）；系统发育分析（7）；深度学习（7）；结构-性能关系（7）；燃料电池（6）；二维材料（6）；密度泛函理论计算（6）；X 射线检测（6）；密度泛函理论（6）；活性氧（6）；掺杂（5）；析氧反应（5）；电荷转移（5）；生物传感（5）；癌症（5）；聚集诱导发光（5）；能量存储（5）；脓毒症（5）；表达模式（5）；量子点（5）；钠离子电池（5）
3	物理化学	4.93	光催化（48）；钙钛矿太阳能电池（22）；析氢反应（18）；氧空位（18）；密度泛函理论（18）；金属有机框架（16）；析氧反应（15）；氧化还原反应（15）；电催化（15）；稳定性（15）；二氧化碳减排（13）；共价有机框架（12）；吸附（11）；锂离子电池（11）；MXene 材料（11）；离散傅里叶变换（9）；析氢（9）；氢能（8）；机械性能（8）；氢气生产（7）；阴离子交换膜（7）；协同效应（6）；异质结构（6）；层次结构（6）；高压钴酸锂（6）；水分解（6）；铂（6）；燃料电池（6）；生物量（6）；反应机制（6）
4	环境科学	4.49	吸附（26）；微塑料（25）；气候变化（23）；中国（20）；生物炭（18）；抗生素耐药基因（14）；重金属（14）；碳排放（13）；微生物群落（13）；影响因素（13）；可持续发展（13）；机器学习（13）；细菌群落（10）；沉积物（10）；碳中和（8）；氮素（8）；城市化（8）；抗生素（8）；风险评估（8）；元分析（8）；土壤（8）；磷（7）；污染源解析（7）；反硝化作用（7）；镉（7）；生物降解（7）；代谢组学（7）；遥感（7）；溶解有机物（7）；空间分布（6）

续表

序号	活跃学科	SCI 学科活跃度	高频词（词频）
5	应用物理学	4.01	钙钛矿太阳能电池（17）；深度学习（15）；传感器（14）；光催化（11）；MXene 材料（10）；机械性能（10）；金属有机框架（9）；吸附（9）；稳定性（8）；发光二极管（8）；离散傅里叶变换（7）；掺杂（7）；量子点（7）；共价有机框架（6）；析氢反应（6）；密度泛函理论（6）；氧化还原反应（6）；电催化（5）；纳米复合材料（5）；特征提取（5）；燃料电池（5）；缺陷（5）；氧空位（5）；薄膜（5）；高压钴酸锂（5）；机器学习（5）；发光材料（5）；钙钛矿（5）；结构-性能关系（5）；二氧化碳减排（5）
6	电子与电气工程	3.76	深度学习（72）；特征提取（61）；任务分析（44）；训练（40）；变压器（29）；目标检测（24）；计算模型（22）；注意力机制（22）；数学模型（21）；传感器（19）；数据模型（18）；卷积神经网络（17）；优化（16）；语义学（14）；强化学习（13）；图像处理（13）；交换机（12）；服务器（12）；神经网络（12）；无线能量传输（11）；成本（11）；自适应模型（10）；预测模型（10）；物联网（9）；电压（9）；机器学习（9）；语义分割（9）；发光二极管（9）；电阻（9）；对比学习（8）
7	纳米科学与技术	3.68	金属有机框架（17）；钙钛矿太阳能电池（13）；稳定性（12）；MXene 材料（11）；密度泛函理论（10）；发光二极管（10）；光催化（10）；氧化还原反应（9）；量子点（9）；活性氧（7）；共价有机框架（7）；析氢反应（7）；钙钛矿（7）；结构-性能关系（6）；自我装配（6）；光热疗法（6）；X 射线检测（6）；缺陷钝化（5）；石墨烯（5）；生物传感（5）；燃料电池（5）；薄膜（5）；超级电容器（5）；铁死亡（5）；析氧反应（5）；3D 打印（5）；非线性光学材料（5）；高压钴酸锂（5）；免疫疗法（5）；光电探测器（5）
8	化学工程	2.92	光催化（28）；吸附（17）；机制（10）；氧空位（10）；稳定性（9）；离子液体（9）；生物量（9）；共价有机框架（8）；过氧化氢硫酸盐（8）；MXene 材料（8）；电催化（8）；海水淡化（7）；静电纺丝（7）；二氧化碳减排（7）；四环素类药物（7）；密度泛函理论（6）；乳液分离（6）；氨选择性催化还原（6）；氢化（6）；界面聚合（5）；生物柴油（5）；水热稳定性（5）；纳米过滤（5）；3D 打印（5）；氢气生产（5）；废水处理（5）；氨合成（5）
9	能源与燃料	2.61	锂离子电池（19）；钙钛矿太阳能电池（10）；生物量（7）；中国（6）；可持续发展（6）；可再生能源（6）；电催化（5）；析氢反应（5）；数值模拟（5）；析氢（5）
10	环境工程	2.52	光催化（20）；吸附（16）；微塑料（11）；共价有机框架（10）；过氧化氢硫酸盐（7）；生物炭（7）；活性氧（7）；MXene 材料（7）；稳定性（7）；微生物群落（6）；机制（6）；抗生素耐药基因（5）；电子转移（5）；退化（5）；氢气生产（5）

资料来源：科技大数据湖北省重点实验室

2023 年，综合本省各学科的发文数量和排名位次来看，2023 年福建省基础研究在全国范围内较为突出的学科为水生生物学、无机与核化学、渔业、湖沼生物学、林业、危重症医学、外科学、消化内科学与肝病学、耳鼻喉科学、劳动关系等。

2023 年，福建省科学技术支出经费 146.92 亿元，全国排名第 13 位。截至 2023 年 12 月，福建省拥有全国重点实验室 2 个，省级重点实验室 267 个，省实验室 7 个；拥有院士 21 位，全国排名第 16 位。

福建省发表 SCI 论文数量较多的学科为多学科材料、多学科化学、物理化学、环境科学、电子与电气工程、应用物理学、纳米科学与技术、化学工程、人工智能、生物化学与分子生物学（表 3-87）。福建省共有 19 个机构进入相关学科的 ESI 全球前 1%行列（表 3-88）；发明专利申请量共 33 730 件，全国排名第 12 位，发明专利申请量十强技术领域见表 3-89，发明专利申请量优势企业和科研机构见表 3-90。

表 3-87　2023 年福建省主要学科发文量、被引频次

序号	学科	论文数/篇（全国排名，省内排名）	被引次数/次（全国排名，省内排名）	篇均被引/次（全国排名，省内排名）	国际合作率（全国排名，省内排名）	国际合作度（全国排名，省内排名）
1	多学科材料	2 076（17，1）	14 470（17，1）	6.97（6，15）	0.16（12，125）	7.72（14，1）
2	多学科化学	1 531（15，2）	12 550（13，3）	8.2（8，10）	0.18（5，110）	6.43（11，3）
3	物理化学	1 399（15，3）	12 877（14，2）	9.2（7，8）	0.2（4，97）	5.49（16，7）
4	环境科学	1 355（15，4）	7 307（13，6）	5.39（16，32）	0.25（2，78）	5.34（10，8）
5	电子与电气工程	1 164（18，5）	3 946（17，11）	3.39（17，83）	0.26（3，72）	5.62（16，6）
6	应用物理学	1 160（17，6）	7 761（17，5）	6.69（3，18）	0.17（6，114）	4.62（14，10）
7	纳米科学与技术	992（14，7）	8 769（13，4）	8.84（22，9）	0.2（9，105）	5.74（12，5）
8	化学工程	727（18，8）	6 724（15，7）	9.25（2，7）	0.23（4，84）	4.19（13，11）
9	人工智能	681（16，9）	2 812（17，13）	4.13（15，59）	0.39（12，43）	4.93（15，9）
10	生物化学与分子生物学	664（18，10）	2 417（18，15）	3.64（25，76）	0.11（19，144）	2.41（18，41）
11	能源与燃料	618（18，11）	5 841（16，8）	9.45（1，5）	0.21（11，95）	2.81（17，26）
12	环境工程	586（14，12）	5 565（14，9）	9.5（18，4）	0.34（3，50）	4.11（9，12）
13	凝聚态物理	532（17，13）	4 962（16，10）	9.33（6，6）	0.22（6，92）	3.5（14，18）
14	多学科	528（14，14）	2 672（14，14）	5.06（10，39）	0.24（10，80）	2.27（15，48）
15	肿瘤学	524（14，15）	1 004（15，35）	1.92（28，167）	0.08（5，165）	2.73（12，28）
16	光学	497（15，16）	1 578（15，22）	3.18（10，92）	0.17（5，117）	3.16（8，22）
17	分析化学	487（16，17）	2 374（15，16）	4.87（5，42）	0.08（17，163）	2.4（11，42）
18	计算机信息系统	463（17，18）	1 350（17，25）	2.92（13，110）	0.26（10，70）	3.82（13，14）
19	药学与药理学	428（17，19）	1 223（19，28）	2.86（25，113）	0.09（9，157）	3.08（9，23）
20	土木工程	414（16，20）	1 860（16，20）	4.49（13，51）	0.26（10，68）	3.35（16，20）

资料来源：科技大数据湖北省重点实验室

注：学科排序为发表的论文数量

表 3-88　2023 年福建省各研究机构进入 ESI 前 1%的学科及排名

研究机构	综合	农业科学	生物学与生物化学	化学	临床医学	计算机科学	经济与商业	工程科学	环境生态学	地球科学	免疫学	材料科学	数学	微生物学	分子生物学与遗传学	神经科学与行为	药理学与毒理学	物理学	植物学与动物学	社会科学	机构进入ESI学科数
厦门大学	261	713	370	47	990	103	107	125	267	409	542	72	7	320	454	872	426	459	501	370	19
福州大学	554	505	1375	62	4822	202	—	214	882	901	—	152	—	—	—	—	1131	844	—	1931	12
中国科学院福建物质结构研究所	961	—	—	100	—	—	—	1344	—	—	—	201	—	—	—	—	—	—	—	—	3
福建农林大学	1047	109	818	795	—	—	—	1015	652	—	—	1054	—	382	957	—	1095	—	112	—	10
福建医科大学	1139	—	873	1174	687	—	—	—	—	—	955	—	—	—	740	873	501	—	—	—	7
福建师范大学	1508	775	—	645	—	306	—	822	759	—	—	617	—	—	—	—	—	—	1657	1703	8
中国科学院城市环境研究所	1513	907	—	1077	—	—	—	918	209	599	—	—	—	—	—	—	511	—	—	—	6
华侨大学	1643	—	—	719	—	—	—	509	1518	—	—	621	—	—	—	—	—	—	—	1558	6
自然资源部第二海洋研究所	3135	—	—	—	—	—	—	—	1248	438	—	—	—	—	—	—	—	—	1353	—	3
集美大学	4152	769	—	—	—	—	—	1478	—	—	—	—	—	—	—	—	—	—	1061	—	3

续表

研究机构	综合	农业科学	生物学与生物化学	化学	临床医学	计算机科学	经济与商业	工程科学	环境生态学	地球科学	免疫学	材料科学	数学	微生物学	分子生物学与遗传学	神经科学与行为	药理学与毒理学	物理学	植物学与动物学	社会科学	机构进入ESI学科数
福建理工大学	4767	—	—	—	—	692	—	1329	—	—	—	—	—	—	—	—	—	—	—	—	2
福建中医药大学	4825	—	—	—	3362	—	—	—	—	—	—	—	—	—	—	—	1120	—	—	—	2
闽江学院	5204	—	—	—	—	—	—	1050	—	—	—	—	—	—	—	—	—	—	—	—	1
闽南师范大学	5406	—	—	1913	—	—	—	2450	—	—	—	—	—	—	—	—	—	—	—	—	2
福建省立医院	5502	—	—	—	3216	—	—	—	—	—	—	—	—	—	—	—	—	—	—	—	1
厦门理工学院	6125	—	—	—	—	—	—	1388	—	—	—	—	—	—	—	—	—	—	—	—	1
福建省肿瘤医院	7409	—	—	—	4914	—	—	—	—	—	—	—	—	—	—	—	—	—	—	—	1
福建省农业科学院	8408	—	—	—	—	—	—	—	—	—	—	—	—	—	—	—	—	—	1404	—	1
中国林业科学研究院亚热带林业研究所	9100	—	—	—	—	—	—	—	—	—	—	—	—	—	—	—	—	—	1749	—	1

表 3-89　2023 年福建省发明专利申请量十强技术领域

序号	IPC 号（技术领域）	发明专利申请量/件
1	H01M（用于直接转变化学能为电能的方法或装置，例如电池组）	3051
2	G06F（电子数字数据处理）	2495
3	G06Q（专门适用于行政、商业、金融、管理、监督或预测目的的数据处理系统或方法；其他类目不包含的专门适用于行政、商业、金融、管理、监督或预测目的的处理系统或方法）	1090
4	G01N（借助于测定材料的化学或物理性质来测试或分析材料）	1057
5	H01L［半导体器件；其他类目中不包括的电固体器件（使用半导体器件的测量入 G01；一般电阻入 H01C；磁体、电感器、变压器入 H01F；一般电容器入 H01G；电解型器件入 H01G9/00；电池组、蓄电池入 H01M；波导管、谐振器或波导型线路入 H01P；线路连接器、汇流器入 H01R；受激发射器件入 H01S；机电谐振器入 H03H；扬声器、送话器、留声机拾音器或类似的声机电传感器入 H04R；一般电光源入 H05B；印刷电路、混合电路、电设备的外壳或结构零部件、电气元件的组件的制造入 H05K；在具有特殊应用的电路中使用的半导体器件见应用相关的小类）］	845
6	H04L［数字信息的传输，例如电报通信（电报和电话通信的公用设备入 H04M）］	743
7	G06T（图像数据处理）	732
8	G06V（图像、视频识别或理解）	717
9	G01R［测量电变量；测量磁变量（指示谐振电路的正确调谐入 H03J3/12）］	587
10	H02J（供电或配电的电路装置或系统；电能存储系统）	531

资料来源：科技大数据湖北省重点实验室

表 3-90　2023 年福建省发明专利申请量优势企业和科研机构列表

序号	优势企业	发明专利申请量/件	序号	优势科研机构	发明专利申请量/件
1	宁德时代新能源科技股份有限公司	2780	1	福州大学	1549
2	宁德新能源科技有限公司	495	2	厦门大学	1247
3	厦门海辰储能科技股份有限公司	387	3	华侨大学	673
4	国网福建省电力有限公司	383	4	集美大学	338
5	兴业银行股份有限公司	307	5	福建农林大学	279
6	厦门天马微电子有限公司	258	6	中国科学院福建物质结构研究所	237

序号	优势企业	发明专利申请量/件	序号	优势科研机构	发明专利申请量/件
7	福耀玻璃工业集团股份有限公司	193	7	厦门理工学院	219
8	国网福建省电力有限公司经济技术研究院	192	8	福建师范大学	214
9	厦门天马显示科技有限公司	185	9	闽江学院	202
10	福建星云电子股份有限公司	162	10	福建理工大学	150
11	国网福建省电力有限公司电力科学研究院	145	11	嘉庚创新实验室	117
12	厦门市美亚柏科信息股份有限公司	127	12	闽都创新实验室	116
13	福建福清核电有限公司	122	13	中国科学院城市环境研究所	87
14	瑞芯微电子股份有限公司	106	14	福建理工大学	79
14	九牧厨卫股份有限公司	106	15	泉州装备制造研究所	75
16	天马新型显示技术研究院（厦门）有限公司	102	16	三明学院	71
17	中建海峡建设发展有限公司	99	17	龙岩学院	70
17	漳州立达信光电子科技有限公司	99	18	厦门稀土材料研究所	63
19	龙岩烟草工业有限责任公司	97	19	泉州师范学院	55
20	厦门新能达科技有限公司	92	20	自然资源部第三海洋研究所	49

资料来源：科技大数据湖北省重点实验室

3.3.17 吉林省

2023 年，吉林省基础研究竞争力指数为 49.631，排名第 17 位。综合全省各学科论文数、被引量情况来看，吉林省的基础研究优势学科为多学科材料、多学科化学、物理化学、应用物理学、电子与电气工程、纳米科学与技术、环境科学、光学、化学工程、能源与燃料等。多学科材料学科的高频词包括机械性能、微观结构、异质结构、钙钛矿太阳能电池、析氢反应等；多学科化学学科的高频词包括共价有机框架、免疫疗法、稳定性、金属有机框架、荧光等；物理化学学科的高频词包括光催化、析氢反应、析氧反应、电催化、异质结构等（表 3-91）。

表 3-91 2023 年吉林省基础研究优势学科及高频词

序号	活跃学科	SCI 学科活跃度	高频词（词频）
1	多学科材料	7.83	机械性能（72）；微观结构（46）；异质结构（27）；钙钛矿太阳能电池（21）；析氢反应（20）；MXene 材料（19）；镁合金（19）；光催化（18）；协同效应（17）；静电纺丝（16）；能量转移（15）；光热疗法（14）；超级电容器（13）；注意力机制（12）；稳定性（12）；锂离子电池（11）；析氧反应（10）；免疫疗法（10）；钠离子电池（10）；钻石（10）；碳点（9）；二硫化钼（9）；微观结构演变（9）；金属有机框架（9）；能量存储（8）；电催化（8）；3D 打印（8）；机器学习（8）；分子动力学（8）
2	多学科化学	5.6	共价有机框架（16）；免疫疗法（15）；稳定性（14）；金属有机框架（14）；荧光（13）；电催化（12）；深度学习（12）；注意力机制（11）；自我装配（10）；氧化应激（9）；细胞凋亡（9）；光催化（8）；析氢反应（8）；钙钛矿太阳能电池（8）；网络药理学（8）；MXene 材料（7）；抗氧化活性（7）；分子动力学模拟（7）；光热疗法（7）；代谢组学（7）；大豆（7）；钠离子电池（6）；阿尔茨海默病（6）；纳米粒子（6）；水凝胶（6）；有机发光二极管（6）；析氧反应（6）；多重共振（6）；活性氧（6）；生物活性（5）

续表

序号	活跃学科	SCI学科活跃度	高频词（词频）
3	物理化学	5.27	光催化（39）；析氢反应（30）；析氧反应（28）；电催化（26）；异质结构（17）；密度泛函理论（17）；锂离子电池（15）；机械性能（15）；超级电容器（14）；稳定性（13）；静电纺丝（12）；共价有机框架（11）；二硫化钼（11）；钙钛矿太阳能电池（11）；吸附（10）；氧化还原反应（10）；MXene材料（10）；电催化剂（9）；阴极（9）；协同效应（9）；免疫疗法（9）；氧化锌（8）；析氢（8）；离散傅里叶变换（7）；水分解（7）；钠离子电池（7）；四环素类药物（7）；光热疗法（7）；电化学性能（7）；金属有机框架（6）
4	应用物理学	5.02	微观结构（19）；深度学习（18）；传感器（17）；注意力机制（13）；光催化（12）；稳定性（11）；析氢反应（10）；异质结构（10）；免疫疗法（9）；共价有机框架（9）；静电纺丝（9）；析氧反应（8）；MXene材料（8）；激光熔覆（7）；钻石（7）；机械性能（7）；超疏水（6）；特征提取（6）；电催化（6）；钙钛矿太阳能电池（6）；钠离子电池（6）；特征融合（5）；氧化锌（5）；电荷转移（5）；锂离子电池（5）；摩擦电纳米发电机（5）；拓扑优化（5）；目标检测（5）；密度泛函理论（5）；金属有机框架（5）
5	电子与电气工程	4.17	深度学习（85）；特征提取（47）；数学模型（29）；目标检测（26）；传感器（24）；注意力机制（20）；优化（19）；任务分析（17）；卷积神经网络（15）；训练（14）；数据模型（14）；轨迹（13）；计算模型（11）；不确定性（11）；机器学习（11）；预测模型（10）；力（10）；相关性（9）；磁场测量（9）；行为科学（9）；汽车动力学（9）；资源管理（9）；车辆（8）；轨迹规划（8）；实体建模（8）；遥感（8）；三维显示（8）；降噪（8）；语义分割（8）；语义学（8）
6	纳米科学与技术	3.88	光热疗法（15）；析氢反应（13）；异质结构（12）；免疫疗法（11）；机械性能（10）；析氧反应（9）；钠离子电池（9）；稳定性（8）；碳点（8）；纳米粒子（8）；金属有机框架（8）；铁死亡（7）；药物递送（7）；电荷转移（7）；电催化（7）；活性氧（7）；锂离子电池（7）；MXene材料（7）；静电纺丝（7）；光动力疗法（7）；光催化（7）；碳化聚合物点（6）；癌症治疗（6）；共价有机框架（6）；肿瘤微环境（6）；协同效应（6）；发光二极管（6）；锂硫电池（6）；免疫原性细胞死亡（6）；自我装配（5）
7	环境科学	3.34	遥感（17）；中国（16）；深度学习（15）；吸附（14）；光催化（14）；中国东北地区（12）；土壤有机碳（12）；生物炭（10）；可持续发展（9）；重金属（9）；机器学习（9）；纳米塑料（9）；气候变化（8）；氧化应激（7）；微塑料（7）；哨兵-2（7）；抗生素耐药基因（7）；卷积神经网络（7）；四环素类药物（6）；地下水（6）；多环芳烃（6）；水质量（6）；随机森林（6）；发炎（5）；过氧化氢硫酸盐（5）；风险评估（5）；污染源解析（5）；人类活动（5）；健康风险（5）；毒性（5）
8	光学	3.16	光学设计（17）；深度学习（17）；能量转移（12）；激光器（12）；极化（9）；窄线宽（8）；光谱学（7）；光通信（7）；大气湍流（7）；测量（7）；波导传感器（6）；激光焊接（6）；光致发光（6）；图像处理（5）
9	化学工程	2.71	光催化（20）；吸附（13）；静电纺丝（12）；析氢反应（10）；电催化（9）；异质结构（9）；氧化还原反应（8）；生物炭（8）；析氧反应（7）；过氧化氢硫酸盐（6）；可见光（6）；电致变色（6）；超级电容器（6）；氧空位（6）；钙钛矿太阳能电池（6）；退化（5）；废水处理（5）；缺陷钝化（5）；阴离子交换膜（5）
10	能源与燃料	2.68	Oil shale（14）；电动汽车（13）；钙钛矿太阳能电池（11）；数值模拟（10）；锂离子电池（9）；析氧反应（7）；多目标优化（6）；机器学习（6）；Corn stover（6）；析氢反应（6）；超级电容器（6）；生物量（5）；氢能（5）；质子交换膜燃料电池（5）；能源管理（5）；热能储存（5）；阴极（5）

资料来源：科技大数据湖北省重点实验室

2023 年，综合本省各学科的发文数量和排名位次来看，2023 年吉林省基础研究在全国范围内较为突出的学科为显微学、鸟类学、光学、石油工程、分析化学、生物材料、土壤学、地质学、真菌学、地球化学与地球物理学等。

2023 年，吉林省科学技术支出经费 38.5 亿元，全国排名第 28 位。截至 2023 年 12 月，吉林省拥有国家重大科技基础设施 1 个，全国重点实验室 2 个，省级重点实验室 114 个；拥有院士 28 位，全国排名第 15 位。

吉林省发表 SCI 论文数量较多的学科为多学科材料、多学科化学、物理化学、应用物理学、电子与电气工程、纳米科学与技术、光学、环境科学、分析化学、生物化学与分子生物学（表 3-92）。吉林省共有 17 个机构进入相关学科的 ESI 全球前 1%行列（表 3-93）；发明专利申请量共 17 576 件，全国排名第 19 位，发明专利申请量十强技术领域见表 3-94，发明专利申请量优势企业和科研机构见表 3-95。

表 3-92　2023 年吉林省主要学科发文量、被引频次

序号	学科	论文数/篇（全国排名，省内排名）	被引次数/次（全国排名，省内排名）	篇均被引/次（全国排名，省内排名）	国际合作率（全国排名，省内排名）	国际合作度（全国排名，省内排名）
1	多学科材料	2 203（16，1）	14 811（16，1）	6.72（8，19）	0.15（15，96）	7.32（15，2）
2	多学科化学	1 504（16，2）	11 766（14，2）	7.82（13，11）	0.14（16，105）	4.85（15，7）
3	物理化学	1 390（16，3）	11 607（17，3）	8.35（17，10）	0.16（16，92）	5.5（15，3）
4	应用物理学	1 370（16，4）	8 409（15，5）	6.14（7，23）	0.15（11，101）	4.51（16，8）
5	电子与电气工程	1 186（17，5）	3 684（18，11）	3.11（21，103）	0.16（20，88）	4.35（18，9）
6	纳米科学与技术	958（15，6）	8 518（15，4）	8.89（20，7）	0.18（17，77）	5.07（14，4）
7	光学	900（9，7）	2 096（12，19）	2.33（27，150）	0.11（18，134）	2.95（10，17）
8	环境科学	890（19，8）	4 373（19，9）	4.91（22，38）	0.18（14，78）	4.25（14，11）
9	分析化学	704（10，9）	2 745（11，13）	3.9（19，69）	0.07（21，155）	1.91（18，61）
10	生物化学与分子生物学	681（17，10）	2 907（15，13）	4.27（12，58）	0.12（15，123）	2.62（16，25）
11	能源与燃料	640（17，11）	4 475（18，8）	6.99（12，15）	0.16（22，95）	2.55（19，27）
12	化学工程	614（19，12）	5 208（18，7）	8.48（9，9）	0.15（24，100）	2.78（20，20）
13	仪器与仪表	594（15，13）	2 020（14，20）	3.4（16，88）	0.11（23，132）	3.06（11，14）
14	凝聚态物理	562（16，14）	5 292（14，6）	9.42（5，5）	0.22（8，62）	3.3（16，13）
15	药学与药理学	516（14，15）	2 149（12，17）	4.16（3，60）	0.09（14，147）	2.11（18，43）
16	聚合物学	491（12，16）	2 238（14，16）	4.56（24，48）	0.13（10，110）	3.71（5，12）
17	环境工程	430（18，17）	3 963（18，10）	9.22（21，6）	0.2（21，65）	2.68（16，22）
18	人工智能	408（18，18）	1 657（18，23）	4.06（19，64）	0.37（16，33）	2.4（21，31）
19	食品科学	385（18，19）	2 137（18，18）	5.55（14，29）	0.1（26，135）	1.95（20，58）
20	应用化学	367（18，20）	2 637（18，14）	7.19（14，14）	0.09（27，149）	2.0（16，47）

资料来源：科技大数据湖北省重点实验室

注：学科排序为发表的论文数量

表 3-93　2023 年吉林省各研究机构进入 ESI 前 1%的学科及排名

研究机构	综合	农业科学	生物学与生物化学	化学	临床医学	计算机科学	工程科学	环境生态学	地球科学	免疫学	材料科学	数学	微生物学	分子生物学与遗传学	神经科学与行为	药理学与毒理学	物理学	植物学与动物学	心理学	社会科学	机构进入 ESI 学科数
吉林大学	168	199	233	21	544	231	124	526	214	405	29	262	323	314	558	67	268	791	842	866	19

续表

研究机构	综合	农业科学	生物学与生物化学	化学	临床医学	计算机科学	工程科学	环境生态学	地球科学	免疫学	材料科学	数学	微生物学	分子生物学与遗传学	神经科学与行为	药理学与毒理学	物理学	植物学与动物学	心理学	社会科学	机构进入ESI学科数
中国科学院长春应用化学研究所	604	—	1314	58	—	—	1570	—	—	—	92	—	—	—	—	856	800	—	—	—	6
东北师范大学	1089	809	—	241	—	763	979	547	—	—	388	226	—	—	—	—	—	723	—	1746	9
东北农林大学	1241	47	629	1292	—	—	1042	512	—	—	—	—	523	—	—	857	—	277	—	—	8
中国科学院长春光学精密机械与物理研究所	1971	—	—	1134	—	—	1521	—	—	—	493	—	—	—	—	—	841	—	—	—	4
中国科学院东北地理与农业生态研究所	2478	360	—	—	—	—	—	661	721	—	—	—	—	—	—	—	—	813	—	—	4
吉林农业大学	2531	384	1424	1724	—	—	—	1768	—	—	—	—	—	—	—	1192	—	557	—	—	6
长春理工大学	2620	—	—	962	—	—	1372	—	—	—	750	—	—	—	—	—	—	—	—	—	3
长春工业大学	2829	—	1159	—	—	—	1442	—	—	—	808	—	—	—	—	—	—	—	—	—	3
吉林师范大学	3047	—	—	1133	—	—	2142	—	—	—	853	—	—	—	—	—	—	—	—	—	3
延边大学	3686	—	—	1607	3385	—	—	—	—	—	—	—	—	—	—	893	—	—	—	—	3
东北电力大学	3782	—	—	—	—	—	585	—	—	—	—	—	—	—	—	—	—	—	—	—	1
长春中医药大学	5734	—	—	—	5926	—	—	—	—	—	—	—	—	—	—	900	—	—	—	—	2
吉林省肿瘤医院	6122	—	—	—	3761	—	—	—	—	—	—	—	—	—	—	—	—	—	—	—	
吉林建筑大学	6198	—	—	—	—	—	2432	1828	—	—	—	—	—	—	—	—	—	—	—	—	2
吉林省农业科学院	6314	927	—	—	—	—	—	—	—	—	—	—	—	—	—	—	—	1589	—	—	2
吉林化工学院	6330	—	—	1849	—	—	—	—	—	—	—	—	—	—	—	—	—	—	—	—	1

表 3-94　2023 年吉林省发明专利申请量十强技术领域

序号	IPC 号（技术领域）	发明专利申请量/件
1	G06F（电子数字数据处理）	1611
2	G01N（借助于测定材料的化学或物理性质来测试或分析材料）	632
3	B60W（不同类型或不同功能的车辆子系统的联合控制；专门适用于混合动力车辆的控制系统；不与某一特定子系统的控制相关联的道路车辆驾驶控制系统）	527
4	G06Q（专门适用于行政、商业、金融、管理、监督或预测目的的数据处理系统或方法；其他类目不包含的专门适用于行政、商业、金融、管理、监督或预测目的的处理系统或方法）	497
5	G01M（机器或结构部件的静或动平衡的测试；其他类目中不包括的结构部件或设备的测试）	493
6	G06V（图像、视频识别或理解）	470
7	A61K［医用、牙科用或梳妆用的配制品（专门适用于将药品制成特殊的物理或服用形式的装置或方法 A61J 3/00；空气除臭，消毒或灭菌，或者绷带、敷料、吸收垫或外科用品的化学方面，或材料的使用入 A61L；肥皂组合物入 C11D）］	415
8	G06T（图像数据处理）	406
9	H01M（用于直接转变化学能为电能的方法或装置，例如电池组）	371
10	H04L［数字信息的传输，例如电报通信（电报和电话通信的公用设备入 H04M）］	298

资料来源：科技大数据湖北省重点实验室

表 3-95　2023 年吉林省发明专利申请量优势企业和科研机构列表

序号	优势企业	发明专利申请量/件	序号	优势科研机构	发明专利申请量/件
1	中国第一汽车股份有限公司	3920	1	吉林大学	3099
2	一汽解放汽车有限公司	982	2	中国科学院长春光学精密机械与物理研究所	850
3	一汽奔腾轿车有限公司	494	3	长春理工大学	608
4	中车长春轨道客车股份有限公司	273	4	长春工业大学	383
5	一汽-大众汽车有限公司	139	5	中国科学院长春应用化学研究所	346
6	长春海谱润斯科技股份有限公司	114	6	东北电力大学	344
7	长光卫星技术股份有限公司	93	7	吉林农业大学	224
8	吉林奥来德光电材料股份有限公司	88	8	吉林建筑大学	147
9	启明信息技术股份有限公司	76	9	吉林农业科技学院	132
10	长春希达电子技术有限公司	74	10	吉林化工学院	130
11	国网吉林省电力有限公司电力科学研究院	62	11	中国科学院东北地理与农业生态研究所	124
12	吉林亿联银行股份有限公司	57	12	长春工程学院	112
13	长春黄金研究院有限公司	51	13	东北师范大学	106
14	国网吉林省电力有限公司长春供电公司	49	14	吉林省农业科学院	91
15	长春捷翼汽车科技股份有限公司	48	14	长春中医药大学	91
16	华能吉林发电有限公司九台电厂	47	16	北华大学	75
17	吉林烟草工业有限责任公司	46	17	长春汽车工业高等专科学校	74
17	国网吉林省电力有限公司	46	18	延边大学	71
19	国网吉林省电力有限公司经济技术研究院	42	19	吉林师范大学	70
19	富赛汽车电子有限公司	42	20	长春大学	66

资料来源：科技大数据湖北省重点实验室

3.3.18　重庆市

2023 年，重庆市基础研究竞争力指数为 49.5717，排名第 18 位。综合全市各学科论文数、被引量情况来看，重庆市的基础研究优势学科为多学科材料、电子与电气工程、物理化学、环境科学、应用物理学、多学科化学、人工智能、能源与燃料、化学工程、土木工程等。多学科材料学科的高频词包括机械性能、微观结构、镁合金、摩擦电纳米发电机、机器学习等；电子与电气工程学科的高频词包括深度学习、特征提取、任务分析、训练、优化等；物理化学学科的高频词包括摩擦电纳米发电机、析氧反应、光催化、离散傅里叶变换、电催化剂等（表 3-96）。

表 3-96　2023 年重庆市基础研究优势学科及高频词

序号	活跃学科	SCI 学科活跃度	高频词（词频）
1	多学科材料	5.93	机械性能（121）；微观结构（73）；镁合金（68）；摩擦电纳米发电机（28）；机器学习（20）；纹理（17）；数值模拟（17）；钙钛矿太阳能电池（11）；抗腐蚀性（11）；腐蚀（10）；长周期有序堆垛相（10）；吸附（9）；延展性（9）；铁死亡（9）；离散傅里叶变换（9）；热处理（8）；变形机制（8）；动态再结晶（8）；免疫疗法（8）；镁（7）；二氧化碳减排（7）；细胞划痕实验（7）；石墨烯（7）；增材制造（7）；相变（7）；热力学性质（7）；光催化（7）；抗剪强度（7）；强化机制（7）

序号	活跃学科	SCI 学科活跃度	高频词（词频）
2	电子与电气工程	5.37	深度学习（66）；特征提取（61）；任务分析（39）；训练（39）；优化（37）；注意力机制（37）；变压器（35）；计算模型（33）；数据模型（33）；传感器（32）；物联网（23）；故障诊断（23）；卷积神经网络（22）；资源分配（21）；安全性（20）；不确定性（19）；卷积（18）；自适应模型（18）；资源管理（17）；语义学（17）；神经网络（16）；目标检测（16）；估算（15）；汽车动力学（15）；无线通信（15）；延迟（15）；数学模型（14）；鲁棒性（14）；数据挖掘（13）；内核（13）
3	物理化学	3.5	摩擦电纳米发电机（25）；析氧反应（19）；光催化（19）；离散傅里叶变换（18）；电催化剂（17）；吸附（17）；析氢反应（14）；微观结构（14）；钙钛矿太阳能电池（14）；机制（12）；密度泛函理论（12）；机械性能（11）；氧化还原反应（10）；电催化（10）；异质结构（10）；耐久性（9）；协同效应（8）；超级电容器（8）；二氧化碳减排（7）；OER（7）；铁死亡（7）；光催化剂（6）；水分解（6）；氧空位（6）；阻燃性（6）；免疫疗法（6）；自供电（5）；自我装配（5）；二氧化钛（5）；整体水分解（5）
4	环境科学	3.45	中国（28）；碳排放（26）；吸附（19）；生物炭（18）；三峡（17）；可持续发展（13）；重金属（13）；气候变化（11）；微塑料（11）；微生物群落（10）；镉（9）；深度学习（9）；汞（8）；空气污染（8）；土壤（7）；重庆（7）；PFAS（6）；数值模拟（6）；可持续性（6）；遥感（6）；固定化（6）；影响因素（6）；城市化（6）；沉积物（6）；污染源解析（5）；环境调节（5）；碳中和（5）；驱动因素（5）；神经毒性（5）；厌氧消化（5）
5	应用物理学	3.42	摩擦电纳米发电机（31）；传感器（26）；机械性能（25）；微观结构（25）；钙钛矿太阳能电池（14）；光催化（10）；离散傅里叶变换（9）；吸附（8）；电导率（7）；光学纤维传感器（7）；密度泛函理论（7）；复合材料（6）；二氧化碳减排（6）；机器学习（6）；激光熔覆（6）；镁合金（6）；铜（6）；数值模拟（5）；闪络（5）；温度测量（5）；析氧反应（5）；电催化（5）；耐久性（5）；异质结构（5）；退化（5）
6	多学科化学	3.06	摩擦电纳米发电机（11）；金属有机框架（9）；光催化（9）；免疫疗法（8）；铁死亡（7）；钙钛矿太阳能电池（7）；细胞划痕实验（7）；细胞凋亡（6）；氧化应激（6）；析氧反应（6）；细胞自噬（6）；电催化（6）；超声波（6）；吸附（5）
7	人工智能	3.06	深度学习（49）；变压器（31）；注意力机制（23）；粒计算（20）；卷积神经网络（18）；功能选择（18）；不确定性（17）；对比学习（17）；神经网络（15）；计算模型（14）；分类（12）；收敛（12）；图形神经网络（12）；任务分析（11）；数据模型（11）；机器学习（11）；优化（11）；知识蒸馏（10）；目标检测（9）；特征提取（9）；故障诊断（9）；人工神经网络（9）；对称矩阵（8）；自适应控制（8）；图卷积网络（8）；聚类（7）；迁移学习（7）；特征融合（7）；训练（7）
8	能源与燃料	2.9	锂离子电池（22）；数值模拟（12）；电动汽车（10）；机器学习（9）；页岩气（8）；能源效率（8）；析氢反应（8）；超级电容器（7）；可再生能源（7）；能量管理策略（7）；水力压裂（7）；页岩（7）；析氧反应（6）；相变材料（6）；氨选择性催化还原（6）；热管理（6）；氢能（6）；深度学习（6）；渗透性（6）；多目标优化（6）；本构模型（5）；热传递（5）；甲烷（5）；能源管理（5）；机械性能（5）；健康状况（5）；厌氧消化（5）
9	化学工程	2.79	过氧化氢硫酸盐（14）；氧空位（13）；页岩气（9）；数值模拟（9）；电催化剂（8）；高级氧化工艺（7）；吸附（7）；光催化（7）；氨选择性催化还原（7）；膜结垢（6）；机器学习（6）；氧化还原反应（5）；析氢反应（5）；深度学习（5）；海水淡化（5）；渗透性（5）；腐蚀抑制剂（5）；钙钛矿太阳能电池（5）；铜（5）；反应机制（5）；机制（5）；二氧化碳捕获（5）
10	土木工程	2.74	数值模拟（24）；微观结构（19）；机械性能（19）；抗震性能（14）；机器学习（14）；有限元分析（12）；冷弯型钢（11）；数值分析（10）；深度学习（9）；混凝土（9）；动态响应（9）；隧道照明（8）；热舒适性（7）；特征提取（7）；超高性能混凝土（7）；轴向压缩（7）；耐火性（6）；路径（6）；卷积神经网络（6）；抗压强度（6）；共振（5）；桥梁（5）；本构模型（5）；水合作用（5）；波传播（5）；风洞试验（5）；变分渐近法（5）；局部加载（5）；局部屈曲（5）；高强度钢（5）

资料来源：科技大数据湖北省重点实验室

2023 年，综合本市各学科的发文数量和排名位次来看，2023 年重庆市基础研究在全国范围内较为突出的学科为昆虫学、儿科学、急诊医学、药物滥用、周围血管病、麻醉学、变态反应、临床神经病学、生物物理、呼吸病学等。

2023 年，重庆市科学技术支出经费 102.54 亿元，全国排名第 17 位。截至 2023 年 12 月，重庆市拥有全国重点实验室 10 个，省级重点实验室 211 个，省实验室 3 个；拥有院士 12 位，全国排名第 19 位。

重庆市发表 SCI 论文数量较多的学科为多学科材料、电子与电气工程、环境科学、应用物理学、物理化学、人工智能、多学科化学、能源与燃料、土木工程、化学工程（表 3-97）。重庆市共有 14 个机构进入相关学科的 ESI 全球前 1%行列（表 3-98）；发明专利申请量共 30 517 件，全国排名第 14 位，发明专利申请量十强技术领域见表 3-99，发明专利申请量优势企业和科研机构见表 3-100。

表 3-97　2023 年重庆市主要学科发文量、被引频次

序号	学科	论文数/篇（全国排名，市内排名）	被引次数/次（全国排名，市内排名）	篇均被引/次（全国排名，市内排名）	国际合作率（全国排名，市内排名）	国际合作度（全国排名，市内排名）
1	多学科材料	1 915（18，1）	12 196（18，1）	6.37（14，20）	0.17（11，102）	7.31（16，1）
2	电子与电气工程	1 782（15，2）	7 360（13，3）	4.13（4，82）	0.25（6，58）	6.98（14，2）
3	环境科学	1 054（17，3）	6 147（17，5）	5.83（6，25）	0.16（22，106）	2.73（21，27）
4	应用物理学	1 048（18，4）	5 897（18，9）	5.63（16，31）	0.14（17，124）	4.29（17，6）
5	物理化学	998（18，5）	8 383（18，2）	8.4（16，8）	0.16（17，108）	4.06（18，7）
6	人工智能	924（13，6）	5 078（13，10）	5.5（3，34）	0.38（13，33）	5.7（12，3）
7	多学科化学	884（18，7）	6 181（18，4）	6.99（16，17）	0.15（15，119）	3.66（18，13）
8	能源与燃料	814（15，8）	6 073（15，7）	7.46（7，12）	0.24（5，63）	4.05（13，8）
9	土木工程	812（13，9）	4 426（12，12）	5.45（2，35）	0.35（2，39）	5.28（10，4）
10	化学工程	761（16，10）	5 965（17，8）	7.84（16，11）	0.21（9，77）	3.31（17，17）
11	生物化学与分子生物学	700（16，11）	2 881（16，17）	4.12（17，83）	0.11（22，141）	3.09（14，19）
12	纳米科学与技术	684（18，12）	6 118（18，6）	8.94（18，5）	0.18（16，90）	3.89（18，10）
13	机械工程	643（13，13）	3 333（13，14）	5.18（4，41）	0.2（10，82）	3.27（12，18）
14	冶金	554（13，14）	3 147（13，15）	5.68（6，28）	0.15（12，116）	3.67（9，12）
15	分析化学	551（14，15）	2 729（12，18）	4.95（3，47）	0.09（11，156）	2.88（6，22）
16	仪器与仪表	539（16，16）	2 306（12，22）	4.28（5，74）	0.14（12，120）	2.58（16，28）
17	力学	538（14，17）	2 909（13，16）	5.41（9，36）	0.29（7，48）	4.03（9，9）
18	环境工程	523（16，18）	4 759（15，11）	9.1（24，4）	0.25（10，57）	2.51（17，30）
19	计算机信息系统	522（16，19）	2 429（13，20）	4.65（1，58）	0.24（13，61）	3.32（14，16）
20	肿瘤学	494（15，20）	1 331（14，36）	2.69（14，133）	0.06（16，175）	2.46（13，36）

资料来源：科技大数据湖北省重点实验室

注：学科排序为发表的论文数量

表 3-98　2023 年重庆市各研究机构进入 ESI 前 1%的学科及排名

研究机构	综合	农业科学	生物学与生物化学	化学	临床医学	计算机科学	经济与商业	工程科学	环境生态学	地球科学	免疫学	材料科学	数学	微生物学	分子生物学与遗传学	神经科学与行为	药理学与毒理学	物理学	植物学与动物学	心理学	社会科学	机构进入ESI学科数
重庆大学	272	983	632	110	2670	91	467	18	292	374	—	43	338	—	970	—	975	508	974	—	711	16
西南大学	556	105	621	172	4233	185	—	373	531	981	—	231	177	676	1003	632	544	804	205	445	999	18

续表

研究机构	综合	农业科学	生物学与生物化学	化学	临床医学	计算机科学	经济与商业	工程科学	环境生态学	地球科学	免疫学	材料科学	数学	微生物学	分子生物学与遗传学	神经科学与行为	药理学与毒理学	物理学	植物学与动物学	心理学	社会科学	机构进入ESI学科数
重庆医科大学	758	—	576	1194	552	—	—	—	—	—	516	872	—	689	424	372	213	—	—	885	1830	11
第三军医大学	786	—	498	1225	613	—	—	—	—	—	428	827	—	650	345	377	383	—	—	—	—	9
重庆邮电大学	2221	—	—	—	—	134	—	487	—	—	—	1164	—	—	—	—	—	—	—	—	—	3
重庆工商大学	2450	—	—	916	—	—	—	896	1560	—	—	1116	—	—	—	—	—	—	—	—	—	4
中国科学院重庆绿色智能技术研究院	2736	—	—	1570	—	—	—	1339	1082	—	—	937	—	—	—	—	—	—	—	—	—	4
重庆理工大学	3098	—	—	1626	—	—	—	1105	—	—	—	925	—	—	—	—	—	—	—	—	—	3
重庆师范大学	3438	—	—	1573	—	—	—	1626	—	—	—	1323	—	—	—	—	—	—	1563	—	—	4
重庆文理学院	3626	—	—	1506	—	—	—	2293	—	—	—	1078	—	—	—	—	—	—	—	—	—	3
长江师范学院	3837	—	—	1512	—	—	—	2169	—	—	—	1385	—	—	—	—	—	—	—	—	—	3
重庆交通大学	4335	—	—	—	—	—	—	759	—	—	—	—	—	—	—	—	—	—	—	—	—	1
重庆科技学院	4541	—	—	—	—	—	—	1500	—	—	—	1312	—	—	—	—	—	—	—	—	—	2
重庆市科学院	5899	—	—	—	—	—	—	—	—	—	—	1268	—	—	—	—	—	—	—	—	—	1

表 3-99　2023 年重庆市发明专利申请量十强技术领域

序号	IPC 号（技术领域）	发明专利申请量/件
1	G06F（电子数字数据处理）	3633
2	G01N（借助于测定材料的化学或物理性质来测试或分析材料）	1136
3	G06Q（专门适用于行政、商业、金融、管理、监督或预测目的的数据处理系统或方法；其他类目不包含的专门适用于行政、商业、金融、管理、监督或预测目的的处理系统或方法）	1057
4	H04L［数字信息的传输，例如电报通信（电报和电话通信的公用设备入 H04M）］	1040
5	G06V（图像、视频识别或理解）	983
6	G06T（图像数据处理）	720
7	H04W［无线通信网络（广播通信入 H04H；使用无线链路来进行非选择性通信的通信系统，如无线扩展入 H04M1/72）］	609
8	B60W（不同类型或不同功能的车辆子系统的联合控制；专门适用于混合动力车辆的控制系统；不与某一特定子系统的控制相关联的道路车辆驾驶控制系统）	598
9	A61B［诊断；外科；鉴定（分析生物材料入 G01N，如 G01N 33/48）］	506
10	A61K［医用、牙科用或梳妆用的配制品（专门适用于将药品制成特殊的物理或服用形式的装置或方法 A61J 3/00；空气除臭，消毒或灭菌，或者绷带、敷料、吸收垫或外科用品的化学方面，或材料的使用入 A61L；肥皂组合物入 C11D）］	447

资料来源：科技大数据湖北省重点实验室

表 3-100　2023 年重庆市发明专利申请量优势企业和科研机构列表

序号	优势企业	发明专利申请量/件	序号	优势科研机构	发明专利申请量/件
1	重庆长安汽车股份有限公司	3569	1	重庆大学	2297
2	重庆赛力斯新能源汽车设计院有限公司	568	2	重庆邮电大学	1705
3	马上消费金融股份有限公司	505	3	西南大学	615
4	重庆钢铁股份有限公司	458	4	重庆交通大学	456

续表

序号	优势企业	发明专利申请量/件	序号	优势科研机构	发明专利申请量/件
5	阿维塔科技（重庆）有限公司	440	5	重庆理工大学	433
6	深蓝汽车科技有限公司	389	6	重庆医科大学	253
7	重庆长安新能源汽车科技有限公司	283	7	重庆科技学院	222
8	中移物联网有限公司	277	8	重庆师范大学	182
9	中煤科工集团重庆研究院有限公司	272	9	重庆电子工程职业学院	168
10	中冶建工集团有限公司	179	10	重庆工商大学	132
11	中冶赛迪工程技术股份有限公司	175	11	中国人民解放军陆军军医大学	131
12	重庆康佳光电技术研究院有限公司	173	12	重庆文理学院	109
13	中元汇吉生物技术股份有限公司	161	13	中国科学院重庆绿色智能技术研究院	100
14	重庆中烟工业有限责任公司	142	14	北京理工大学重庆创新中心	92
15	重庆青山工业有限责任公司	135	15	重庆市农业科学院	91
16	北斗星通智联科技有限责任公司	134	16	长江师范学院	90
17	国网重庆市电力公司电力科学研究院	126	17	重庆水利电力职业技术学院	86
18	赛力斯汽车有限公司	111	18	重庆工业职业技术学院	84
19	重庆海尔洗衣机有限公司	99	19	重庆医药高等专科学校	79
20	中国兵器装备集团西南技术工程研究所	97	20	重庆工程职业技术学院	77

资料来源：科技大数据湖北省重点实验室

3.3.19　甘肃省

2023 年，甘肃省基础研究竞争力指数为 47.5194，排名第 19 位。综合全省各学科论文数、被引量情况来看，甘肃省的基础研究优势学科为多学科材料、环境科学、物理化学、多学科化学、应用物理学、电子与电气工程、化学工程、纳米科学与技术、多学科地球科学、生物化学与分子生物学等。多学科材料学科的高频词包括微观结构、机械性能、吸附、分子动力学、超级电容器等；环境科学学科的高频词包括气候变化、青藏高原、中国、生态系统服务、永久冻土等；物理化学学科的高频词包括超级电容器、理论计算、晶体结构、吸附、异质结构等（表 3-101）。

表 3-101　2023 年甘肃省基础研究优势学科及高频词

序号	活跃学科	SCI 学科活跃度	高频词（词频）
1	多学科材料	6.58	微观结构（52）；机械性能（49）；吸附（13）；分子动力学（12）；超级电容器（12）；抗腐蚀性（11）；稳定性（10）；混凝土（8）；增材制造（7）；锂硫电池（7）；MXene 材料（7）；分子动力学模拟（7）；氧化石墨烯（6）；铋钒酸盐（6）；抗压强度（6）；有机太阳能电池（5）；石墨烯（5）；光催化（5）；纳米粒子（5）；二氧化钛（5）；理论计算（5）；二硫化钼（5）；第一性原理计算（5）
2	环境科学	5.8	气候变化（38）；青藏高原（44）；中国（29）；生态系统服务（14）；永久冻土（14）；祁连山脉（13）；生物炭（13）；可持续发展（13）；影响因素（11）；土壤湿度（10）；人类活动（10）；沉淀（10）；机器学习（9）；空气污染（9）；黄河流域（9）；土地利用（8）；重金属（8）；吸附（8）；北极（8）；兰州（8）；投资模型（7）；微生物群落（7）；抗生素耐药基因（7）；植被覆盖指数（6）；高山草甸（6）；驱动因素（6）；风险评估（6）；镉（6）

续表

序号	活跃学科	SCI 学科活跃度	高频词（词频）
3	物理化学	4.31	超级电容器（18）；理论计算（14）；晶体结构（13）；吸附（12）；异质结构（11）；光催化（11）；锂硫电池（10）；析氢反应（8）；石墨烯（8）；稳定性（8）；析氧反应（8）；Hirshfeld 表面分析（8）；密度泛函理论计算（6）；电化学性能（6）；电催化剂（6）；荧光特性（6）；坡缕石（6）；二硫化钼（6）；掺杂（5）；微观结构（5）；分子动力学（5）；荧光探针（5）；理论计算（5）；铋钒酸盐（5）；选择性加氢（5）；协同效应（5）
4	多学科化学	3.98	非生物性应力（6）；光催化（6）；马铃薯（5）；锂硫电池（5）；抗氧化剂（5）；能量存储（5）；牦牛（5）；发炎（5）；分子对接（5）
5	应用物理学	3.82	机械性能（15）；微观结构（15）；石墨烯（7）；故障诊断（6）；超级电容器（6）；第一性原理计算（6）；锂硫电池（5）；电极材料（5）；吸附（5）；传感器（4）
6	电子与电气工程	2.69	特征提取（18）；电场分布（16）；故障诊断（14）；注意力机制（12）；卷积神经网络（11）；数学模型（9）；深度学习（9）；任务分析（8）；优化（8）；安全性（6）；数据模型（6）；监控（6）；特征融合（6）；预测模型（6）；相关性（5）；不确定性（5）
7	化学工程	2.59	吸附（27）；超级电容器（10）；异质结构（7）；光催化（7）；锌空气电池（6）；二氧化碳捕获（6）；生物炭（6）；氨选择性催化还原（6）；MXene 材料（5）
8	纳米科学与技术	2.52	金属有机框架（7）；锂硫电池（6）；超级电容器（6）；理论计算（5）
9	多学科地球科学	2.51	青藏高原（26）；气候变化（21）；机器学习（12）；全新世（10）；永久冻土（9）；遥感（8）；合成孔径雷达干涉测量（8）；鄂尔多斯盆地（6）；亚洲夏季风（5）；深度学习（5）；中亚（5）
10	生物化学与分子生物学	2.48	细胞凋亡（15）；氧化应激（11）；肝癌（9）；细胞自噬（9）；分子对接（8）；yak（7）；预后（6）；非生物性应力（6）；发炎（5）；热应力（5）；生物信息学（5）；化学分类学（5）；肠道微生物群（5）；转录组学（5）；抗氧化剂（5）；癌症（5）；miRNA（5）；阿尔茨海默病（5）；马铃薯（5）

资料来源：科技大数据湖北省重点实验室

2023 年，综合本省各学科的发文数量和排名位次来看，2023 年甘肃省基础研究在全国范围内较为突出的学科为核物理学、土壤学、粒子与场物理、核科学与技术、气象与大气科学、自然地理学、古生物学、鸟类学、生物多样性保护、乳品与动物学等。

2023 年，甘肃省科学技术支出经费 58.6 亿元，全国排名第 25 位。截至 2023 年 12 月，甘肃省拥有国家重大科技基础设施 3 个，全国重点实验室 9 个，省级重点实验室 93 个，省实验室 1 个；拥有院士 18 位，全国排名第 17 位。

甘肃省发表 SCI 论文数量较多的学科为多学科材料、环境科学、物理化学、多学科化学、应用物理学、电子与电气工程、多学科地球科学、生物化学与分子生物学、植物学、化学工程（表 3-102）。甘肃省共有 10 个机构进入相关学科的 ESI 全球前 1%行列（表 3-103）；发明专利申请量共 7052 件，全国排名第 26 位，发明专利申请量十强技术领域见表 3-104，发明专利申请量优势企业和科研机构见表 3-105。

表 3-102　2023 年甘肃省主要学科发文量、被引频次

序号	学科	论文数/篇（全国排名，省内排名）	被引次数/次（全国排名，省内排名）	篇均被引/次（全国排名，省内排名）	国际合作率（全国排名，省内排名）	国际合作度（全国排名，省内排名）
1	多学科材料	1178（23，1）	7251（21，1）	6.16（19，14）	0.07（29，128）	2.36（24，13）
2	环境科学	1050（18，2）	4917（18，3）	4.68（24，30）	0.15（27，67）	3.83（18，3）

续表

序号	学科	论文数/篇（全国排名，省内排名）	被引次数/次（全国排名，省内排名）	篇均被引/次（全国排名，省内排名）	国际合作率（全国排名，省内排名）	国际合作度（全国排名，省内排名）
3	物理化学	657（22，3）	6997（19，2）	10.65（1，2）	0.07（30，120）	1.41（28，58）
4	多学科化学	656（20，4）	4580（20，4）	6.98（17，10）	0.08（27，109）	1.83（27，24）
5	应用物理学	643（22，5）	3783（19，5）	5.88（10，17）	0.09（28，101）	1.83（25，24）
6	电子与电气工程	472（23，6）	1416（22，13）	3.0（23，110）	0.12（27，83）	2.73（22，7）
7	多学科地球科学	422（11，7）	1652（11，12）	3.91（8，60）	0.2（24，48）	2.68（13，8）
8	生物化学与分子生物学	412（24，8）	1708（22，11）	4.15（14，49）	0.1（26，96）	1.54（25，44）
9	植物学	388（17，9）	1211（18，16）	3.12（21，104）	0.16（17，59）	2.37（15，12）
10	化学工程	359（24，10）	3056（23，7）	8.51（8，4）	0.09（29，103）	1.53（26，46）
11	凝聚态物理	338（19，11）	2453（19，9）	7.26（20，8）	0.11（28，94）	1.25（26，71）
12	应用数学	322（15，12）	579（17，38）	1.8（16，166）	0.09（29，102）	1.64（23，38）
13	能源与燃料	308（23，13）	2007（24，10）	6.52（22，13）	0.12（25，81）	1.59（26，40）
14	纳米科学与技术	301（21，14）	3330（20，6）	11.06（1，1）	0.1（27，97）	1.45（25，55）
15	环境工程	286（21，15）	2874（21，8）	10.05（9，3）	0.13（29，76）	1.38（25，59）
16	机械工程	280（19，16）	1245（18，15）	4.45（15，37）	0.09（30，100）	1.67（20，35）
17	多学科	273（22，17）	1125（19，18）	4.12（16，51）	0.18（19，55）	1.52（20，47）
18	水资源	252（14，18）	1275（12，14）	5.06（5，25）	0.16（21，64）	2.0（15，16）
19	土木工程	251（20，19）	943（20，21）	3.76（26，67）	0.1（30，95）	2.86（17，5）
20	气象与大气科学	251（7，19）	839（7，28）	3.34（7，87）	0.14（28，72）	1.64（14，39）

资料来源：科技大数据湖北省重点实验室

注：学科排序为发表的论文数量

表 3-103　2023 年甘肃省各研究机构进入 ESI 前 1%的学科及排名

研究机构	综合	农业科学	生物学与生物化学	化学	临床医学	计算机科学	工程科学	环境生态学	地球科学	材料科学	数学	微生物学	分子生物学与遗传学	药理学与毒理学	物理学	植物学与动物学	社会科学	机构进入ESI学科数
兰州大学	393	180	711	81	1260	431	363	237	143	184	251	684	875	375	406	335	1050	16
中国科学院兰州化学物理研究所	1201	—	—	220	—	—	663	—	—	265	—	—	—	—	—	—	—	3
兰州理工大学	1854	—	—	973	—	—	598	—	—	387	—	—	—	—	—	—	—	3
西北师范大学	1928	—	—	506	—	—	1318	1586	—	691	—	—	—	—	—	—	—	4
兰州交通大学	2445	—	—	847	—	—	1019	1641	—	1066	—	—	—	—	—	—	—	4
中国科学院寒区旱区环境与工程研究所	2516	951	—	—	—	—	1688	874	370	—	—	—	—	—	—	—	—	4
中国科学院近代物理研究所	2996	—	—	—	—	—	—	—	—	—	—	—	—	—	601	—	—	1
甘肃农业大学	3826	368	—	—	—	—	—	—	—	—	—	—	—	—	—	679	—	2
中国农业科学院兰州兽医研究所	5783	—	—	—	—	—	—	—	—	—	—	—	—	430	—	—	—	1
甘肃省人民医院	7185	—	—	—	4665	—	—	—	—	—	—	—	—	—	—	—	—	1

表 3-104　2023 年甘肃省发明专利申请量十强技术领域

序号	IPC 号（技术领域）	发明专利申请量/件
1	G01N（借助于测定材料的化学或物理性质来测试或分析材料）	413

续表

序号	IPC 号（技术领域）	发明专利申请量/件
2	G06F（电子数字数据处理）	361
3	A61K［医用、牙科用或梳妆用的配制品（专门适用于将药品制成特殊的物理或服用形式的装置或方法入 A61J 3/00；空气除臭，消毒或灭菌，或者绷带、敷料、吸收垫或外科用品的化学方面，或材料的使用入 A61L；肥皂组合物入 C11D）］	206
4	G06Q（专门适用于行政、商业、金融、管理、监督或预测目的的数据处理系统或方法；其他类目不包含的专门适用于行政、商业、金融、管理、监督或预测目的的处理系统或方法）	195
5	A01G［园艺；蔬菜、花卉、稻、果树、葡萄、啤酒花或海菜的栽培；林业；浇水（水果、蔬菜、啤酒花等类植物的采摘入 A01D46/00；繁殖单细胞藻类入 C12N1/12）］	184
6	C12N［微生物或酶；其组合物（杀生剂、害虫驱避剂或引诱剂，或含有微生物、病毒、微生物真菌、酶、发酵物的植物生长调节剂，或从微生物或动物材料产生或提取制得的物质入 A01N63/00；药品入 A61K；肥料入 C05F）；繁殖、保藏或维持微生物；变异或遗传工程；培养基（微生物学的试验介质入 C12Q1/00）］	181
7	B01D［分离（用湿法从固体中分离固体入 B03B、B03D，用风力跳汰机或摇床入 B03B，用其他干法入 B07；固体物料从固体物料或流体中的磁或静电分离，利用高压电场的分离入 B03C；离心机、涡旋装置入 B04B；涡旋装置入 B04C；用于从含液物料中挤出液体的压力机本身入 B30B 9/02）］	163
8	B01J（化学或物理方法，例如，催化作用或胶体化学；其有关设备）	152
9	C02F［水、废水、污水或污泥的处理（通过在物质中产生化学变化使有害的化学物质无害或降低危害的方法入 A62D 3/00；分离、沉淀箱或过滤设备入 B01D；有关处理水、废水或污水生产装置的水运容器的特殊设备，例如用于制备淡水入 B63J；为防止水的腐蚀用的添加物质入 C23F；放射性废液的处理入 G21F 9/04）］	136
10	H02J（供电或配电的电路装置或系统；电能存储系统）	122

资料来源：科技大数据湖北省重点实验室

表 3-105　2023 年甘肃省发明专利申请量优势企业和科研机构列表

序号	优势企业	发明专利申请量/件	序号	优势科研机构	发明专利申请量/件
1	金川集团股份有限公司	190	1	兰州大学	579
2	中核四〇四有限公司	184	2	兰州理工大学	405
3	国网甘肃省电力公司电力科学研究院	113	3	中国科学院兰州化学物理研究所	336
4	天华化工机械及自动化研究设计院有限公司	79	4	兰州交通大学	261
4	甘肃酒钢集团宏兴钢铁股份有限公司	79	5	甘肃农业大学	197
6	华能平凉发电有限责任公司	53	6	兰州空间技术物理研究所	195
7	国网甘肃省电力公司经济技术研究院	50	7	中国科学院近代物理研究所	193
8	华亭煤业集团有限责任公司	48	8	中国科学院西北生态环境资源研究院	168
9	中电万维信息技术有限责任公司	47	9	西北师范大学	119
10	华能陇东能源有限责任公司	46	10	中国农业科学院兰州兽医研究所	111
10	甘肃省安装建设集团有限公司	46	11	陇东学院	75
12	国网甘肃省电力公司	41	12	西北民族大学	72
12	华能酒泉风电有限公司	41	12	中国农业科学院兰州畜牧与兽药研究所	72
14	金川镍钴研究设计院有限责任公司	38	14	西北矿冶研究院	50
15	兰州科近泰基新技术有限责任公司	37	15	兰州石化职业技术大学	34
15	国网甘肃省电力公司信息通信公司	37	16	甘肃中医药大学	31
17	金川集团铜业有限公司	35	17	兰州城市学院	27

续表

序号	优势企业	发明专利申请量/件	序号	优势科研机构	发明专利申请量/件
18	兰州有色冶金设计研究院有限公司	31	17	兰州工业学院	27
19	中铁西北科学研究院有限公司	30	19	甘肃省科学院生物研究所	26
20	华能庆阳煤电有限责任公司	29	20	天水师范学院	23

资料来源：科技大数据湖北省重点实验室

3.3.20 江西省

2023 年，江西省基础研究竞争力指数为 46.3645，排名第 20 位。综合全省各学科论文数、被引量情况来看，江西省的基础研究优势学科为多学科材料、物理化学、多学科化学、环境科学、食品科学、应用物理学、化学工程、电子与电气工程、生物化学与分子生物学、应用化学等。多学科材料学科的高频词包括微观结构、机械性能、抗腐蚀性、石墨烯、稳定性等；物理化学学科的高频词包括光催化、吸附、异质结构、微观结构、锂离子电池等；多学科化学学科的高频词包括钙钛矿太阳能电池、稳定性、吸附、有机太阳能电池、合成等（表 3-106）。

表 3-106　2023 年江西省基础研究优势学科及高频词

序号	活跃学科	SCI 学科活跃度	高频词（词频）
1	多学科材料	6.34	微观结构（61）；机械性能（57）；抗腐蚀性（18）；石墨烯（14）；稳定性（12）；稀土（11）；硬度（11）；钙钛矿太阳能电池（11）；磁性能（9）；热稳定性（8）；共价有机框架（8）；氧化作用（8）；腐蚀行为（7）；有机太阳能电池（7）；晶界扩散（7）；分子动力学（6）；矫顽力（6）；强化机制（6）；事实智慧（6）；MXene 材料（6）；第一原理（6）；锂离子电池（6）；增材制造（5）；吸附（5）；纳米复合材料（5）；深度学习（5）；激光熔覆（5）；数值模拟（5）；热导率（5）；铝合金（5）
2	物理化学	4.44	光催化（32）；吸附（17）；异质结构（15）；微观结构（13）；锂离子电池（12）；钙钛矿太阳能电池（10）；金属有机框架（10）；密度泛函理论（9）；稳定性（9）；析氧反应（8）；机械性能（8）；电催化（8）；协同效应（7）；水分解（7）；阳极（7）；抗腐蚀性（6）；第一性原理计算（6）；有机太阳能电池（6）；静电纺丝（6）；密度泛函理论计算（6）；整体水分解（5）；铀（5）；矫顽力（5）；光催化制氢（5）；热稳定性（5）；浮选（5）；催化作用（5）；合成（5）；析氢反应（5）；析氢（5）
3	多学科化学	4.05	钙钛矿太阳能电池（15）；稳定性（11）；吸附（9）；有机太阳能电池（9）；合成（8）；金属有机框架（7）；氧化还原反应（7）；相变（7）；光致发光（6）；异质结构（6）；光催化（6）；细胞凋亡（6）；共价有机框架（5）；铁电性（5）
4	环境科学	3.82	吸附（19）；中国（16）；镉（16）；碳排放（14）；氧化应激（13）；气候变化（10）；铀（10）；鄱阳湖（9）；细胞凋亡（9）；微生物群落（9）；钼（8）；细颗粒物（7）；可持续发展（7）；数值模拟（7）；深度学习（6）；光催化（6）；可再生能源（6）；机制（5）；随机森林（5）；机器人操作系统（5）；景观模式（5）；斑马鱼（5）；遥感（5）；水稻（5）
5	食品科学	3.43	肠道微生物群（36）；理化性质（20）；发酵（13）；抗氧化活性（11）；益生菌（11）；过敏性（10）；结构（10）；氧化应激（9）；多糖类（9）；食品安全（8）；稳定性（8）；微观结构（8）；流变学（7）；乳液（7）；质谱联用（7）；挥发性化合物（7）；代谢组学（6）；热稳定性（5）；消化（5）；生物可利用性（5）；相互作用（5）；黄酮类化合物（5）；功能特性（5）；姜黄素（5）；大米蛋白（5）；多糖体（5）；可溶性膳食纤维（5）；卵清白蛋白（5）
6	应用物理学	3.43	极化敏感性（16）；微观结构（13）；机械性能（10）；钙钛矿太阳能电池（9）；有机太阳能电池（8）；深度学习（8）；石墨烯（8）；纳米复合材料（7）；稳定性（5）

续表

序号	活跃学科	SCI 学科活跃度	高频词（词频）
7	化学工程	3.26	吸附（33）；铀（16）；光催化（15）；氧空位（10）；共价有机框架（9）；废水处理（9）；金属有机框架（8）；生物炭（7）；数值模拟（6）；可见光（6）；四环素类药物（6）；电催化（5）；过硫酸盐（5）；过氧化氢硫酸盐（5）；稳定性（5）；细胞成像（5）；氮去除（5）
8	电子与电气工程	3.04	深度学习（21）；特征提取（18）；卷积神经网络（17）；极化敏感性（16）；注意力机制（11）；机器学习（10）；优化（7）；变压器（7）；图像重建（7）；计算模型（7）；训练（7）；交换机（7）；目标检测（6）；无线通信（6）；数学模型（6）；图像加密（6）；特征融合（6）；任务分析（6）；人工智能（6）；符号（5）；混沌系统（5）；图像处理（5）；石墨烯（5）；数据挖掘（5）
9	生物化学与分子生物学	2.9	细胞凋亡（15）；细胞自噬（11）；铁死亡（9）；氧化应激（9）；增殖（8）；骨关节炎（7）；分子对接（6）；SARS-CoV-2（6）；细胞焦亡（5）；相互作用（5）；壳聚糖（5）
10	应用化学	2.46	肠道微生物群（19）；过敏性（9）；结构（9）；Rare earths（8）；吸附（8）；稳定性（7）；多糖体（7）；壳聚糖（7）；多糖类（5）；抗炎活性（5）；相互作用（5）；细胞成像（5）

资料来源：科技大数据湖北省重点实验室

2023 年，综合本省各学科的发文数量和排名位次来看，2023 年江西省基础研究在全国范围内较为突出的学科为药物滥用、矿物加工、无机与核化学、食品科学、矿物学、核科学与技术、消化内科学与肝病学、航空航天工程、地质学、显微学等。

2023 年，江西省科学技术支出经费 244.3 亿元，全国排名第 11 位。截至 2023 年 12 月，江西省拥有全国重点实验室 3 个，省级重点实验室 241 个；拥有院士 7 位，全国排名第 24 位。

江西省发表 SCI 论文数量较多的学科为多学科材料、物理化学、多学科化学、环境科学、应用物理学、食品科学、电子与电气工程、生物化学与分子生物学、化学工程、药学与药理学（表 3-107）。江西省共有 17 个机构进入相关学科的 ESI 全球前 1%行列（表 3-108）；发明专利申请量共 20 186 件，全国排名第 18 位，发明专利申请量十强技术领域见表 3-109，发明专利申请量优势企业和科研机构见表 3-110。

表 3-107　2023 年江西省主要学科发文量、被引频次

序号	学科	论文数/篇（全国排名，省内排名）	被引次数/次（全国排名，省内排名）	篇均被引/次（全国排名，省内排名）	国际合作率（全国排名，省内排名）	国际合作度（全国排名，省内排名）
1	多学科材料	1179（22，1）	6565（22，1）	5.57（20，29）	0.12（25，104）	4.09（22，2）
2	物理化学	759（20，2）	5918（20，2）	7.8（20，12）	0.15（20，75）	3.52（20，4）
3	多学科化学	689（19，3）	4978（19，3）	7.22（14，12）	0.13（21，98）	3.38（19，5）
4	环境科学	670（22，4）	3795（20，5）	5.66（10，27）	0.18（16，63）	3.06（19，9）
5	应用物理学	594（23，5）	3277（21，8）	5.52（18，31）	0.14（15，88）	3.04（20，10）
6	食品科学	578（13，6）	3729（11，6）	6.45（3，21）	0.13（17，96）	2.96（14，13）
7	电子与电气工程	549（22，7）	1982（21，14）	3.61（12，72）	0.14（25，89）	2.1（25，24）
8	生物化学与分子生物学	515（19，8）	2047（19，13）	3.97（20，59）	0.11（23，113）	3.13（12，8）
9	化学工程	501（21，9）	4509（19，4）	9.0（3，8）	0.21（8，50）	2.81（19，15）
10	药学与药理学	391（19，10）	1331（17，19）	3.4（17，81）	0.07（27，137）	3.33（7，6）

续表

序号	学科	论文数/篇（全国排名，省内排名）	被引次数/次（全国排名，省内排名）	篇均被引/次（全国排名，省内排名）	国际合作率（全国排名，省内排名）	国际合作度（全国排名，省内排名）
11	应用化学	371（17，11）	2645（17，11）	7.13（15，16）	0.15（15，81）	4.09（7，3）
12	冶金	353（21，12）	1578（19，15）	4.47（23，46）	0.11（20，111）	3.18（14，7）
13	肿瘤学	345（18，13）	840（17，26）	2.43（22，123）	0.04（24，155）	1.86（18，35）
14	人工智能	306（21，14）	1493（20，16）	4.88（9，38）	0.26（26，35）	1.62（25，48）
15	能源与燃料	301（24，15）	2666（22，10）	8.86（2，9）	0.22（8，47）	1.78（25，39）
16	分析化学	301（20，15）	1420（20，18）	4.72（7，41）	0.07（20，130）	2.0（17，26）
17	凝聚态物理	300（20，17）	2403（20，12）	8.01（18，11）	0.15（21，84）	1.76（21，40）
18	纳米科学与技术	300（22，17）	2721（22，9）	9.07（16，7）	0.19（14，62）	2.83（21，14）
19	环境工程	295（20，19）	3339（19，7）	11.32（2，2）	0.25（11，38）	2.24（19，21）
20	植物学	293（22，20）	760（25，27）	2.59（28，115）	0.15（20，82）	1.1（29，83）

资料来源：科技大数据湖北省重点实验室

注：学科排序为发表的论文数量

表 3-108　2023 年江西省各研究机构进入 ESI 前 1% 的学科及排名

研究机构	综合	农业科学	生物学与生物化学	化学	临床医学	计算机科学	经济与商业	工程科学	环境生态学	地球科学	免疫学	材料科学	分子生物学与遗传学	神经科学与行为	药理学与毒理学	植物学与动物学	社会科学	机构进入 ESI 学科数
南昌大学	567	40	429	257	843	434	443	375	1034	1058	903	289	564	792	253	1454	1606	16
江西师范大学	1658	603	—	380	—	—	—	1523	1668	—	—	635	—	—	—	—	2202	6
江西理工大学	2038	—	—	869	—	—	—	1023	1891	—	—	473	—	—	—	—	—	4
南昌航空大学	2234	—	—	882	—	—	—	842	—	—	—	602	—	—	—	—	—	3
江西农业大学	2653	316	—	1771	—	—	—	2327	1451	—	—	—	—	—	—	588	—	5
东华理工大学	2852	—	—	1042	—	—	—	1679	1846	738	—	—	—	—	—	—	—	4
江西财经大学	2941	—	—	—	—	589	402	945	1811	—	—	—	—	—	—	—	1204	5
华东交通大学	3220	—	—	—	—	756	—	748	—	—	—	1206	—	—	—	—	—	3
江西科技师范大学	3580	—	—	1052	—	—	—	—	—	—	—	1285	—	—	—	—	—	2
江西中医药大学	4751	—	—	—	5524	—	—	—	—	—	—	—	—	—	536	—	—	2
赣南师范大学	5026	—	—	1358	—	—	—	—	—	—	—	—	—	—	—	—	—	1
景德镇陶瓷大学	6164	—	—	—	—	—	—	—	—	—	—	1337	—	—	—	—	—	1
赣南医学院	7449	—	—	—	4906	—	—	—	—	—	—	—	—	—	—	—	—	1
南昌工程学院	7671	—	—	—	—	—	—	1846	—	—	—	—	—	—	—	—	—	1
江西省肿瘤医院	7994	—	—	—	5420	—	—	—	—	—	—	—	—	—	—	—	—	1
南昌市疾病预防控制中心	8612	—	—	—	6011	—	—	—	—	—	—	—	—	—	—	—	—	1
江西省人民医院	8832	—	—	—	6212	—	—	—	—	—	—	—	—	—	—	—	—	1

表 3-109　2023 年江西省发明专利申请量十强技术领域

序号	IPC 号（技术领域）	发明专利申请量/件
1	G06F（电子数字数据处理）	1070
2	G01N（借助于测定材料的化学或物理性质来测试或分析材料）	800

续表

序号	IPC 号（技术领域）	发明专利申请量/件
3	H01L［半导体器件；其他类目中不包括的电固体器件（使用半导体器件的测量入 G01；一般电阻器入 H01C；磁体、电感器、变压器入 H01F；一般电容器入 H01G；电解型器件入 H01G9/00；电池组、蓄电池入 H01M；波导管、谐振器或波导型线路入 H01P；线路连接器、汇流器入 H01R；受激发射器件入 H01S；机电谐振器入 H03H；扬声器、送话器、留声机拾音器或类似的声机电传感器入 H04R；一般电光源入 H05B；印刷电路、混合电路、电设备的外壳或结构零部件、电气元件的组件的制造入 H05K；在具有特殊应用的电路中使用的半导体器件见应用相关的小类）］	699
4	B01D［分离（用湿法从固体中分离固体入 B03B、B03D，用风力跳汰机或摇床入 B03B，用其他干法入 B07；固体物料从固体物料或流体中的磁或静电分离，利用高压电场的分离入 B03C；离心机、涡旋装置入 B04B；涡旋装置入 B04C；用于从含液物料中挤出液体的压力机本身入 B30B 9/02）］	535
5	H01M（用于直接转变化学能为电能的方法或装置，例如电池组）	472
6	G06Q（专门适用于行政、商业、金融、管理、监督或预测目的的数据处理系统或方法；其他类目不包含的专门适用于行政、商业、金融、管理、监督或预测目的的处理系统或方法）	467
7	B29C［塑料的成型或连接；塑性状态材料的成型，不包含在其他类目中的；已成型产品的后处理，例如修整（制作预型件入 B29B 11/00；通过将原本不相连接的层结合成为各层连在一起的产品来制造层状产品入 B32B 7/00 至 B32B 41/00）］	412
8	A61K［医用、牙科用或梳妆用的配制品（专门适用于将药品制成特殊的物理或服用形式的装置或方法 A61J 3/00；空气除臭，消毒或灭菌，或者绷带、敷料、吸收垫或外科用品的化学方面，或材料的使用入 A61L；肥皂组合物入 C11D）］	407
9	G06V（图像、视频识别或理解）	397
10	B24B［用于磨削或抛光的机床、装置或工艺（用电蚀法入 B23H；磨料或有关喷射入 B24C；电解浸蚀或电解抛光入 C25F 3/00）；磨具磨损表面的修理或调节；磨削，抛光剂或研磨剂的进给］	393

资料来源：科技大数据湖北省重点实验室

表 3-110　2023 年江西省发明专利申请量优势企业和科研机构列表

序号	优势企业	发明专利申请量/件	序号	优势科研机构	发明专利申请量/件
1	江铃汽车股份有限公司	557	1	南昌大学	774
2	江西兆驰半导体有限公司	461	2	华东交通大学	464
3	国网江西省电力有限公司电力科学研究院	155	3	南昌航空大学	441
3	江西五十铃汽车有限公司	155	4	江西理工大学	301
5	江西洪都航空工业集团有限责任公司	132	5	江西师范大学	283
6	江西联益光学有限公司	100	6	中国直升机设计研究所	246
7	江西中烟工业有限责任公司	99	7	江西农业大学	166
8	晶科能源股份有限公司	98	8	中国科学院赣江创新研究院	144
9	江西联创电子有限公司	88	8	南昌工程学院	144
10	新余钢铁股份有限公司	82	10	东华理工大学	128
11	孚能科技（赣州）股份有限公司	67	11	赣南师范大学	101
12	江西昌河航空工业有限公司	59	12	景德镇陶瓷大学	100
13	中国电建集团江西省电力设计院有限公司	55	13	江西财经大学	87
13	江西兴泰科技股份有限公司	55	14	江西中医药大学	73
15	江西广源化工有限责任公司	51	15	江西科技学院	63
16	中铁九桥工程有限公司	48	16	九江学院	62

序号	优势企业	发明专利申请量/件	序号	优势科研机构	发明专利申请量/件
17	江西铜业技术研究院有限公司	47	16	江西科技师范大学	62
18	中国船舶重工集团公司第七〇七研究所九江分部	46	18	井冈山大学	57
18	崇义章源钨业股份有限公司	46	19	九江精密测试技术研究所	53
20	江西科骏实业有限公司	44	20	南昌工学院	50

资料来源：科技大数据湖北省重点实验室

3.3.21 云南省

2023 年，云南省基础研究竞争力指数为 45.2643，排名第 21 位。综合全省各学科论文数、被引量情况来看，云南省基础研究优势学科为多学科材料、环境科学、物理化学、植物学、多学科化学、化学工程、应用物理学、生物化学与分子生物学、电子与电气工程、能源与燃料等。多学科材料学科的高频词包括机械性能、微观结构、热导率、真空蒸馏、光催化等；环境科学学科的高频词包括重金属、吸附、气候变化、生物炭、中国等；物理化学学科的高频词包括析氧反应、离散傅里叶变换、吸附、光催化、异质结构等（表 3-111）。

表 3-111　2023 年云南省基础研究优势学科及高频词

序号	活跃学科	SCI 学科活跃度	高频词（词频）
1	多学科材料	6.62	机械性能（61）；微观结构（46）；热导率（18）；真空蒸馏（13）；光催化（13）；吸附（13）；析氧反应（11）；净化（10）；钙钛矿太阳能电池（10）；机器学习（10）；数值模拟（9）；第一性原理计算（8）；纳米粒子（8）；电子结构（7）；第一原理计算（7）；抗腐蚀性（7）；共价有机框架（7）；电导率（7）；分子动力学（7）；光致发光（6）；拉伸性能（5）；工业硅（5）；晶格畸变（5）；气体传感器（5）；稳定性（5）；热变形（5）；锂离子电池（5）
2	环境科学	4.56	重金属（27）；吸附（19）；气候变化（15）；生物炭（13）；中国（8）；退化（7）；溶解有机物（7）；富营养化（6）；土壤肥力（6）；毒性（6）；植物修复（6）；砷（6）；随机森林（6）；积累（5）；风险评估（5）；可持续发展（5）；光合作用（5）；密度泛函理论（5）；生物降解（5）；洱海盆地（5）；深度学习（5）；影响因素（5）；数值模拟（5）；细颗粒物（5）
3	物理化学	4.12	析氧反应（22）；离散傅里叶变换（17）；吸附（17）；光催化（16）；异质结构（10）；密度泛函理论（9）；氧空位（9）；锂离子电池（9）；析氢反应（8）；电催化剂（8）；浮选（8）；金属有机框架（8）；废水处理（6）；荧光传感器（6）；方解石（6）；反应机制（5）；深共熔溶剂（5）；工业硅（5）；钨石（5）；微观结构（5）；水分解（5）；腐蚀（5）；氧化还原反应（5）
4	植物学	4.09	分类学（46）；形态学（25）；系统发育（22）；三七（20）；中国（17）；转录组学（16）；1 个新物种（12）；新物种（12）；烟叶（10）；代谢组学（9）；分子系统发育（8）；根腐病（7）；系统发育分析（6）；抗炎活性（6）；云南省（6）；马铃薯（6）；烟草（6）；光合作用（6）；倍半萜类化合物（6）；遗传多样性（6）；叶绿体基因组（5）；多倍性（5）；夹竹桃科（5）；气候变化（5）；种子发芽（5）
5	多学科化学	3.92	吸附（12）；光催化（9）；超声波（7）；析氧反应（5）
6	化学工程	3.7	吸附（30）；浮选（17）；热解（9）；黄铜矿（9）；动力学（8）；生物柴油（7）；反应机制（7）；超声波（7）；机制（7）；蓝铜矿（6）；分离（6）；数值模拟（6）；四环素类药物（5）；镇静剂（5）；方铅矿（5）；流化床（5）；催化氧化（5）；浮选分离（5）；离散傅里叶变换（5）；密度泛函理论（5）

续表

序号	活跃学科	SCI 学科活跃度	高频词（词频）
7	应用物理学	3.57	机械性能（13）；微观结构（13）；真空蒸馏（11）；光催化（9）；析氧反应（8）；第一性原理计算（7）；热导率（7）；离散傅里叶变换（6）；数值模拟（6）；深度学习（6）；纳米粒子（5）；气体传感器（5）；吸附（5）
8	生物化学与分子生物学	3.05	细胞凋亡（18）；转录组学（11）；铁死亡（8）；倍半萜类化合物（7）；细胞自噬（7）；黄酮类化合物（7）；抗炎活性（6）；应用程序（6）；发炎（6）；代谢组学（5）；化学分类学（5）
9	电子与电气工程	2.85	深度学习（27）；特征提取（21）；图像融合（15）；卷积神经网络（13）；任务分析（12）；注意力机制（11）；变压器（10）；生成对抗性网络（10）；图像重建（9）；图像处理（9）；训练（8）；数学模型（8）；目标检测（7）；估算（7）；图像去噪（7）；数据模型（6）；特征融合（6）；预测模型（6）；优化（6）；遥感（6）；数据挖掘（5）；区块链（5）；传感器（5）；红外图像（5）；故障诊断（5）；可见光图像（5）
10	能源与燃料	2.82	数值模拟（11）；太阳能（10）；生物量（9）；生物柴油（9）；热解（8）；电催化（5）；机制（5）；钙钛矿太阳能电池（5）；动力学（5）；复合抛物面聚光器（5）

资料来源：科技大数据湖北省重点实验室

　　2023 年，综合本省各学科的发文数量和排名位次来看，2023 年云南省基础研究在全国范围内较为突出的学科为真菌学、进化生物学、生态学、天文学与天体物理、生物多样性保护、古生物学、矿物加工、林业、矿物学、病毒学等。

　　2023 年，云南省科学技术支出经费 61.33 亿元，全国排名第 24 位。截至 2023 年 12 月，云南省拥有国家重大科技基础设施 2 个，全国重点实验室 3 个，省级重点实验室 124 个，省实验室 5 个；拥有院士 12 位，全国排名第 19 位。

　　云南省发表 SCI 论文数量较多的学科为多学科材料、环境科学、植物学、物理化学、多学科化学、应用物理学、化学工程、生物化学与分子生物学、电子与电气工程、能源与燃料（表 3-112）。云南省共有 15 个机构进入相关学科的 ESI 全球前 1% 行列（表 3-113）；发明专利申请量共 12 493 件，全国排名第 21 位，发明专利申请量十强技术领域见表 3-114，发明专利申请量优势企业和科研机构见表 3-115。

表 3-112　2023 年云南省主要学科发文量、被引频次

序号	学科	论文数/篇（全国排名，省内排名）	被引次数/次（全国排名，省内排名）	篇均被引/次（全国排名，省内排名）	国际合作率（全国排名，省内排名）	国际合作度（全国排名，省内排名）
1	多学科材料	1097（24，1）	5411（24，1）	4.93（26，31）	0.13（24，106）	4.07（23，1）
2	环境科学	726（20，2）	3644（23，4）	5.02（20，24）	0.19（12，82）	2.86（20，7）
3	植物学	680（10，3）	1967（11，10）	2.89（26，98）	0.26（2，60）	3.26（10，3）
4	物理化学	624（23，4）	3937（24，2）	6.31（26，9）	0.15（24，102）	2.87（23，6）
5	多学科化学	612（23，5）	3025（22，2）	4.94（23，30）	0.16（10，93）	2.92（21，5）
6	应用物理学	558（24，6）	2514（24，2）	4.51（24，38）	0.1（27，123）	1.9（24，29）
7	化学工程	539（20，7）	3680（21，3）	6.83（25，7）	0.15（22，96）	2.48（21，12）
8	生物化学与分子生物学	473（21，8）	1921（20，11）	4.06（18，47）	0.14（10，105）	2.11（20，16）
9	电子与电气工程	459（24，9）	1287（24，16）	2.8（25，102）	0.13（26，107）	2.5（23，9）
10	能源与燃料	401（22，10）	2319（23，8）	5.78（28，12）	0.16（20，90）	2.36（20，13）
11	冶金	381（19，11）	1555（20，13）	4.08（28，45）	0.09（25，128）	1.87（23，31）

续表

序号	学科	论文数/篇（全国排名，省内排名）	被引次数/次（全国排名，省内排名）	篇均被引/次（全国排名，省内排名）	国际合作率（全国排名，省内排名）	国际合作度（全国排名，省内排名）
12	多学科	319（19，12）	1018（20，18）	3.19（20，87）	0.29（6，48）	1.3（24，68）
13	药学与药理学	303（22，13）	915（21，19）	3.02（22，90）	0.09（12，131）	1.4（26，60）
14	环境工程	298（19，14）	2519（22，6）	8.45（28，2）	0.22（19，78）	1.46（23，54）
15	凝聚态物理	274（23，15）	1430（23，14）	5.22（27，21）	0.14（24，104）	1.47（25，53）
16	食品科学	274（21，15）	1426（21，15）	5.2（20，22）	0.12（20，116）	1.92（21，28）
17	应用化学	262（20，17）	1606（21，12）	6.13（25，10）	0.11（26，119）	1.43（25，56）
18	绿色与可持续科技	247（18，18）	1172（18，17）	4.74（24，35）	0.19（21，84）	1.46（19，54）
19	人工智能	246（22，19）	863（24，20）	3.51（25，66）	0.22（28，73）	2.33（22，14）
20	微生物学	236（12，20）	656（15，22）	2.78（23，103）	0.12（20，113）	1.48（22，52）

资料来源：科技大数据湖北省重点实验室

注：学科排序为发表的论文数量

表 3-113　2023 年云南省各研究机构进入 ESI 前 1%的学科及排名

研究机构	综合	农业科学	生物学与生物化学	化学	临床医学	计算机科学	工程科学	环境生态学	地球科学	材料科学	分子生物学与遗传学	神经科学与行为	药理学与毒理学	植物学与动物学	机构进入 ESI 学科数
昆明理工大学	981	667	1277	475	4260	634	304	835	795	266	—	—	1130	943	11
云南大学	1426	1003	1508	673	—	563	1095	810	638	727	—	—	1074	664	10
中国科学院昆明植物研究所	1808	911	—	1374	—	—	1048	—	—	—	—	—	542	110	5
昆明医科大学	1898	—	1244	—	1369	—	—	—	—	—	980	974	717	—	5
中国科学院昆明动物研究所	2709	—	1325	—	6106	—	—	1639	—	—	744	—	—	1155	5
中国科学院西双版纳热带植物园	2771	1178	—	—	—	—	683	—	—	—	—	—	—	343	3
云南师范大学	3964	—	—	1461	—	—	1602	—	—	—	—	—	—	1712	3
云南农业大学	4384	676	—	—	—	—	—	—	—	—	—	—	—	686	2
西南林业大学	5056	—	—	—	—	—	1576	—	—	—	—	—	—	1044	2
云南省农业科学院	5152	954	—	—	—	—	—	—	—	—	—	—	—	889	2
云南民族大学	6479	—	—	1917	—	—	—	—	—	—	—	—	—	—	1
大理大学	7416	—	—	—	—	—	—	—	—	—	—	—	—	1100	1
云南省第一人民医院	7512	—	—	—	4978	—	—	—	—	—	—	—	—	—	1
曲靖师范学院	8847	—	—	—	—	—	—	—	—	—	—	—	—	1505	1
云南财经大学	8938	—	—	—	—	—	2344	—	—	—	—	—	—	—	1

表 3-114　2023 年云南省发明专利申请量十强技术领域

序号	IPC 号（技术领域）	发明专利申请量/件
1	G06F（电子数字数据处理）	993
2	G01N（借助于测定材料的化学或物理性质来测试或分析材料）	585
3	G06Q（专门适用于行政、商业、金融、管理、监督或预测目的的数据处理系统或方法；其他类目不包含的专门适用于行政、商业、金融、管理、监督或预测目的的处理系统或方法）	528
4	A01G［园艺；蔬菜、花卉、稻、果树、葡萄、啤酒花或海菜的栽培；林业；浇水（水果、蔬菜、啤酒花等类植物的采摘入 A01D46/00；繁殖单细胞藻类入 C12N1/12）］	434

续表

序号	IPC 号（技术领域）	发明专利申请量/件
5	A61K［医用、牙科用或梳妆用的配制品（专门适用于将药品制成特殊的物理或服用形式的装置或方法入 A61J 3/00；空气除臭，消毒或灭菌，或者绷带、敷料、吸收垫或外科用品的化学方面，或材料的使用入 A61L；肥皂组合物入 C11D）]	430
6	G01R［测量电变量；测量磁变量（指示谐振电路的正确调谐入 H03J3/12）]	409
7	C12N［微生物或酶；其组合物（杀生剂、害虫驱避剂或引诱剂，或含有微生物、病毒、微生物真菌、酶、发酵剂的植物生长调节剂，或从微生物或动物材料产生或提取制得的物质入 A01N63/00；药品入 A61K；肥料入 C05F）；繁殖、保藏或维持微生物；变异或遗传工程；培养基（微生物学的试验介质入 C12Q1/00）]	385
8	H02J（供电或配电的电路装置或系统；电能存储系统）	360
9	G06V（图像、视频识别或理解）	311
10	C22B［金属的生产或精炼（金属粉末或其悬浮物的制取入 B22F 9/00；电解法或电泳法生产金属入 C25）；原材料的预处理]	278

资料来源：科技大数据湖北省重点实验室

表 3-115　2023 年云南省发明专利申请量优势企业和科研机构列表

序号	优势企业	发明专利申请量/件	序号	优势科研机构	发明专利申请量/件
1	云南电网有限责任公司电力科学研究院	518	1	昆明理工大学	2588
2	华能澜沧江水电股份有限公司	488	2	云南大学	367
3	云南中烟工业有限责任公司	310	3	云南农业大学	260
4	云南电网有限责任公司	260	4	西南林业大学	178
5	红云红河烟草（集团）有限责任公司	225	5	云南师范大学	158
6	中国电建集团昆明勘测设计研究院有限公司	141	6	中国科学院昆明植物研究所	124
7	三峡金沙江云川水电开发有限公司	140	7	云南中医药大学	88
8	云南电网有限责任公司昆明供电局	114	8	云南省烟草农业科学研究院	79
9	红塔烟草（集团）有限责任公司	104	9	昆明医科大学	67
10	云南电网有限责任公司红河供电局	103	10	昆明学院	63
11	中国铁建高新装备股份有限公司	91	11	云南民族大学	61
12	云南电力试验研究院（集团）有限公司	75	12	大理大学	59
13	云南驰宏锌锗股份有限公司	71	13	云南省林业和草原科学院	57
14	云南电网有限责任公司玉溪供电局	70	14	昆明物理研究所	46
15	昆明冶金研究院有限公司	64	15	中国医学科学院医学生物学研究所	43
16	云南国钛金属股份有限公司	60	16	中国科学院昆明动物研究所	42
16	云南电网有限责任公司曲靖供电局	60	17	云南省农业科学院农业环境资源研究所	40
16	武钢集团昆明钢铁股份有限公司	60	18	云南省热带作物科学研究所	37
19	云南电网有限责任公司信息中心	58	19	云南省农业科学院热带亚热带经济作物研究所	36
20	中国南方电网有限责任公司超高压输电公司昆明局	52	20	云南省农业科学院花卉研究所	32

资料来源：科技大数据湖北省重点实验室

3.3.22　海南省

2023 年，海南省基础研究竞争力指数为 44.6894，排名第 22 位。综合全省各学科论文数、被引量情况来看，海南省的基础研究优势学科为环境科学、植物学、生物化学与分子生物学、多学科材料、食品科学、多学科化学、应用化学、物理化学、电子与电气工程、应用物理学等。环境科学学科的高频词包括重金属、海南岛、生态风险、气候变化、微塑料等；植物学学科的高频词包括木薯、基因表达、巴西橡胶树、非生物性应力、光合作用等；生物化学与分子生物学学科的高频词包括代谢组学、转录组学、分子对接、基因表达、转录组测序等（表 3-116）。

表 3-116　2023 年海南省基础研究优势学科及高频词

序号	活跃学科	SCI 学科活跃度	高频词（词频）
1	环境科学	5.28	重金属（10）；海南岛（9）；生态风险（7）；气候变化（6）；微塑料（6）；中国南海（6）；吸附（5）；机器学习（5）；细胞凋亡（5）；氧化应激（5）；土地利用（5）
2	植物学	4.66	木薯（14）；基因表达（10）巴西橡胶树（9）；非生物性应力（9）；光合作用（9）；代谢组学（9）；转录组学（7）；深度学习（6）；植原体（5）；杧果（5）；表达分析（5）；干旱胁迫（5）
3	生物化学与分子生物学	4.24	代谢组学（15）；转录组学（15）；分子对接（7）；基因表达（5）；转录组测序（5）
4	多学科材料	4.1	机械性能（9）；电催化剂（7）；微波吸收（6）；稳定性（5）；异质结构（5）；析氧反应（5）
5	食品科学	3.92	抗氧化活性（12）；代谢组学（10）；肠道微生物群（7）；稳定性（7）；分子对接（7）；冷害（6）；转录组学（6）；风味（5）
6	多学科化学	3.74	转录组学（8）；代谢组学（7）；基因表达（5）
7	应用化学	3.19	壳聚糖（7）；稳定性（6）；代谢组学（6）；海藻酸钠（5）；氢键（5）
8	物理化学	3.09	析氧反应（10）；异质结构（9）；稳定性（6）；电催化剂（6）；氧化还原反应（5）；光催化制氢（5）；锂离子电池（5）；超级电容器（5）
9	电子与电气工程	2.75	深度学习（11）；任务分析（6）；区块链（6）
10	应用物理学	2.72	深度学习（9）；区块链（5）

资料来源：科技大数据湖北省重点实验室

2023 年，综合本省各学科的发文数量和排名位次来看，2023 年海南省基础研究在全国范围内较为突出的学科为鸟类学、水生生物学、热带医学、渔业、劳动关系、园艺、湖沼生物学、男科、海洋学、海洋工程等。

2023 年，海南省科学技术支出经费 69.54 亿元，全国排名第 23 位。截至 2023 年 12 月，海南省拥有国家实验室 1 个，全国重点实验室 1 个，省级重点实验室 74 个，省实验室 2 个；拥有院士 3 位，全国排名第 25 位。

海南省发表 SCI 论文数量较多的学科为环境科学、植物学、生物化学与分子生物学、多学科材料、食品科学、多学科化学、应用化学、电子与电气工程、物理化学、应用物理学（表 3-117）。海南省共有 5 个机构进入相关学科的 ESI 全球前 1%行列（表 3-118）；发明专利申请量共 4681 件，全国排名第 28 位，发明专利申请量十强技术领域见表 3-119，发明专利申请量优势企业和科研机构见表 3-120。

表 3-117　2023 年海南省主要学科发文量、被引频次

序号	学科	论文数/篇（全国排名，省内排名）	被引次数/次（全国排名，省内排名）	篇均被引/次（全国排名，省内排名）	国际合作率（全国排名，省内排名）	国际合作度（全国排名，省内排名）
1	环境科学	304（28，1）	1777（27，1）	5.85（5，30）	0.31（1，53）	2.31（25，2）
2	植物学	279（24，2）	942（22，8）	3.38（16，72）	0.21（9，76）	1.62（25，19）
3	生物化学与分子生物学	247（26，3）	1050（25，7）	4.25（13，51）	0.1（27，120）	1.38（27，33）
4	多学科材料	226（29，4）	1407（28，3）	6.23（17，27）	0.19（5，86）	1.75（27，14）
5	食品科学	212（23，5）	1422（22，2）	6.71（2，22）	0.18（9，91）	1.53（27，22）
6	多学科化学	210（27，6）	1056（27，6）	5.03（22，42）	0.09（26，126）	1.55（28，21）
7	应用化学	161（25，7）	1193（24，5）	7.41（9，17）	0.14（18，105）	1.44（23，28）
8	电子与电气工程	154（28，8）	583（27，15）	3.79（7，66）	0.29（1，60）	2.0（26，3）
9	物理化学	146（29，9）	1285（28，4）	8.8（11，8）	0.17（13，92）	1.36（29，34）
10	应用物理学	146（29，9）	708（27，12）	4.85（21，45）	0.14（14，103）	1.6（26，20）
11	计算机信息系统	117（27，11）	311（26，26）	2.66（16，99）	0.41（1，41）	3.25（16，1）
12	药学与药理学	113（27，12）	318（27，24）	2.81（26，90）	0.11（4，118）	1.43（24，29）
13	聚合物学	100（26，13）	587（25，14）	5.87（3，29）	0.08（26，127）	1.2（25，42）
14	多学科	97（28，14）	259（28，30）	2.67（24，98）	0.23（12，73）	1.0（27，52）
15	纳米科学与技术	95（27，15）	800（26，9）	8.42（23，11）	0.15（24，95）	1.3（26，39）
16	分析化学	94（27，16）	398（26，20）	4.23（11，53）	0.16（1，94）	1.83（19，11）
17	遗传学	94（24，16）	178（27，40）	1.89（27，141）	0.08（18，129）	1.4（20，31）
18	化学工程	94（29，16）	640（29，13）	6.81（26，21）	0.14（25，104）	0.79（29，110）
19	微生物学	93（25，19）	197（28，36）	2.12（31，124）	0.08（28，128）	1.4（25，31）
20	能源与燃料	92（29，20）	752（27，11）	8.17（4，14）	0.3（2，55）	0.88（28，107）

资料来源：科技大数据湖北省重点实验室

注：学科排序为发表的论文数量

表 3-118　2023 年海南省各研究机构进入 ESI 前 1%的学科及排名

研究机构	综合	农业科学	生物学与生物化学	化学	临床医学	工程科学	环境生态学	材料科学	药理学与毒理学	植物学与动物学	社会科学	机构进入 ESI 学科数
海南大学	1351	251	1153	672	—	900	864	541	—	379	1573	8
中国热带农业科学院	3641	396	—	—	—	—	—	—	—	532	—	2
海南医学院	4411	—	—	—	2869	—	—	—	1115	—	—	2
海南省第三人民医院	5027	—	—	—	2868	—	—	—	—	—	—	1
海南师范大学	6375	—	—	1877	—	—	—	—	—	—	—	1

表 3-119　2023 年海南省发明专利申请量十强技术领域

序号	IPC 号（技术领域）	发明专利申请量/件
1	G06F［电子数字数据处理］	307
2	C12N［微生物或酶；其组合物（杀生剂、害虫驱避剂或引诱剂，或含有微生物、病毒、微生物真菌、酶、发酵物的植物生长调节剂，或从微生物或动物材料产生或提取制得的物质入 A01N63/00；药品入 A61K；肥料入 C05F）；繁殖、保藏或维持微生物；变异或遗传工程；培养基（微生物学的试验介质入 C12Q1/00）］	280

续表

序号	IPC 号（技术领域）	发明专利申请量/件
3	G01N（借助于测定材料的化学或物理性质来测试或分析材料）	262
4	A61K［医用、牙科用或梳妆用的配制品（专门适用于将药品制成特殊的物理或服用形式的装置或方法 A61J 3/00；空气除臭，消毒或灭菌，或者绷带、敷料、吸收垫或外科用品的化学方面，或材料的使用入 A61L；肥皂组合物入 C11D）］	251
5	G06Q（专门适用于行政、商业、金融、管理、监督或预测目的的数据处理系统或方法；其他类目不包含的专门适用于行政、商业、金融、管理、监督或预测目的的处理系统或方法）	244
6	A01G［园艺；蔬菜、花卉、稻、果树、葡萄、啤酒花或海菜的栽培；林业；浇水（水果、蔬菜、啤酒花等类植物的采摘入 A01D46/00；繁殖单细胞藻类入 C12N1/12）］	195
7	C12Q［包含酶、核酸或微生物的测定或检验方法（免疫检入 G01N33/53）；其所用的组合物或试纸；这种组合物的制备方法；在微生物学方法或酶学方法中的条件反应控制］	180
8	A23L［不包含在 A21D 或 A23B 至 A23J 小类中的食品、食料或非酒精饮料；它们的制备或处理，例如烹调、营养品质的改进、物理处理（不能为本小类完全包含的成型或加工入 A23P）；食品或食料的一般保存（用于烘焙的面粉或面团的保存入 A21D）］	120
9	A01K（畜牧业；禽类、鱼类、昆虫的管理；捕鱼；饲养或养殖其他类不包含的动物；动物的新品种）	112
10	H04L［数字信息的传输，例如电报通信（电报和电话通信的公用设备入 H04M）］	99

资料来源：科技大数据湖北省重点实验室

表 3-120　2023 年海南省发明专利申请量优势企业和科研机构列表

序号	优势企业	发明专利申请量/件	序号	优势科研机构	发明专利申请量/件
1	协鑫电港云科技（海南）有限公司	124	1	海南大学	754
2	海南电网有限责任公司电力科学研究院	66	2	中国热带农业科学院热带作物品种资源研究所	105
3	海南摩尔兄弟科技有限公司	52	3	海南师范大学	104
4	海南电网有限责任公司	51	4	武汉理工大学三亚科教创新园	87
5	华能海南发电股份有限公司东方电厂	49	5	海南医学院	85
6	中海石油（中国）有限公司海南分公司	42	6	东北石油大学三亚海洋油气研究院	64
7	海南华研胶原科技股份有限公司	30	7	浙江大学海南研究院	62
8	海南掌上能量传媒有限公司	29	8	中国热带农业科学院热带生物技术研究所	55
9	隆平生物技术（海南）有限公司	27	9	中国热带农业科学院橡胶研究所	48
10	海南贝欧亿科技有限公司	26	10	中国热带农业科学院三亚研究院	46
11	海南声智互联科技有限公司	21	10	海南科技职业大学	46
11	海南视联通信技术有限公司	21	12	中国热带农业科学院环境与植物保护研究所	42
13	中电科国海信通科技（海南）有限公司	20	13	海南省林业科学研究院（海南省红树林研究院）	41
14	中建八局（海南）建设有限公司	18	14	南京农业大学三亚研究院	38
15	华能海南发电股份有限公司海口电厂	17	15	中国科学院深海科学与工程研究所	31
15	海南波莲水稻基因科技有限公司	17	16	海南大学三亚南繁研究院	29
17	海南车智易通信息技术有限公司	16	16	海南热带海洋学院	29
18	华能海南昌江核电有限公司	13	16	海南省农业科学院畜牧兽医研究所	29
18	海南大蟒科技有限公司	13	19	中国海洋大学三亚海洋研究院	28

序号	优势企业	发明专利申请量/件	序号	优势科研机构	发明专利申请量/件
18	海南禄泰海洋生物科技有限公司	13	20	广州海洋地质调查局三亚南海地质研究所	24

资料来源：科技大数据湖北省重点实验室

3.3.23 河北省

2023 年，河北省基础研究竞争力指数为 43.3574，排名第 23 位。综合全省各学科论文数、被引量情况来看，河北省的基础研究优势学科为多学科材料、电子与电气工程、应用物理学、环境科学、物理化学、能源与燃料、多学科化学、化学工程、生物化学与分子生物学、冶金等。多学科材料学科的高频词包括机械性能、微观结构、数值模拟、微观结构演变、抗腐蚀性等；电子与电气工程学科的高频词包括深度学习、特征提取、注意力机制、故障诊断、传感器等；应用物理学学科的高频词包括微观结构、传感器、机械性能、深度学习、敏感度等（表 3-121）。

表 3-121 2023 年河北省基础研究优势学科及高频词

序号	活跃学科	SCI学科活跃度	高频词（词频）
1	多学科材料	6.5	机械性能（67）；微观结构（63）；数值模拟（15）；微观结构演变（12）；抗腐蚀性（11）；阳极（10）；光催化（10）；第一原理（8）；深度学习（8）；相变（8）；再结晶（8）；强化机制（7）；纳米复合材料（6）；冲击韧性（6）；氧化作用（6）；拉伸性能（5）；界面（5）；环氧树脂（5）；热导率（5）；纹理（5）；腐蚀（5）；锂离子电池（5）；非晶态材料（5）；支持向量回归（5）；M/A 成分（5）；抗压强度（5）；对电极（5）；卷积神经网络（5）；吸附（5）
2	电子与电气工程	4.95	深度学习（41）；特征提取（33）；注意力机制（25）；故障诊断（23）；传感器（20）；目标检测（16）；变压器（16）；卷积神经网络（13）；交换机（12）；电压控制（11）；单阶段目标检测算法（11）；预测模型（10）；优化（10）；电压（9）；数学模型（9）；数据挖掘（9）；启发式算法（9）；机器学习（8）；汽车动力学（8）；延迟（8）；控制系统（8）；区块链（8）；自适应控制（7）；训练（7）；语义学（7）；粒子群优化（7）；边缘计算（7）；逆变器（7）；可视化（7）
3	应用物理学	3.98	微观结构（22）；传感器（15）；机械性能（14）；深度学习（12）；敏感度（11）；特征提取（8）；注意力机制（8）；光催化（7）；卷积神经网络（7）；生成对抗性网络（6）；单阶段目标检测算法（5）；机器学习（5）；数值模拟（5）；联邦学习（5）；相变（5）；表面等离子体共振（5）；光学纤维传感器（5）；边缘计算（5）；光纤激光器（5）
4	环境科学	3.79	吸附（12）；中国（12）；重金属（11）；地下水（10）；污染源解析（10）；影响因素（9）；碳排放（9）；微塑料（8）；可持续发展（8）；PM₂颗粒物（5）；城市化（5）；氧化应激（5）；发炎（5）；水文地球化学（5）；风险评估（5）；随机森林（5）；绿色创新（5）；COVID-19（5）；细胞凋亡（5）
5	物理化学	3.61	析氧反应（15）；光催化（14）；微观结构（11）；吸附（11）；金属有机框架（10）；密度泛函理论（10）；机械性能（9）；异质结构（9）；密度泛函理论计算（8）；析氢反应（7）；氧空位（7）；氧化还原反应（7）；超级电容器（7）；电催化剂（6）；反应机制（6）；分子动力学（6）；表面等离子体共振（5）；染料敏化太阳能电池（5）；对电极（5）；水分解（5）；氢储存（5）
6	能源与燃料	3.25	综合能源系统（14）；电动汽车（9）；多目标优化（7）；故障诊断（7）；氢储存（6）；电化学性能（6）；碳排放（6）；热能储存（5）；析氧反应（5）

续表

序号	活跃学科	SCI学科活跃度	高频词（词频）
7	多学科化学	2.91	光催化（9）；深度学习（7）；吸附（6）；共价有机框架（5）；转录组学（5）；荧光（5）；数值模拟（5）；稳定性（5）；碳点（5）
8	化学工程	2.75	氧空位（11）；吸附（6）；光催化（6）；机制（6）；退化（6）；催化机理（5）；生物炭（5）；密度泛函理论计算（5）
9	生物化学与分子生物学	2.47	铁死亡（15）；发炎（14）；氧化应激（13）；细胞凋亡（12）；增殖（12）；细胞自噬（9）；宫颈癌（8）；转录组学（8）；外泌体（7）；磷脂酰肌醇3-激酶（6）；多糖类（6）；药代动力学（5）；乳腺癌（5）；代谢组学（5）
10	冶金	2.32	机械性能（42）；微观结构（42）；微观结构演变（11）；数值模拟（9）；纹理（7）；强化机制（7）；抗腐蚀性（6）；M/A成分（5）；高炉（5）；再结晶（5）；冲击韧性（5）；变形机制（5）；拉伸性能（5）；热处理（5）

资料来源：科技大数据湖北省重点实验室

2023年，综合本省各学科的发文数量和排名位次来看，2023年河北省基础研究在全国范围内较为突出的学科为医学检验技术、鸟类学、骨科学、内科学、古生物学、结合与补充医学、动物学、周围血管病、病理学、男科等。

2023年，河北省科学技术支出经费131.04亿元，全国排名第15位。截至2023年12月，河北省拥有国家重大科技基础设施2个，全国重点实验室4个，省级重点实验室355个，省实验室1个；拥有院士9位，全国排名第22位。

河北省发表SCI论文数量较多的学科为多学科材料、电子与电气工程、应用物理学、环境科学、物理化学、能源与燃料、多学科化学、生物化学与分子生物学、化学工程、药学与药理学（表3-122）。河北省共有14个机构进入相关学科的ESI全球前1%行列（表3-123）；发明专利申请量共28 929件，全国排名第15位，发明专利申请量十强技术领域见表3-124，发明专利申请量优势企业和科研机构见表3-125。

表3-122 2023年河北省主要学科发文量、被引频次

序号	学科	论文数/篇（全国排名，省内排名）	被引次数/次（全国排名，省内排名）	篇均被引/次（全国排名，省内排名）	国际合作率（全国排名，省内排名）	国际合作度（全国排名，省内排名）
1	多学科材料	1291（21，1）	5852（23，1）	4.53（27，29）	0.15（17，62）	5.16（20，1）
2	电子与电气工程	991（19，2）	3112（19，5）	3.14（20，77）	0.16（21，59）	3.79（19，3）
3	应用物理学	756（19，3）	3187（22，4）	4.22（25，38）	0.12（24，82）	3.7（19，5）
4	环境科学	713（21，4）	3098（25，6）	4.35（26，35）	0.12（30，83）	2.29（26，15）
5	物理化学	616（24，5）	4188（23，2）	6.8（23，8）	0.16（15，57）	3.43（21，6）
6	能源与燃料	545（20，6）	3579（19，3）	6.57（21，10）	0.11（27，96）	1.82（24，29）
7	多学科化学	513（25，7）	2468（25，8）	4.81（25，23）	0.13（20，73）	3.05（20，7）
8	生物化学与分子生物学	455（23，8）	1477（24，14）	3.25（27，69）	0.07（30，125）	1.47（26，54）
9	化学工程	424（22，9）	3012（24，7）	7.1（22，6）	0.13（27，71）	1.88（23，26）
10	药学与药理学	413（18，10）	827（22，28）	2.0（30，138）	0.03（30，157）	1.12（30，83）
11	冶金	410（17，11）	1550（21，12）	3.78（29，55）	0.11（21，92）	2.6（18，9）
12	多学科工程	388（17，12）	1158（17，17）	2.98（21，83）	0.08（25，119）	1.79（17，30）
13	计算机信息系统	388（18，12）	929（19，25）	2.39（21，113）	0.12（26，86）	1.88（22，25）

续表

序号	学科	论文数/篇（全国排名，省内排名）	被引次数/次（全国排名，省内排名）	篇均被引/次（全国排名，省内排名）	国际合作率（全国排名，省内排名）	国际合作度（全国排名，省内排名）
14	内科学	385（10，14）	385（15，49）	1.0（28，190）	0.02（29，166）	1.2（18，76）
15	人工智能	372（19，15）	1499（19，13）	4.03（22，43）	0.22（29，38）	3.79（17，4）
16	肿瘤学	356（17，16）	619（21，33）	1.74（29，157）	0.02（27，159）	1.25（24，69）
17	仪器与仪表	318（19，17）	1110（19，19）	3.49（15，63）	0.07（28，123）	2.0（20，19）
18	植物学	303（21，18）	930（23，24）	3.07（25，79）	0.11（29，90）	2.31（16，14）
19	纳米科学与技术	296（23，19）	2114（23，10）	7.14（26，5）	0.17（19，52）	2.39（22，11）
20	多学科	291（20，20）	587（25，37）	2.02（28，137）	0.15（23，63）	1.43（23，55）

资料来源：科技大数据湖北省重点实验室

注：学科排序为发表的论文数量

表 3-123　2023 年河北省各研究机构进入 ESI 前 1%的学科及排名

研究机构	综合	农业科学	生物学与生物化学	化学	临床医学	计算机科学	工程科学	环境生态学	免疫学	材料科学	分子生物学与遗传学	神经科学与行为	药理学与毒理学	植物学与动物学	机构进入 ESI 学科数
燕山大学	1166	—	—	627	—	403	280	1799	—	210	—	—	—	—	5
河北医科大学	1468	—	1002	—	958	—	—	—	1090	—	929	800	458	—	6
河北大学	1836	—	—	723	4259	—	1383	—	—	474	—	—	1174	1302	6
华北理工大学	2301	—	1198	1086	3220	—	1414	—	—	870	—	—	—	—	5
河北农业大学	2623	418	—	1380	—	—	2046	1464	—	—	—	—	—	625	5
河北科技大学	3206	—	—	1290	—	—	1456	—	—	1075	—	—	—	—	3
河北师范大学	3792	—	—	1230	—	—	2242	—	—	—	—	—	—	1226	3
河北工程大学	4461	—	—	—	—	—	1316	—	—	1414	—	—	—	—	2
石家庄铁道大学	5663	—	—	—	—	—	1231	—	—	—	—	—	—	—	1
河北省农林科学院	5828	1056	—	—	—	—	—	—	—	—	—	—	—	1174	2
河北省人民医院	6876	—	—	—	4367	—	—	—	—	—	—	—	—	—	1
沧州市中心医院	7413	—	—	—	4871	—	—	—	—	—	—	—	—	—	1
承德医学院	8134	—	—	—	5557	—	—	—	—	—	—	—	—	—	1
华北科技学院	8685	—	—	—	—	—	2249	—	—	—	—	—	—	—	1

表 3-124　2023 年河北省发明专利申请量十强技术领域

序号	IPC 号（技术领域）	发明专利申请量/件
1	G06F（电子数字数据处理）	1450
2	G01N（借助于测定材料的化学或物理性质来测试或分析材料）	1096
3	G06Q（专门适用于行政、商业、金融、管理、监督或预测目的的数据处理系统或方法；其他类目不包含的专门适用于行政、商业、金融、管理、监督或预测目的的处理系统或方法）	863
4	H02J（供电或配电的电路装置或系统；电能存储系统）	562

续表

序号	IPC 号（技术领域）	发明专利申请量/件
5	B01D［分离（用湿法从固体中分离固体入 B03B、B03D，用风力跳汰机或摇床入 B03B，用其他干法入 B07；固体物料从固体物料或流体中的磁或静电分离，利用高压电场的分离入 B03C；离心机、涡旋装置入 B04B；涡旋装置入 B04C；用于从含液物料中挤出液体的压力机本身入 B30B 9/02）］	537
6	G06V（图像、视频识别或理解）	483
7	G01R［测量电变量；测量磁变量（指示谐振电路的正确调谐入 H03J3/12）］	465
8	H04L［数字信息的传输，例如电报通信（电报和电话通信的公用设备入 H04M）］	461
9	B65G［运输或贮存装置，例如装载或倾卸用输送机、车间输送机系统或气动管道输送机（包装用的入 B65B；搬运薄的或细丝状材料如纸张或细丝入 B65H；起重机入 B66C；便携式或可移动的举升或牵引器具，如升降机入 B66D；用于装载或卸载目的的升降货物的装置，如叉车，入 B66F9/00；不包括在其他类目中的瓶子、罐、罐头、木桶、桶或类似容器的排空入 B67C9/00；液体分配或转移入 B67D；将压缩的、液化的或固体化的气体灌入容器或从容器内排出入 F17C；流体用管道系统入 F17D）］	438
10	B23K［钎焊或脱焊；焊接；用钎焊或焊接方法包覆或镀敷；局部加热切割，如火焰切割；用激光束加工（用金属的挤压来制造金属包覆产品入 B21C 23/22；用铸造方法制造衬套或包覆层入 B22D 19/08；用浸入方式的铸入 B22D 23/04；用烧结金属粉末制造复合层入 B22F 7/00；机床上的仿形加工或控制装置入 B23Q；不包含在其他类目中的包覆金属或金属包覆材料入 C23C；燃烧器入 F23D）］	425

资料来源：科技大数据湖北省重点实验室

表 3-125　2023 年河北省发明专利申请量优势企业和科研机构列表

序号	优势企业	发明专利申请量/件	序号	优势科研机构	发明专利申请量/件
1	长城汽车股份有限公司	1879	1	燕山大学	864
2	中国电子科技集团公司第五十四研究所	842	2	华北电力大学（保定）	375
3	首钢京唐钢铁联合有限责任公司	322	3	河北科技大学	292
4	中国二十二冶集团有限公司	313	4	石家庄铁道大学	279
5	云谷（固安）科技有限公司	309	5	河北工程大学	223
6	国网河北省电力有限公司电力科学研究院	201	6	河北农业大学	214
7	智慧互通科技股份有限公司	185	7	承德石油高等专科学校	197
8	中国电子科技集团公司第十三研究所	165	8	华北理工大学	179
9	国网河北省电力有限公司保定供电分公司	135	9	河北大学	159
10	中车唐山机车车辆有限公司	134	10	东北大学秦皇岛分校	127
11	河北光兴半导体技术有限公司	129	11	中国人民解放军陆军工程大学	103
12	国网河北省电力有限公司营销服务中心	128	12	河北师范大学	97
13	国网河北省电力有限公司超高压分公司	118	13	河北建筑工程学院	78
14	邯郸钢铁集团有限责任公司	117	14	唐山学院	75
15	国网河北省电力有限公司石家庄供电分公司	115	15	北华航天工业学院	72
16	首钢智新迁安电磁材料有限公司	111	16	河北化工医药职业技术学院	69
17	河北汉光重工有限责任公司	102	17	河北地质大学	64
18	国网河北省电力有限公司沧州供电分公司	99	18	石家庄学院	59
19	国网河北省电力有限公司经济技术研究院	89	19	河北工业职业技术学院	58
19	新兴铸管股份有限公司	89	20	河北科技师范学院	54

资料来源：科技大数据湖北省重点实验室

3.3.24 贵州省

2023 年，贵州省基础研究竞争力指数为 43.0813，排名第 24 位。综合全省各学科论文数、被引量情况来看，贵州省的基础研究优势学科为环境科学、多学科材料、多学科化学、生物化学与分子生物学、物理化学、植物学、食品科学、药学与药理学、能源与燃料、化学工程等。环境科学学科的高频词包括重金属、生物炭、喀斯特、汞、风险评估等；多学科材料学科的高频词包括机械性能、离散傅里叶变换、微观结构、合成、X 射线衍射等；多学科化学学科的高频词包括合成、离散傅里叶变换、抗真菌活性、抗菌活性、X 射线衍射等（见表 3-126）。

表 3-126　2023 年贵州省基础研究优势学科及高频词

序号	活跃学科	SCI 学科活跃度	高频词（词频）
1	环境科学	5.28	重金属（38）；生物炭（26）；喀斯特（26）；汞（18）；风险评估（13）；砷（13）；中国（11）；微塑料（11）；可持续发展（10）；氧化应激（10）；镉（9）；吸附（9）；甲基汞（9）；水稻（8）；气候变化（8）；影响因素（6）；水稻土壤（6）；酸性矿山排水（6）；溶解有机物（6）；微生物群落（5）；空气污染（5）；细菌群落（5）；绿色金融（5）；光催化（5）；土壤修复（5）
2	多学科材料	4.99	机械性能（33）；离散傅里叶变换（22）；微观结构（19）；合成（16）；X 射线衍射（11）；抗腐蚀性（9）；微波吸收（8）；分子动力学（8）；激光熔覆（8）；第一原理（8）；电子结构（6）；光学特性（6）；防冰（5）
3	多学科化学	4.32	合成（22）；离散傅里叶变换（22）；抗真菌活性（20）；抗菌活性（15）；X 射线衍射（12）；分子对接（10）；吸附（8）；晶体结构（6）；金属有机框架（6）；细胞凋亡（5）；细胞自噬（5）；转录组学（5）
4	生物化学与分子生物学	3.75	氧化应激（16）；细胞凋亡（12）；细胞自噬（12）；抗真菌活性（11）；抗菌活性（10）；分子对接（10）；转录组学（10）；网络药理学（8）；代谢组学（7）；铁死亡（7）；阿尔茨海默病（7）；MAPK（6）；机制（6）；合成（6）；细胞毒性（5）；增殖（5）；化学分类学（5）；黄酮类化合物（5）
5	物理化学	3.49	离散傅里叶变换（11）；优化（8）；密度泛函理论（8）；浮选（8）；分子动力学模拟（8）；燃料电池（7）；合成（6）；荧光探针（6）；氧空位（6）；析氢反应（6）；环状碳酸酯（6）；晶体结构（6）；光催化（6）；冲击波（5）；氢能（5）
6	植物学	3.13	转录组学（15）；分类学（11）；中国（9）；致病性（9）；干旱胁迫（9）；叶斑病（7）；转录组测序（7）；形态学（7）；新物种（6）；基因表达（6）；代谢组学（6）；花青素（5）；网络药理学（5）；玉米（5）；茶树（5）；马尾松（5）；喀斯特（5）；苦荞（5）
7	食品科学	2.77	分子对接（12）；相关性分析（11）；代谢组学（11）；抗氧化活性（7）；代谢物（7）；蛋白质组学（7）；发酵（6）；氧化应激（6）；质量（5）；相互作用（5）；3D-QSAR（5）
8	药学与药理学	2.65	氧化应激（13）；机制（11）；网络药理学（10）；细胞自噬（9）；发炎（8）；帕金森病（8）；细胞凋亡（8）；药代动力学（7）；铁死亡（6）；脓毒症（6）；癌症（5）；耐药性（5）；NRF2（5）；细胞焦亡（5）；乳腺癌（5）；阿尔茨海默病（5）
9	能源与燃料	2.63	优化（16）；生物量（11）；余热回收（10）；燃料电池（8）；多目标优化（8）；有机朗肯循环（7）；热性能（7）；机器学习（6）；微热光伏（5）；生物柴油（5）；氢能（5）
10	化学工程	2.57	优化（11）；吸附（8）；生物质转化（7）；生物量（7）；光催化（6）；深共熔溶剂（5）

资料来源：科技大数据湖北省重点实验室

2023 年，综合本省各学科的发文数量和排名位次来看，2023 年贵州省基础研究在全国范围内较为突出的学科为昆虫学、真菌学、地质学、林业、矿物学、进化生物学、法医学、动物学、矿物加工、晶体学等。

2023 年，贵州省科学技术支出经费 80.56 亿元，全国排名第 19 位。截至 2023 年 12 月，贵州省拥有国家重大科技基础设施 1 个，全国重点实验室 1 个，省级重点实验室 65 个；拥有院士 3 位，全国排名第 25 位。

贵州省发表 SCI 论文数量较多的学科为环境科学、多学科材料、多学科化学、生物化学与分子生物学、物理化学、植物学、药学与药理学、食品科学、能源与燃料、电子与电气工程（表 3-127）。贵州省共有 8 个机构进入相关学科的 ESI 全球前 1% 行列（表 3-128）；发明专利申请量共 11 954 件，全国排名第 23 位，发明专利申请量十强技术领域见表 3-129，发明专利申请量优势企业和科研机构见表 3-130。

表 3-127　2023 年贵州省主要学科发文量、被引频次

序号	学科	论文数/篇（全国排名，省内排名）	被引次数/次（全国排名，省内排名）	篇均被引/次（全国排名，省内排名）	国际合作率（全国排名，省内排名）	国际合作度（全国排名，省内排名）
1	环境科学	626（25，1）	3776（21，1）	6.03（4，23）	0.16（21，77）	2.39（24，6）
2	多学科材料	600（25，2）	3003（25，2）	5.0（25，42）	0.1（27，108）	1.65（29，23）
3	多学科化学	518（24，3）	2301（25，4）	4.44（26，57）	0.09（24，109）	2.18（24，7）
4	生物化学与分子生物学	456（22，4）	1521（23，9）	3.34（26，93）	0.12（18，100）	2.0（22，9）
5	物理化学	384（25，5）	2433（25，3）	6.34（25，22）	0.21（3，61）	2.07（24，8）
6	植物学	377（18，6）	1169（19，12）	3.1（22，101）	0.14（21，85）	1.71（23，20）
7	药学与药理学	307（21，7）	1090（20，13）	3.55（13，87）	0.08（20，118）	1.8（20，18）
8	食品科学	303（20，8）	1569（20，8）	5.18（21，37）	0.13（18，94）	1.38（29，46）
9	能源与燃料	260（25，9）	1860（25，6）	7.15（9，15）	0.49（1，21）	2.62（18，3）
10	电子与电气工程	259（26，10）	841（26，17）	3.25（19，97）	0.17（18，72）	1.17（30，61）
11	应用物理学	258（26，11）	1359（26，11）	5.27（20，35）	0.07（30，122）	1.55（27，29）
12	应用化学	248（21，12）	1367（22，10）	5.51（27，31）	0.17（13，71）	1.47（22，41）
13	化学工程	239（26，13）	1950（25，5）	8.16（11，8）	0.25（2，48）	1.79（24，19）
14	多学科	221（24，14）	618（22，21）	2.8（23，110）	0.22（14，59）	1.25（25，58）
15	应用数学	195（23，15）	651（16，20）	3.34（3，92）	0.22（9，60）	3.7（5，1）
16	人工智能	183（25，16）	927（23，16）	5.07（7，40）	0.43（9，29）	1.35（26，48）
17	农艺学	169（15，17）	587（14，24）	3.47（16，90）	0.14（26，91）	1.33（20，49）
18	微生物学	165（19，18）	611（17，22）	3.7（5，82）	0.21（4，62）	1.5（20，31）
19	环境工程	161（25，19）	1792（25，7）	11.13（3，4）	0.38（2，30）	1.68（22，21）
20	肿瘤学	160（23，20）	358（25，46）	2.24（24，126）	0.04（23，143）	1.17（25，62）

资料来源：科技大数据湖北省重点实验室

注：学科排序为发表的论文数量

表 3-128　2023 年贵州省各研究机构进入 ESI 前 1%的学科及排名

研究机构	综合	农业科学	生物学与生物化学	化学	临床医学	工程科学	环境生态学	地球科学	材料科学	药理学与毒理学	植物学与动物学	机构进入 ESI 学科数
贵州大学	1432	407	—	576	—	718	1047	969	810	—	339	7
中国科学院地球化学研究所	2428	—	—	—	—	2473	612	330	—	—	—	3
贵州医科大学	2936	—	1504	—	1981	—	—	—	—	616	—	3
遵义医科大学	3312	—	1440	—	2477	—	—	—	—	648	—	3
贵州省人民医院	5220	—	—	—	2999	—	—	—	—	—	—	1
贵州省农业科学院	5242	—	—	—	—	—	—	—	—	—	640	1
贵州师范大学	6424	—	—	—	—	—	1372	—	—	—	—	1
贵州省疾病预防控制中心	8677	—	—	—	6067	—	—	—	—	—	—	1

表 3-129　2023 年贵州省发明专利申请量十强技术领域

序号	IPC 号（技术领域）	发明专利申请量/件
1	G06F（电子数字数据处理）	994
2	G01N（借助于测定材料的化学或物理性质来测试或分析材料）	522
3	G06Q（专门适用于行政、商业、金融、管理、监督或预测目的的数据处理系统或方法；其他类目不包含的专门适用于行政、商业、金融、管理、监督或预测目的的处理系统或方法）	489
4	H04L［数字信息的传输，例如电报通信（电报和电话通信的公用设备入 H04M）］	329
5	H02J（供电或配电的电路装置或系统；电能存储系统）	313
6	A61B［诊断；外科；鉴定（分析生物材料入 G01N，如 G01N 33/48）］	306
7	A01G［园艺；蔬菜、花卉、稻、果树、葡萄、啤酒花或海菜的栽培；林业；浇水（水果、蔬菜、啤酒花等类植物的采摘入 A01D46/00；繁殖单细胞藻类入 C12N1/12）］	286
8	G01R［测量电变量；测量磁变量（指示谐振电路的正确调谐入 H03J3/12）］	285
9	A61K［医用、牙科用或梳妆用的配制品（专门适用于将药品制成特殊的物理或服用形式的装置或方法 A61J 3/00；空气除臭，消毒或灭菌，或者绷带、敷料、吸收垫或外科用品的化学方面，或材料的使用入 A61L；肥皂组合物入 C11D）］	277
10	A61M［将介质输入人体内或输到人体上的器械（将介质输入动物体内或输入到动物体上的器械入 A61D7/00；用于插入棉塞的装置入 A61F13/26；喂饲食物或口服药物用的器具入 A61J；用于收集、贮存或输注血液或医用液体的容器入 A61J1/05）；为转移人体介质或为从人体内取出介质的器械（外科用的入 A61B，外科用品的化学方面入 A61L；将磁性元件放入体内进行磁疗的入 A61N2/10）；用于产生或结束睡眠或昏迷的器械］	217

资料来源：科技大数据湖北省重点实验室

表 3-130　2023 年贵州省发明专利申请量优势企业和科研机构列表

序号	优势企业	发明专利申请量/件	序号	优势科研机构	发明专利申请量/件
1	贵州电网有限责任公司	1931	1	贵州大学	893
2	华为云计算技术有限公司	414	2	六盘水师范学院	133
3	中国电建集团贵阳勘测设计研究院有限公司	217	3	茅台学院	122
4	贵州乌江水电开发有限责任公司	172	4	贵州师范大学	96

续表

序号	优势企业	发明专利申请量/件	序号	优势科研机构	发明专利申请量/件
5	中国航发贵州黎阳航空动力有限公司	156	5	中国航发贵阳发动机设计研究所	93
6	中电科大数据研究院有限公司	69	6	遵义医科大学	91
7	贵州航天天马机电科技有限公司	65	7	贵州医科大学	88
8	贵州梅岭电源有限公司	63	8	贵州民族大学	72
9	贵州航天电器股份有限公司	59	9	铜仁学院	62
9	贵阳航空电机有限公司	59	10	贵州中医药大学	60
11	贵阳铝镁设计研究院有限公司	58	11	贵州轻工职业技术学院	58
12	贵州白山云科技股份有限公司	55	11	遵义师范学院	58
12	中铁五局集团有限公司	55	13	贵州理工学院	57
14	贵州中烟工业有限责任公司	54	14	贵阳学院	56
15	中国水利水电第九工程局有限公司	52	14	贵州省烟草科学研究院	56
16	贵州茅台酒股份有限公司	50	16	中国科学院地球化学研究所	52
17	中国电建集团贵州工程有限公司	45	17	贵州师范学院	49
18	中国电建集团贵州电力设计研究院有限公司	41	18	贵州省材料产业技术研究院	41
18	瓮福（集团）有限责任公司	41	19	贵州工程应用技术学院	37
18	贵州航天控制技术有限公司	41	20	贵州航天计量测试技术研究所	29

资料来源：科技大数据湖北省重点实验室

3.3.25 新疆维吾尔自治区

2023 年，新疆维吾尔自治区基础研究竞争力指数为 42.9452，排名第 25 位。综合全区各学科论文数、被引量情况来看，新疆维吾尔自治区的基础研究优势学科为环境科学、多学科材料、多学科化学、应用物理学、物理化学、植物学、电子与电气工程、化学工程、能源与燃料、绿色与可持续科技等。环境科学学科的高频词包括气候变化、新疆、中国、遥感、土壤湿度等；多学科材料学科的高频词包括机械性能、光催化、异质结构、非线性光学材料、深度学习等；多学科化学学科的高频词包括深度学习、注意力机制、双折射、光催化（表 3-131）。

表 3-131 2023 年新疆维吾尔自治区基础研究优势学科及高频词

序号	活跃学科	SCI 学科活跃度	高频词（词频）
1	环境科学	6.63	气候变化（25）；新疆（18）；中国（12）；遥感（12）；土壤湿度（11）；土壤盐碱化（11）；干旱地区（10）；数字经济（9）；中亚（9）；碳排放（8）；可持续发展（8）；干旱（7）；数值模拟（7）；塔里木河流域（7）；生态系统服务（7）；生物炭（7）；机器学习（6）；人类活动（6）；驱动因素（6）；乌鲁木齐（6）；土壤（6）；土地利用（6）；绿色技术创新（6）；PLUS 模型（6）；氟化物（5）；COVID-19（5）；吸附（5）；天山山脉（5）；随机森林（5）
2	多学科材料	5.58	机械性能（8）；光催化（8）；异质结构（8）；非线性光学材料（7）；深度学习（7）；微观结构（7）；吸附（6）；超级电容器（6）；氧化锌（5）；多孔碳（5）
3	多学科化学	4.17	深度学习（6）；注意力机制（6）；双折射（6）；光催化（5）
4	应用物理学	3.84	异质结构（11）；光催化（8）；微观结构（8）；深度学习（8）；激光熔覆（6）；注意力机制（6）；非线性光学材料（5）；超级电容器（5）

续表

序号	活跃学科	SCI 学科活跃度	高频词（词频）
5	物理化学	3.66	光催化（13）；超级电容器（12）；氧空位（9）；析氢反应（8）；异质结构（7）；密度泛函理论（7）；整体水分解（6）；多孔碳（6）；吸附（6）；水分解（6）；煤炭（5）；析氧反应（5）
6	植物学	3.55	棉花（25）；干旱胁迫（11）；番茄（11）；陆地棉（10）；盐胁迫（10）；产量（9）；干旱（9）；非生物性应力（7）；光合作用（7）；基因表达（6）；抗旱性（6）；氮素（6）；网络药理学（6）；转录组学（6）
7	电子与电气工程	3.19	目标检测（16）；深度学习（15）；注意力机制（15）；卷积神经网络（14）；变压器（14）；特征提取（11）；遥感（9）；优化（7）；卷积（6）；训练（6）；计算机视觉（5）；图像分割（5）；语义学（5）；任务分析（5）；遥感图像（5）；传感器（5）
8	化学工程	2.9	超级电容器（6）；光催化（6）；多孔碳（6）；数值模拟（5）；生物量（5）
9	能源与燃料	2.8	数值模拟（7）；可再生能源（6）；超级电容器（5）；准噶尔盆地（5）；生物量（5）
10	绿色与可持续科技	2.31	中国（7）；数字经济（7）；可持续发展（5）

资料来源：科技大数据湖北省重点实验室

2023 年，综合本省各学科的发文数量和排名位次来看，2023 年新疆维吾尔自治区基础研究在全国范围内较为突出的学科为石油工程、寄生物学、解剖学、天文学与天体物理、热带医学、农艺学、生物多样性保护、地质学、骨科学、林业等。

2023 年，新疆维吾尔自治区科学技术支出经费 53.9 亿元，全国排名第 26 位。截至 2023 年 12 月，新疆维吾尔自治区拥有国家重大科技基础设施 3 个，全国重点实验室 1 个，省级重点实验室 134 个；拥有院士 10 位，全国排名第 21 位。

新疆维吾尔自治区发表 SCI 论文数量较多的学科为环境科学、多学科材料、多学科化学、应用物理学、植物学、物理化学、电子与电气工程、化学工程、能源与燃料、生物化学与分子生物学（表 3-132）。新疆维吾尔自治区共有 9 个机构进入相关学科的 ESI 全球前 1% 行列（表 3-133）；发明专利申请量共 5484 件，全国排名第 27 位，发明专利申请量十强技术领域见表 3-134，发明专利申请量优势企业和科研机构见表 3-135。

表 3-132 2023 年新疆维吾尔自治区主要学科发文量、被引频次

序号	学科	论文数/篇（全国排名，区内排名）	被引次数/次（全国排名，区内排名）	篇均被引/次（全国排名，区内排名）	国际合作率（全国排名，区内排名）	国际合作度（全国排名，区内排名）
1	环境科学	650（24，1）	3735（22，1）	5.75（9，21）	0.16（24，39）	1.9（28，13）
2	多学科材料	552（26，2）	2466（26，2）	4.47（28，41）	0.11（26，67）	1.86（26，14）
3	多学科化学	404（26，3）	1642（26，4）	4.06（29，46）	0.1（23，74）	2.07（26，2）
4	应用物理学	368（25，4）	1486（25，5）	4.04（27，48）	0.1（25，73）	1.33（29，29）
5	植物学	351（19，5）	997（20，9）	2.84（27，78）	0.17（14，32）	1.95（19，12）
6	物理化学	323（26，6）	2037（26，3）	6.31（27，12）	0.12（27，64）	1.56（27，19）
7	电子与电气工程	313（25，7）	870（25，11）	2.78（26，83）	0.11（28，68）	1.57（28，18）
8	化学工程	252（25，8）	1348（26，7）	5.35（30，25）	0.12（28，62）	1.5（27，21）
9	能源与燃料	234（26，9）	1407（26，6）	6.01（25，15）	0.12（24，60）	1.0（27，43）
10	生物化学与分子生物学	201（27，10）	506（28，21）	2.52（30，96）	0.12（17，65）	1.64（24，17）

续表

序号	学科	论文数/篇（全国排名，区内排名）	被引次数/次（全国排名，区内排名）	篇均被引/次（全国排名，区内排名）	国际合作率（全国排名，区内排名）	国际合作度（全国排名，区内排名）
11	多学科地球科学	190（20，11）	721（20，14）	3.79（9，55）	0.21（20，24）	1.41（24，26）
12	绿色与可持续科技	184（23，12）	1052（22，8）	5.72（11，22）	0.12（28，55）	1.0（26，43）
13	多学科	182（26，13）	356（27，34）	1.96（29，131）	0.06（30，95）	0.33（30，119）
14	环境研究	181（19，14）	837（18，12）	4.62（11，38）	0.14（29，43）	1.0（26，43）
15	应用数学	178（24，15）	366（23，32）	2.06（10，117）	0.07（30，88）	1.17（28，37）
16	农艺学	174（14，16）	496（20，22）	2.85（29，77）	0.09（30，78）	2.0（11，3）
17	食品科学	171（26，17）	695（27，17）	4.06（29，47）	0.05（30，103）	1.8（23，15）
18	计算机信息系统	156（25，18）	404（24，28）	2.59（17，93）	0.1（27，72）	1.5（26，21）
19	人工智能	145（26，19）	453（26，23）	3.12（27，68）	0.13（31，52）	1.12（30，40）
20	水资源	144（21，20）	565（20，19）	3.92（19，53）	0.13（26，54）	0.88（30，92）

资料来源：科技大数据湖北省重点实验室

注：学科排序为发表的论文数量

表 3-133　2023 年新疆维吾尔自治区各研究机构进入 ESI 前 1% 的学科及排名

研究机构	综合	农业科学	化学	临床医学	计算机科学	工程科学	环境生态学	地球科学	材料科学	数学	药理学与毒理学	植物学与动物学	社会科学	机构进入 ESI 学科数
新疆大学	1683	—	835	—	650	745	966	916	700	5	—	—	1678	8
石河子大学	1919	352	758	3688	—	1696	1491	—	1136	—	—	1057		7
中国科学院新疆生态与地理研究所	2081	753	—	—	—	2074	539	339	—	—	—	1100		5
新疆医科大学	2643	—	—	1344	—	—	—	—	—	—	925	—		2
中国科学院新疆物理与化学技术研究所	2849	—	727	—	—	—	—	—	1085	—	—	—		2
喀什大学医学科学学院	3685	—	—	2196	—	—	—	—	—	—	—	—		1
新疆农业大学	5889	970	—	—	—	—	—	—	—	—	—	1279		2
新疆农业科学院	6451	971	—	—	—	—	—	—	—	—	—	1610		2
新疆维吾尔自治区人民医院	8888	—	—	6261	—	—	—	—	—	—	—	—		—

表 3-134　2023 年新疆维吾尔自治区发明专利申请量十强技术领域

序号	IPC 号（技术领域）	发明专利申请量/件
1	G01N（借助于测定材料的化学或物理性质来测试或分析材料）	275
2	G06F（电子数字数据处理）	267
3	G06Q（专门适用于行政、商业、金融、管理、监督或预测目的的数据处理系统或方法；其他类不包含的专门适用于行政、商业、金融、管理、监督或预测目的的处理系统或方法）	216
4	A01G［园艺；蔬菜、花卉、稻、果树、葡萄、啤酒花或海菜的栽培；林业；浇水（水果、蔬菜、啤酒花等类植物的采摘入 A01D46/00；繁殖单细胞藻类入 C12N1/12）］	212
5	H02J（供电或配电的电路装置或系统；电能存储系统）	165

序号	IPC 号（技术领域）	发明专利申请量/件
6	B01D［分离（用湿法从固体中分离固体入 B03B、B03D，用风力跳汰机或摇床入 B03B，用其他干法入 B07；固体物料从固体物料或流体中的磁或静电分离，利用高压电场的分离入 B03C；离心机、涡旋装置入 B04B；涡旋装置入 B04C；用于从含液物料中挤出液体的压力机本身入 B30B 9/02）］	141
7	A61K［医用、牙科用或梳妆用的配制品（专门适用于将药品制成特殊的物理或服用形式的装置或方法 A61J 3/00；空气除臭，消毒或灭菌，或者绷带、敷料、吸收垫或外科用品的化学方面，或材料的使用入 A61L；肥皂组合物入 C11D）］	136
8	G01R［测量电变量；测量磁变量（指示谐振电路的正确调谐入 H03J3/12）］	127
9	C12N［微生物或酶；其组合物（杀生剂、害虫驱避剂或引诱剂，或含有微生物、病毒、微生物真菌、酶、发酵物的植物生长调节剂，或从微生物或动物材料产生或提取制得的物质入 A01N63/00；药品入 A61K；肥料入 C05F）；繁殖、保藏或维持微生物；变异或遗传工程；培养基（微生物学的试验介质入 C12Q1/00）］	124
10	C02F［水、废水、污水或污泥的处理（通过在物质中产生化学变化使有害的化学物质无害或降低危害的方法入 A62D 3/00；分离、沉淀箱或过滤设备入 B01D；有关处理水、废水或污水生产装置的水运容器的特殊设备，例如用于制备淡水入 B63J；为防止水的腐蚀用的添加物质入 C23F；放射性废液的处理入 G21F 9/04）］	116

资料来源：科技大数据湖北省重点实验室

表 3-135　2023 年新疆维吾尔自治区发明专利申请量优势企业和科研机构列表

序号	优势企业	发明专利申请量/件	序号	优势科研机构	发明专利申请量/件
1	国网新疆电力有限公司电力科学研究院	172	1	石河子大学	385
2	新疆八一钢铁股份有限公司	113	2	新疆大学	297
3	新特能源股份有限公司	98	3	新疆农业大学	178
4	新疆金风科技股份有限公司	83	4	塔里木大学	172
5	国网新疆电力有限公司信息通信公司	62	5	中国科学院新疆理化技术研究所	124
6	新疆敦华绿碳技术股份有限公司	55	6	新疆农垦科学院	66
7	国网新疆电力有限公司昌吉供电公司	50	7	中国科学院新疆生态与地理研究所	58
8	国网新疆电力有限公司乌鲁木齐供电公司	48	8	新疆理工学院	53
9	国网新疆电力有限公司哈密供电公司	45	9	新疆工程学院	37
10	华能新疆能源开发有限公司新能源东疆分公司	44	10	新疆医科大学	30
10	国家能源集团新疆能源有限责任公司	44	11	新疆农业科学院土壤肥料与农业节水研究所（新疆维吾尔自治区新型肥料研究中心）	28
10	国网新疆电力有限公司阿克苏供电公司	44	12	新疆农业科学院农业机械化研究所	27
13	中建新疆建工（集团）有限公司	41	13	伊犁师范大学	20
14	国网新疆电力有限公司超高压分公司	36	14	新疆畜牧科学院畜牧研究所	18
15	新疆天业（集团）有限公司	35	15	新疆农业科学院植物保护研究所	15
16	国网新疆电力有限公司阿勒泰供电公司	33	15	新疆农业职业技术学院	15
17	国网新疆电力有限公司吐鲁番供电公司	32	17	新疆维吾尔自治区计量测试研究院	14
17	金风科技股份有限公司	32	18	新疆水利水电科学研究院	13
19	新疆天池能源有限责任公司	31	19	中国科学院新疆天文台	11
20	国网新疆电力有限公司营销服务中心（资金集约中心、计量中心）	30	19	喀什大学	11

资料来源：科技大数据湖北省重点实验室

3.3.26 广西壮族自治区

2023年，广西壮族自治区基础研究竞争力指数为42.3306，排名第26位。综合全区各学科论文数、被引量情况来看，广西壮族自治区的基础研究优势学科为多学科材料、电子与电气工程、物理化学、应用物理学、环境科学、多学科化学、化学工程、生物化学与分子生物学、纳米科学与技术、能源与燃料等。多学科材料学科的高频词包括机械性能、摩擦电纳米发电机、微观结构、石墨烯、抗腐蚀性等；电子与电气工程学科的高频词包括深度学习、卷积神经网络、特征提取、传感器、分析模型等；物理化学学科的高频词包括摩擦电纳米发电机、锂离子电池、氧空位、超级电容器、异质结构等（表3-136）。

表3-136　2023年广西壮族自治区基础研究优势学科及高频词

序号	活跃学科	SCI学科活跃度	高频词（词频）
1	多学科材料	7.4	机械性能（51）；摩擦电纳米发电机（45）；微观结构（40）；石墨烯（16）；抗腐蚀性（15）；光催化（14）；锂离子电池（14）；纤维素（13）；深度学习（13）；超级电容器（12）；稳定性（12）；能量收集（11）；热导率（9）；电化学性能（9）；MXene材料（9）；注意力机制（9）；腐蚀（8）；耐撞性（8）；镁合金（8）；氢储存（7）；磁性能（7）；吸附（7）；能量吸收（6）；摩擦电材料（6）；发光（6）；流变性质（6）；数值模拟（6）；光学特性（5）；水热法（5）；能量存储（5）
2	电子与电气工程	4.27	深度学习（50）；卷积神经网络（23）；特征提取（19）；传感器（15）；分析模型（12）；深度强化学习（11）；任务分析（11）；变压器（11）；训练（10）；数学模型（10）；物联网（9）；安全性（9）；图像处理（9）；估算（8）；老化（8）；电力变压器绝缘（8）；机器学习（7）；可视化（7）；油绝缘（7）；数据模型（7）；油（7）；优化（7）；目标检测（6）；神经网络（6）；交换机（6）；计算模型（6）；负载建模（6）；超表面（6）；预测模型（6）
3	物理化学	4.27	摩擦电纳米发电机（27）；锂离子电池（14）；氧空位（14）；超级电容器（13）；异质结构（12）；纤维素（12）；析氢反应（11）；微观结构（9）；密度泛函理论（9）；氢储存（8）；吸附（8）；光催化降解（8）；光催化（8）；石墨烯（8）；机械性能（8）；阳极材料（8）；电催化（7）；离散傅里叶变换（7）；晶体结构（7）；催化剂（7）；四环素类药物（6）；锌空气电池（6）；析氧反应（6）；能量收集（6）；能量存储（6）；电化学性能（5）；二氧化钛（5）；MXene材料（5）；金属有机框架（5）；阳极（5）
4	应用物理学	4.24	摩擦电纳米发电机（29）；微观结构（15）；深度学习（14）；抗腐蚀性（13）；机械性能（13）；传感器（11）；纤维素（11）；注意力机制（10）；超表面（10）；石墨烯（9）；光催化（8）；超级电容器（6）；吸附（6）；机器学习（6）；电力变压器绝缘（5）；电子结构（5）；油（5）；离散傅里叶变换（5）；老化（5）；敏感度（5）；深度强化学习（5）；摩擦电材料（5）；锂离子电池（5）；能量收集（5）
5	环境科学	3.86	吸附（20）；镉（15）；水稻（15）；微塑料（12）；可持续发展（11）；微生物群落（11）；重金属（11）；气候变化（10）；生物炭（10）；中国（10）；氧化应激（9）；中国南海（8）；风险评估（6）；北部湾（6）；移除（6）；堆肥（6）；深度学习（5）；机器学习（5）；数值模拟（5）；抗生素耐药基因（5）；锦葵科（5）；碳中和（5）
6	多学科化学	3.66	光催化（11）；注意力机制（9）；深度学习（9）；摩擦电纳米发电机（9）；合成（6）；纤维素（6）；锂离子电池（5）；抗氧化剂（5）；吸附（5）；抗炎症（5）；机械性能（5）；氧化石墨烯（5）
7	化学工程	2.88	吸附（23）；氧空位（9）；异质结构（8）；MXene材料（7）；锂离子电池（6）；二氧化碳光还原（6）；超级电容器（6）；协同效应（5）；电子转移（5）；密度泛函理论计算（5）
8	生物化学与分子生物学	2.77	细胞凋亡（18）；分子对接（10）；生物标志化合物（10）；细胞自噬（9）；预后（9）；水稻（8）；发炎（8）；壳聚糖（8）；铁死亡（8）；肝癌（8）；抗氧化剂（7）；抗炎症（7）；抗肿瘤活性（6）；机器人操作系统（6）；姜黄素（6）；合成（5）；肝细胞癌（5）

续表

序号	活跃学科	SCI 学科活跃度	高频词（词频）
9	纳米科学与技术	2.73	摩擦电纳米发电机（30）；摩擦电材料（10）；纤维素（10）；能量收集（7）；光催化（6）；钙钛矿太阳能电池（5）；自供能传感器（5）
10	能源与燃料	2.69	超级电容器（11）；电动汽车（9）；可再生能源（8）；锂离子电池（7）；优化（5）；小球藻（5）；木质素（5）

资料来源：科技大数据湖北省重点实验室

2023 年，综合本区各学科的发文数量和排名位次来看，2023 年广西壮族自治区基础研究在全国范围内较为突出的学科为鸟类学、显微学、热带医学、林业、水生生物学、生殖生物学、传染病学、纸质和木质材料、医学检验技术、风湿病学等。

2023 年，广西壮族自治区科学技术支出经费 106.67 亿元，全国排名第 16 位。截至 2023 年 12 月，广西壮族自治区拥有全国重点实验室 1 个，省级重点实验室 152 个，省实验室 3 个；拥有院士 2 位，全国排名第 28 位。

广西壮族自治区发表 SCI 论文数量较多的学科为多学科材料、电子与电气工程、应用物理学、物理化学、环境科学、多学科化学、生物化学与分子生物学、分析化学、能源与燃料、化学工程（表 3-137）。广西壮族自治区共有 13 个机构进入相关学科的 ESI 全球前 1%行列（表 3-138）；发明专利申请量共 12 471 件，全国排名第 22 位，发明专利申请量十强技术领域见表 3-139，发明专利申请量优势企业和科研机构见表 3-140。

表 3-137　2023 年广西壮族自治区主要学科发文量、被引频次

序号	学科	论文数/篇（全国排名，区内排名）	被引次数/次（全国排名，区内排名）	篇均被引/次（全国排名，区内排名）	国际合作率（全国排名，区内排名）	国际合作度（全国排名，区内排名）
1	多学科材料	1361（20，1）	7533（19，1）	5.53（21，26）	0.15（19，72）	5.96（19，1）
2	电子与电气工程	790（20，2）	2298（20，10）	2.91（24，95）	0.15（22，67）	3.17（20，4）
3	应用物理学	756（19，3）	3413（20，6）	4.51（23，41）	0.13（21，88）	2.88（21，9）
4	物理化学	699（21，4）	5567（22，2）	7.96（19，10）	0.18（11，57）	3.73（19，2）
5	环境科学	668（23，5）	3457（24，3）	5.18（18，34）	0.16（25，66）	2.47（23，14）
6	多学科化学	617（21，6）	3621（21，4）	5.87（21，21）	0.13（19，82）	2.8（22，10）
7	生物化学与分子生物学	475（20，7）	1901（21，12）	4.0（19，59）	0.11（20，98）	2.05（21，23）
8	分析化学	411（18，8）	2034（17，11）	4.95（4，40）	0.1（10，114）	1.41（22，66）
9	能源与燃料	410（21，9）	2760（21，9）	6.73（17，16）	0.12（26，93）	2.19（22，19）
10	化学工程	407（23，10）	3634（22，3）	8.93（4，5）	0.15（23，68）	2.18（22，20）
11	纳米科学与技术	379（19，11）	3354（19，7）	8.85（21，8）	0.19（10，53）	3.21（19，3）
12	人工智能	352（20，12）	1190（21，17）	3.38（26，80）	0.27（25，38）	3.11（19，5）
13	计算机信息系统	329（20，13）	773（20，29）	2.35（23，115）	0.14（23，77）	1.86（24，34）
14	肿瘤学	324（19，14）	749（19，30）	2.31（23，119）	0.06（18，145）	2.0（15，24）
15	凝聚态物理	300（20，15）	1661（22，14）	5.54（24，25）	0.14（22，79）	1.65（24，45）
16	冶金	292（22，16）	1486（22，16）	5.09（17，36）	0.17（7，63）	2.31（20，17）
17	药学与药理学	290（23，17）	734（23，32）	2.53（29，106）	0.07（25，135）	1.89（19，33）
18	植物学	286（23，18）	948（21，23）	3.31（18，85）	0.18（13，58）	2.37（14，15）

续表

序号	学科	论文数/篇（全国排名，区内排名）	被引次数/次（全国排名，区内排名）	篇均被引/次（全国排名，区内排名）	国际合作率（全国排名，区内排名）	国际合作度（全国排名，区内排名）
19	多学科	280（21，19）	613（23，36）	2.19（27，126）	0.14（25，73）	1.62（19，46）
20	环境工程	278（22，20）	3046（20，8）	10.96（5，2）	0.24（16，45）	2.0（20，24）

资料来源：科技大数据湖北省重点实验室

注：学科排序为发表的论文数量

表 3-138　2023 年广西壮族自治区各研究机构进入 ESI 前 1%的学科及排名

研究机构	综合	农业科学	生物学与生物化学	化学	临床医学	计算机科学	工程科学	环境生态学	地球科学	免疫学	材料科学	分子生物学与遗传学	药理学与毒理学	植物学与动物学	社会科学	机构进入 ESI 学科数
广西大学	869	306	876	447	—	740	255	714	1038	—	190	—	—	484	2152	10
广西医科大学	1512	—	1044	—	907	—	—	—	—	1075	—	729	591	—	—	5
桂林电子科技大学	1942	—	—	1400	—	273	581	—	—	—	542	—	—	—	—	4
桂林理工大学	2010	—	—	898	—	—	1424	1286	784	—	573	—	—	—	—	5
广西师范大学	2628	—	—	687	—	618	1292	—	—	—	—	—	—	—	—	3
广西民族大学	5078	—	1845	—	—	2016	—	—	—	—	—	—	—	—	—	2
广西中医药大学	5532	—	—	4990	—	—	—	—	—	—	—	—	1045	—	—	2
广西壮族自治区农业科学院	5970	963	—	—	—	—	—	—	—	—	—	—	—	1326	—	2
藤县人民医院	6134	—	—	—	3725	—	—	—	—	—	—	—	—	—	—	2
桂林医学院	6475	—	—	—	4391	—	—	—	—	—	—	—	1166	—	—	2
广西壮族自治区人民医院	6742	—	—	—	—	—	—	—	—	—	—	—	—	—	—	1
广西科技大学	8481	—	—	—	—	—	2187	—	—	—	—	—	—	—	—	1

表 3-139　2023 年广西壮族自治区发明专利申请量十强技术领域

序号	IPC 号（技术领域）	发明专利申请量/件
1	G06F（电子数字数据处理）	957
2	G01N（借助于测定材料的化学或物理性质来测试或分析材料）	614
3	G06Q（专门适用于行政、商业、金融、管理、监督或预测目的的数据处理系统或方法；其他类目不包含的专门适用于行政、商业、金融、管理、监督或预测目的的处理系统或方法）	541
4	G01R［测量电变量；测量磁变量（指示谐振电路的正确调谐入 H03J3/12）］	342
5	A61K［医用、牙科用或梳妆用的配制品（专门适用于将药品制成特殊的物理或服用形式的装置或方法 A61J 3/00；空气除臭，消毒或灭菌，或者绷带、敷料、吸收垫或外科用品的化学方面，或材料的使用入 A61L；肥皂组合物入 C11D）］	337
6	G06V（图像、视频识别或理解）	320
7	A01G［园艺；蔬菜、花卉、稻、果树、葡萄、啤酒花或海菜的栽培；林业；浇水（水果、蔬菜、啤酒花等类植物的采摘入 A01D46/00；繁殖单细胞藻类入 C12N1/12）］	319
8	H02J（供电或配电的电路装置或系统；电能存储系统）	295
9	H04L［数字信息的传输，例如电报通信（电报和电话通信的公用设备入 H04M）］	293

续表

序号	IPC 号（技术领域）	发明专利申请量/件
10	C12N［微生物或酶；其组合物（杀生剂、害虫驱避剂或引诱剂，或含有微生物、病毒、微生物真菌、酶、发酵物的植物生长调节剂，或从微生物或动物材料产生或提取制得的物质入 A01N63/00；药品入 A61K；肥料入 C05F）；繁殖、保藏或维持微生物；变异或遗传工程；培养基（微生物学的试验介质入 C12Q1/00）］	278

资料来源：科技大数据湖北省重点实验室

表 3-140　2023 年广西壮族自治区发明专利申请量优势企业和科研机构列表

序号	优势企业	发明专利申请量/件	序号	优势科研机构	发明专利申请量/件
1	广西电网有限责任公司电力科学研究院	721	1	桂林电子科技大学	1207
2	东风柳州汽车有限公司	442	2	广西大学	917
3	广西电网有限责任公司	375	3	桂林理工大学	493
4	上汽通用五菱汽车股份有限公司	283	4	广西壮族自治区农业科学院	243
5	广西玉柴机器股份有限公司	253	5	广西师范大学	205
6	广西电网有限责任公司南宁供电局	132	6	桂林航天工业学院	137
7	广西北投交通养护科技集团有限公司	97	7	广西科学院	124
8	广西中烟工业有限责任公司	95	8	广西科技大学	122
9	南宁富联富桂精密工业有限公司	80	9	广西民族大学	112
10	广西路桥工程集团有限公司	77	10	广西壮族自治区林业科学研究院	92
11	广西交科集团有限公司	59	11	北部湾大学	90
12	中船华南船舶机械有限公司	54	12	广西中医药大学	85
13	广西玉柴船电动力有限公司	53	13	广西壮族自治区亚热带作物研究所（广西亚热带农产品加工研究所）	72
14	广西电网有限责任公司河池供电局	49	14	贺州学院	71
15	广西柳工机械股份有限公司	48	15	玉林师范学院	65
16	中国电子科技集团公司第三十四研究所	44	16	广西医科大学	63
17	广西电网有限责任公司桂林供电局	43	17	南宁师范大学	57
18	桂林优利特医疗电子有限公司	42	18	广西壮族自治区水产科学研究所	54
19	广西电网有限责任公司柳州供电局	40	19	中国科学院广西植物研究所	50
19	广西电网有限责任公司贵港供电局	40	19	桂林医学院	50

资料来源：科技大数据湖北省重点实验室

3.3.27　山西省

2023 年，山西省基础研究竞争力指数为 41.3014，排名第 27 位。综合全省各学科论文数、被引量情况来看，山西省基础研究优势学科为多学科材料、物理化学、化学工程、应用物理学、多学科化学、能源与燃料、电子与电气工程、冶金、环境科学、纳米科学与技术等。多学科材料学科的高频词包括微观结构、机械性能、数值模拟、热处理、石墨烯等；物理化学学科的高频词包括电催化、密度泛函理论、析氧反应、析氢反应、氧空位等；化学工程学科的高频词包括氧空位、反应机制、吸附、费托合成、脱硫等（表 3-141）。

表 3-141　2023 年山西省基础研究优势学科及高频词

序号	活跃学科	SCI 学科活跃度	高频词（词频）
1	多学科材料	8.48	微观结构（109）；机械性能（106）；数值模拟（26）；热处理（19）；石墨烯（18）；晶粒细化（18）；纹理（15）；再结晶（15）；抗腐蚀性（14）；分子动力学（14）；碳点（13）；界面（13）；动态再结晶（13）；选择性激光熔化（12）；电催化（10）；过冷（10）；腐蚀（9）；微观结构演变（8）；镁-钆-钇-锌-锆合金（8）；镁合金（8）；纳米复合材料（8）；EBSD（8）；沉淀（8）；MXene 材料（8）；超级奥氏体不锈钢（7）；纳米粒子（7）；高熵合金（7）；机器学习（7）；析氢反应（7）；拉伸性能（7）
2	物理化学	5.76	电催化（32）；密度泛函理论（31）；析氧反应（29）；析氢反应（24）；氧空位（18）；光催化（14）；离散傅里叶变换（13）；尿素氧化反应（12）；电催化剂（12）；锂离子电池（11）；微观结构（11）；吸附（11）；异质结构（11）；协同效应（11）；水分解（10）；机械性能（9）；稳定性（9）；整体水分解（8）；反应机制（8）；超级电容器（8）；金属有机框架（8）；合成气（7）；碳点（7）；钠离子电池（7）；二氧化碳氢化（7）；氢溢流（6）；甲醇（5）；石墨烯（5）；生物成像（5）；锂硫电池（5）
3	化学工程	4.75	氧空位（14）；反应机制（13）；吸附（13）；费托合成（9）；脱硫（7）；协同效应（7）；离散傅里叶变换（7）；合成气（7）；气体分离（6）；氨选择性催化还原（6）；析氧反应（6）；离子液体（6）；轻质烯烃（6）；数值模拟（6）；合成气转化（6）；生物量（6）；催化性能（6）；沸石（6）；粉煤灰（5）；煤炭自燃（5）；碳点（5）；甲醇（5）；火焰传播（5）；氢化（5）；超级电容器（5）；光催化（5）；电催化剂（5）
4	应用物理学	4.47	微观结构（24）；传感器（16）；机械性能（11）；石墨烯（9）；深度学习（8）；腐蚀（7）；高灵敏度（6）；生物材料（6）；抗腐蚀性（6）；纳米复合材料（6）；温度传感器（6）；微电子机械系统（5）；光学纤维传感器（5）；能量储存和转换（5）；纳米粒子（5）；压力传感器（5）；数值模拟（5）；敏感度（5）；复合材料（5）；离散傅里叶变换（5）
5	多学科化学	3.92	碳点（8）；动力学（5）；高能炸药（5）；转录组学（5）；光催化（5）
6	能源与燃料	3.77	析氧反应（20）；电催化（17）；密度泛函理论（14）；析氢反应（12）；热解（8）；水分解（8）；超级电容器（8）；数值模拟（8）；尿素氧化反应（8）；动力学（7）；氧空位（7）；费托合成（7）；氢能（6）；协同效应（6）；合成气（6）；离子液体（6）；热力学（5）；二氧化碳捕获（5）；结构（5）；煤炭自燃（5）；轻质烯烃（5）；反应机制（5）；石墨烯（5）；催化性能（5）；脱硫（5）
7	电子与电气工程	3.36	深度学习（29）；传感器（18）；特征提取（17）；注意力机制（14）；卷积神经网络（11）；敏感度（9）；数据模型（7）；温度传感器（7）；光学纤维传感器（7）；神经网络（7）；任务分析（7）；优化（6）；变压器（6）；数学模型（6）；内核（6）；安全性（6）；目标检测（6）；物联网（6）；监控（5）；信噪比（5）；高温（5）；影像学（5）；干扰（5）；卷积（5）；计算机断层扫描（5）；图像重建（5）；图像处理（5）
8	冶金	3.32	机械性能（75）；微观结构（69）；晶粒细化（18）；纹理（14）；再结晶（12）；界面（12）；数值模拟（11）；过冷（10）；微观结构演变（10）；镁-钆-钇-锌-锆合金（9）；电催化（9）；热处理（9）；钛合金（8）；选择性激光熔化（8）；抗腐蚀性（8）；动态再结晶（8）；AZ31 镁合金（8）；高熵合金（8）；硼（7）；沉淀（7）；镁合金（7）；析氢反应（7）；腐蚀行为（7）；机器学习（6）；锂离子电池（6）；异质结构（6）；工作硬化（5）；混乱（5）；拉伸性能（5）；超级奥氏体不锈钢（5）
9	环境科学	3.29	重金属（14）；数值模拟（10）；生物炭（9）；多环芳烃（8）；镉（7）；可持续发展（6）；吸附（6）；光催化（6）；细菌群落（6）；中国（6）；厌氧消化（5）；代谢组学（5）；光合作用（5）；土壤（5）
10	纳米科学与技术	2.78	碳点（8）；机械性能（7）；石墨烯（7）；微观结构（7）；金属有机框架（6）；太赫兹（6）；高灵敏度（5）；细胞划痕实验（5）

资料来源：科技大数据湖北省重点实验室

2023 年，综合本省各学科的发文数量和排名位次来看，2023 年山西省基础研究在全国范围内较为突出的学科为风湿病学、法医学、男科、量子科技、多学科物理学、危重症医学、变态反应、冶金、晶体学、昆虫学等。

2023 年，山西省科学技术支出经费 84.14 亿元，全国排名第 18 位。截至 2023 年 12 月，山西省拥有全国重点实验室 2 个，省级重点实验室 160 个，省实验室 8 个；拥有院士 8 位，全国排名第 23 位。

山西省发表 SCI 论文数量较多的学科为多学科材料、物理化学、化学工程、应用物理学、多学科化学、能源与燃料、电子与电气工程、环境科学、冶金、光学（表 3-142）。山西省共有 10 个机构进入相关学科的 ESI 全球前 1% 行列（表 3-143）；发明专利申请量共 11 387件，全国排名第 24 位，发明专利申请量十强技术领域见表 3-144，发明专利申请量优势企业和科研机构见表 3-145。

表 3-142　2023 年山西省主要学科发文量、被引频次

序号	学科	论文数/篇（全国排名，省内排名）	被引次数/次（全国排名，省内排名）	篇均被引/次（全国排名，省内排名）	国际合作率（全国排名，省内排名）	国际合作度（全国排名，省内排名）
1	多学科材料	1419（19，1）	7529（20，1）	5.31（23，16）	0.14（22，83）	4.68（21，2）
2	物理化学	917（19，2）	5720（21，2）	6.24（28，9）	0.12（26，98）	3.36（22，6）
3	化学工程	742（17，3）	4475（20，3）	6.03（29，11）	0.17（18，64）	3.11（18，8）
4	应用物理学	726（21，4）	2957（23，6）	4.07（26，40）	0.1（26，116）	2.67（22，13）
5	多学科化学	615（22，5）	2960（23，5）	4.81（24，25）	0.09（25，123）	2.63（23，14）
6	能源与燃料	567（19，6）	3387（20，4）	5.97（27，13）	0.15（23，74）	2.3（21，22）
7	电子与电气工程	556（21，7）	1347（23，11）	2.42（27，118）	0.15（23，72）	2.31（24，21）
8	环境科学	519（26，8）	2027（26，10）	3.91（27，46）	0.15（28，76）	2.15（27，27）
9	冶金	501（16，9）	2612（16，9）	5.21（14，19）	0.14（14，84）	2.61（17，15）
10	光学	393（17，10）	1091（18，15）	2.78（18，97）	0.11（17，113）	2.0（17，29）
11	纳米科学与技术	362（20，11）	2757（21，7）	7.62（24，5）	0.16（23，68）	3.16（20，7）
12	生物化学与分子生物学	327（25，12）	1050（25，17）	3.21（28，70）	0.12（16，100）	1.76（23，42）
13	仪器与仪表	299（20，13）	1012（21，18）	3.38（17，59）	0.15（8，73）	2.71（14，11）
14	分析化学	283（21，14）	1152（21，13）	4.07（15，41）	0.11（6，111）	2.15（16，26）
15	凝聚态物理	248（24，15）	1312（24，12）	5.29（26，17）	0.11（26，112）	2.0（19，29）
16	人工智能	241（23，16）	698（25，24）	2.9（28，91）	0.32（22，26）	2.0（23，29）
17	环境工程	232（23，17）	2157（24，9）	9.3（20，3）	0.25（12，41）	2.44（18，18）
18	多学科物理学	213（15，18）	465（19，35）	2.18（25，133）	0.11（23，108）	1.0（24，85）
19	应用化学	211（23，19）	1091（25，15）	5.17（28，20）	0.06（29，144）	1.11（28，82）
20	计算机信息系统	210（22，20）	533（22，34）	2.54（19，109）	0.13（24，88）	2.23（20，25）

资料来源：科技大数据湖北省重点实验室

注：学科排序为发表的论文数量

表 3-143　2023 年山西省各研究机构进入 ESI 前 1%的学科及排名

研究机构	综合	农业科学	生物学与生物化学	化学	临床医学	计算机科学	工程科学	环境生态学	地球科学	材料科学	神经科学与行为	药理学与毒理学	物理学	植物学与动物学	社会科学	机构进入 ESI 学科数
太原理工大学	982	—	—	304	—	—	278	1483	840	180	—	—	—	—	—	5
山西大学	1061	850	—	360	—	472	775	875	—	471	—	1167	477	1402	2029	10
中国科学院山西煤炭化学研究所	1532	—	—	305	—	—	933	—	—	475	—	—	—	—	—	3
中北大学	1758	—	—	698	—	—	667	—	—	399	—	—	—	—	—	3
山西医科大学	2259	—	1371	—	1480	—	—	—	—	—	935	676	—	—	—	4
太原科技大学	3169	—	—	—	—	564	1264	—	—	787	—	—	—	—	—	3
山西农业大学	3333	425	—	—	—	—	—	1434	—	—	—	—	—	579	—	3
山西师范大学	4707	—	—	1202	—	—	—	—	—	—	—	—	—	—	—	1
山西省人民医院	7407	—	—	—	4867	—	—	—	—	—	—	—	—	—	—	1
长治医学院	8718	—	—	—	6109	—	—	—	—	—	—	—	—	—	—	1

表 3-144　2023 年山西省发明专利申请量十强技术领域

序号	IPC 号（技术领域）	发明专利申请量/件
1	G06F（电子数字数据处理）	536
2	G01N（借助于测定材料的化学或物理性质来测试或分析材料）	520
3	G06Q（专门适用于行政、商业、金融、管理、监督或预测目的的数据处理系统或方法；其他类目不包含的专门适用于行政、商业、金融、管理、监督或预测目的的处理系统或方法）	369
4	B01D［分离（用湿法从固体中分离固体入 B03B、B03D，用风力跳汰机或摇床入 B03B，用其他干法入 B07；固体物料从固体物料或流体中的磁或静电分离，利用高压电场的分离入 B03C；离心机、涡旋装置入 B04B；涡旋装置入 B04C；用于从含液物料中挤出液体的压力机本身入 B30B 9/02）］	268
5	B01J（化学或物理方法，例如，催化作用或胶体化学；其有关设备）	244
6	B65G［运输或贮存装置，例如装载或倾卸用输送机、车间输送机系统或气动管道输送机（包装用的入 B65B；搬运薄的或细丝状材料如纸张或细丝入 B65H；起重机入 B66C；便携式或可移动的举升或牵引器具，如升降机入 B66D；用于装载或卸载目的的升降货物的装置，如叉车，入 B66F9/00；不包括在其他类目中的瓶子、罐、罐头、木桶、桶或类似容器的排空入 B67C9/00；液体分配或转移入 B67D；将压缩的、液化的或固体化的气体灌装容器或从容器内排出入 F17C；流体用管道系统入 F17D）］	227
7	E21D［竖井；隧道；平硐；地下室（土壤调节材料或土壤稳定材料入 C09K 17/00；采矿或采石用的钻机、开采机械、截割机入 E21C；安全装置、运输、救护、通风或排水入 E21F）］	189
8	H02J（供电或配电的电路装置或系统；电能存储系统）	185
9	G06V（图像、视频识别或理解）	183
10	A61K［医用、牙科用或梳妆用的配制品（专门适用于将药品制成特殊的物理或服用形式的装置或方法 A61J 3/00；空气除臭，消毒或灭菌，或者绷带、敷料、吸收垫或外科用品的化学方面，或材料的使用入 A61L；肥皂组合物入 C11D）］	163

资料来源：科技大数据湖北省重点实验室

表 3-145　2023 年山西省发明专利申请量优势企业和科研机构列表

序号	优势企业	发明专利申请量/件	序号	优势科研机构	发明专利申请量/件
1	山西太钢不锈钢股份有限公司	249	1	太原理工大学	1187
2	中国煤炭科工集团太原研究院有限公司	202	2	中北大学	587
3	中车永济电机有限公司	148	3	山西大学	405
4	国网山西省电力公司电力科学研究院	125	4	太原科技大学	300
5	中铁三局集团有限公司	105	5	山西农业大学	225
6	山西四建集团有限公司	104	6	中国辐射防护研究院	166
7	太原重工股份有限公司	91	7	山西医科大学	133
8	华能新能源股份有限公司山西分公司	80	8	中国科学院山西煤炭化学研究所	126
9	山西一建集团有限公司	67	9	中国北方发动机研究所	63
9	山西建筑工程集团有限公司	67	10	吕梁学院	60
11	山西柴油机工业有限责任公司	66	11	山西中医药大学	39
12	国网山西省电力公司经济技术研究院	58	12	太原工业学院	29
13	山西省安装集团股份有限公司	57	13	晋中学院	27
13	中车大同电力机车有限公司	57	13	山西省能源互联网研究院	27
13	中铁城建集团第一工程有限公司	57	15	长治学院	25
16	山西江淮重工有限责任公司	54	16	山西工程科技职业大学	24
16	山西汾西重工有限责任公司	54	17	山西农业大学经济作物研究所	23
18	中化二建集团有限公司	50	17	山西工程职业学院	23
18	国网山西省电力公司信息通信分公司	50	19	山西师范大学	19
20	国网山西省电力公司太原供电公司	49	20	山西工程技术学院	18

资料来源：科技大数据湖北省重点实验室

3.3.28　宁夏回族自治区

2023 年，宁夏回族自治区基础研究竞争力指数为 38.0193，排名第 28 位。综合全区各学科论文数、被引量情况来看，宁夏回族自治区的基础研究优势学科为多学科材料、物理化学、化学工程、多学科化学、环境科学、生物化学与分子生物学、能源与燃料、应用物理学、食品科学、植物学等。多学科材料学科的高频词包括析氢、石墨炔、S 型异质结、机械性能、超级电容器等；物理化学学科的高频词包括光催化制氢、析氢、光催化、异质结构、S 型异质结等；化学工程学科的高频词包括石墨炔、光催化制氢、S 型异质结、光催化、析氢等（表 3-146）。

表 3-146　2023 年宁夏回族自治区基础研究优势学科及高频词

序号	活跃学科	SCI学科活跃度	高频词（词频）
1	多学科材料	5.9	析氢（10）；石墨炔（8）；S 型异质结（7）；机械性能（7）；超级电容器（6）；微观结构（6）；光催化制氢（5）；光催化（5）
2	物理化学	4.85	光催化制氢（14）；析氢（12）；光催化（12）；异质结构（11）；S 型异质结（9）；氧空位（6）；超级电容器（5）；机械性能（5）
3	化学工程	4.05	石墨炔（10）；光催化制氢（9）；S 型异质结（8）；光催化（6）；析氢（5）；纳米过滤（5）；煤气化细渣（5）

续表

序号	活跃学科	SCI 学科活跃度	高频词（词频）
4	多学科化学	3.96	—
5	环境科学	3.87	沙漠草原（9）
6	生物化学与分子生物学	3.53	细胞凋亡（11）；氧化应激（5）；发炎（5）
7	能源与燃料	3.35	光催化制氢（9）；析氢（7）；光催化（6）；异质结构（6）；超级电容器（5）；变压器（5）；S 型异质结（5）
8	应用物理学	3.04	—
9	食品科学	2.22	—
10	植物学	2.21	转录组学（8）

资料来源：科技大数据湖北省重点实验室

2023 年，综合本区各学科的发文数量和排名位次来看，2023 年宁夏回族自治区基础研究在全国范围内较为突出的学科为鸟类学、法医学、药物滥用、麻醉学、神经成像、消化内科学与肝病学、风湿病学、耳鼻喉科学、海洋工程、急诊医学等。

2023 年，宁夏回族自治区科学技术支出经费 28.06 亿元，全国排名第 29 位。截至 2023 年 12 月，宁夏回族自治区拥有省级重点实验室 45 个，省实验室 2 个；拥有院士 2 位，全国排名第 28 位。

宁夏回族自治区发表 SCI 论文数量较多的学科为多学科材料、物理化学、多学科化学、环境科学、化学工程、生物化学与分子生物学、能源与燃料、应用物理学、植物学、电子与电气工程（表 3-147）。宁夏回族自治区共有 3 个机构进入相关学科的 ESI 全球前 1%行列（表 3-148）；发明专利申请量共 3518 件，全国排名第 29 位，发明专利申请量十强技术领域见表 3-149，发明专利申请量优势企业和科研机构见表 3-150。

表 3-147　2023 年宁夏回族自治区主要学科发文量、被引频次

序号	学科	论文数/篇（全国排名，区内排名）	被引次数/次（全国排名，区内排名）	篇均被引/次（全国排名，区内排名）	国际合作率（全国排名，区内排名）	国际合作度（全国排名，区内排名）
1	多学科材料	234（28，1）	1259（29，2）	5.38（22，20）	0.16（13，53）	2.15（25，4）
2	物理化学	180（28，2）	1304（27，1）	7.24（22，6）	0.1（28，71）	1.86（25，8）
3	多学科化学	156（29，3）	597（29，5）	3.83（30，48）	0.08（28，75）	1.22（29，33）
4	环境科学	154（29，4）	529（29，7）	3.44（29，59）	0.22（5，36）	1.53（29，16）
5	化学工程	139（27，5）	1200（27，3）	8.63（6，3）	0.21（6，38）	1.78（25，10）
6	生物化学与分子生物学	137（28，6）	538（27，6）	3.93（21，44）	0.16（2，52）	1.29（29，27）
7	能源与燃料	120（28，7）	718（28，4）	5.98（26，14）	0.04（29，94）	0.8（29，86）
8	应用物理学	116（29，8）	448（29，10）	3.86（28，46）	0.15（10，54）	1.38（28，25）
9	植物学	85（29，9）	219（29，19）	2.58（29，84）	0.19（11，42）	1.8（22，9）
10	电子与电气工程	85（29，9）	168（29，22）	1.98（28，114）	0.17（19，47）	1.5（29，17）
11	食品科学	77（29，11）	351（29，13）	4.56（25，26）	0.11（24，68）	1.6（26，15）
12	多学科	72（29，12）	139（29，27）	1.93（30，116）	0.1（28，70）	1.0（27，34）
13	应用数学	71（28，13）	98（28，40）	1.38（27，134）	0.2（13，41）	2.25（17，3）

续表

序号	学科	论文数/篇（全国排名，区内排名）	被引次数/次（全国排名，区内排名）	篇均被引/次（全国排名，区内排名）	国际合作率（全国排名，区内排名）	国际合作度（全国排名，区内排名）
14	药学与药理学	70（29，14）	261（28，16）	3.73（10，53）	0.08（18，76）	1.25（28，28）
15	凝聚态物理	62（28，15）	303（29，15）	4.89（28，25）	0.18（13，45）	1.75（22，11）
16	人工智能	62（29，15）	253（28，17）	4.08（17，35）	0.23（27，34）	1.67（24，13）
17	绿色与可持续科技	58（29，17）	325（28，14）	5.6（14，17）	0.19（22，42）	0.86（31，84）
18	聚合物学	55（29，18）	369（28，12）	6.71（1，9）	0.32（1，22）	1.5（22，17）
19	应用化学	55（29，18）	411（29，11）	7.47（8，4）	0.29（1，25）	0.86（29，84）
20	冶金	51（28，20）	529（26，7）	10.37（1，1）	0.33（1，14）	1.67（25，13）

资料来源：科技大数据湖北省重点实验室

注：学科排序为发表的论文数量

表 3-148　2023 年宁夏回族自治区各研究机构进入 ESI 前 1%的学科及排名

研究机构	综合	农业科学	化学	临床医学	工程科学	药理学与毒理学	机构进入 ESI 学科数
宁夏大学	2878	876	899	—	1037	—	3
宁夏医科大学	3598	—	—	2313	—	622	2
北方民族大学	4457	—	1433	—	1942	—	2

表 3-149　2023 年宁夏回族自治区发明专利申请量十强技术领域

序号	IPC 号（技术领域）	发明专利申请量/件
1	G06Q（专门适用于行政、商业、金融、管理、监督或预测目的的数据处理系统或方法；其他类目不包含的专门适用于行政、商业、金融、管理、监督或预测目的的处理系统或方法）	148
2	G01N（借助于测定材料的化学或物理性质来测试或分析材料）	141
3	G06F（电子数字数据处理）	123
4	B01J（化学或物理方法，例如，催化作用或胶体化学；其有关设备）	108
5	H02J（供电或配电的电路装置或系统；电能存储系统）	105
6	B01D［分离（用湿法从固体中分离固体入 B03B、B03D，用风力跳汰机或摇床入 B03B，用其他干法入 B07；固体物料从固体物料或流体中的磁和静电分离，利用高压电场的分离入 B03C；离心机、涡旋装置入 B04B；涡旋装置入 B04C；用于从含液物料中挤出液体的压力机本身入 B30B 9/02）］	92
7	A01G［园艺；蔬菜、花卉、稻、果树、葡萄、啤酒花或海菜的栽培；林业；浇水（水果、蔬菜、啤酒花等类植物的采摘入 A01D46/00；繁殖单细胞藻类入 C12N1/12）］	89
8	C07C［无环或碳环化合物（高分子化合物入 C08；有机化合物的电解或电泳生产入 C25B 3/00，C25B 7/00）］	86
9	G01R［测量电变量；测量磁变量（指示谐振电路的正确调谐入 H03J3/12）］	76
10	C02F［水、废水、污水或污泥的处理（通过在物质中产生化学变化使有害的化学物质无害或降低危害的方法入 A62D 3/00；分离、沉淀箱或过滤设备入 B01D；有关处理水、废水或污水生产装置的水运容器的特殊设备，例如用于制备淡水入 B63J；为防止水的腐蚀用的添加物质入 C23F；放射性废液的处理入 G21F 9/04）］	70

资料来源：科技大数据湖北省重点实验室

表 3-150　2023 年宁夏回族自治区发明专利申请量优势企业和科研机构列表

序号	优势企业	发明专利申请量/件	序号	优势科研机构	发明专利申请量/件
1	国家能源集团宁夏煤业有限责任公司	179	1	宁夏大学	286
2	国网宁夏电力有限公司电力科学研究院	121	2	宁夏医科大学	103
3	国网宁夏电力有限公司	70	3	北方民族大学	91
4	宁夏宝丰昱能科技有限公司	49	4	宁夏农产品质量标准与检测技术研究所（宁夏农产品质量监测中心）	22
5	国网宁夏电力有限公司经济技术研究院	40	5	宁夏农林科学院农业资源与环境研究所（宁夏土壤与植物营养重点实验室）	20
5	宁夏中欣晶圆半导体科技有限公司	40	5	宁夏回族自治区食品检测研究院	20
7	共享装备股份有限公司	38	7	宁夏农林科学院园艺研究所（宁夏设施农业工程技术研究中心）	18
8	共享智能装备有限公司	35	8	宁夏农林科学院枸杞科学研究所	17
9	宁夏天地奔牛实业集团有限公司	34	9	宁夏职业技术学院（宁夏开放大学）	13
10	宁夏隆基宁光仪表股份有限公司	32	9	宁夏师范学院	13
11	国网宁夏电力有限公司营销服务中心（国网宁夏电力有限公司计量中心）	31	9	宁夏建设职业技术学院	13
12	国网宁夏电力有限公司吴忠供电公司	28	12	宁夏农林科学院植物保护研究所（宁夏植物病虫害防治重点实验室）	11
13	国网宁夏电力有限公司超高压公司	27	12	宁夏回族自治区水利科学研究院	11
13	国网宁夏电力有限公司银川供电公司	27	14	宁夏农林科学院动物科学研究所（宁夏草畜工程技术研究中心）	9
15	国网宁夏电力有限公司中卫供电公司	21	14	宁夏计量质量检验检测研究院	9
16	共享铸钢有限公司	19	16	宁夏农林科学院固原分院	8
16	宁夏天地西北煤机有限公司	19	16	宁夏农林科学院农作物研究所（宁夏回族自治区农作物育种中心）	8
18	共享智能铸造产业创新中心有限公司	18	18	宁夏回族自治区矿产地质调查院（自治区矿产地质研究所）	6
18	国网宁夏电力有限公司信息通信公司	18	19	宁夏农林科学院农业经济与信息技术研究所	5
18	宁夏汉尧富锂科技有限责任公司	18	19	宁夏农林科学院农业生物技术研究中心（宁夏农业生物技术重点实验室）	5

资料来源：科技大数据湖北省重点实验室

3.3.29　内蒙古自治区

2023 年，内蒙古自治区基础研究竞争力指数为 37.6673，排名第 29 位。综合全区各学科论文数、被引量情况来看，内蒙古自治区基础研究优势学科为多学科材料、环境科学、物理化学、多学科化学、应用物理学、电子与电气工程、能源与燃料、植物学、化学工程、食品科学等。多学科材料学科的高频词包括机械性能、微观结构、相变、第一原理、光催化等；环境科学学科的高频词包括内蒙古自治区、气候变化、沙漠草原、蒙古高原、沉淀等；物理化学学科的高频词包括光催化、吸附、氧空位、微观结构、氧化还原反应等（表 3-151）。

表 3-151　2023 年内蒙古自治区基础研究优势学科及高频词

序号	活跃学科	SCI 学科活跃度	高频词（词频）
1	多学科材料	6.82	机械性能（29）；微观结构（27）；相变（10）；第一原理（8）；光催化（8）；氧空位（7）；抗腐蚀性（6）；吸附（6）；电子结构（6）；磁致冷效应（5）；冻融循环（5）
2	环境科学	5.33	内蒙古自治区（12）；气候变化（11）；沙漠草原（11）；蒙古高原（8）；沉淀（6）；中国（5）；重金属（5）；遥感（5）；吸附（5）；土壤湿度（5）；微塑料（5）
3	物理化学	4.32	光催化（11）；吸附（8）；氧空位（8）；微观结构（7）；氧化还原反应（7）；析氢反应（6）；相变（6）；氢储存（5）
4	多学科化学	3.56	—
5	应用物理学	3.45	机械性能（9）；光催化（9）；微观结构（8）；第一原理（7）；深度学习（6）
6	电子与电气工程	2.74	深度学习（11）；遥感（6）；目标检测（5）
7	能源与燃料	2.71	—
8	植物学	2.62	马铃薯（6）；沙漠草原（5）；中国披碱草（5）；盐胁迫（5）；蓖麻（5）
9	化学工程	2.51	吸附（5）
10	食品科学	2.43	益生菌（7）；乳酸菌（6）；发酵（5）

资料来源：科技大数据湖北省重点实验室

2023 年，综合本区各学科的发文数量和排名位次来看，2023 年内蒙古自治区基础研究在全国范围内较为突出的学科为法医学、乳品与动物学、纸质和木质材料、兽医学、变态反应、药物滥用、外科学、土壤学、制造工程、生殖生物学等。

2023 年，内蒙古自治区科学技术支出经费 74.97 亿元，全国排名第 22 位。截至 2023 年 12 月，内蒙古自治区拥有省级重点实验室 155 个，省实验室 2 个。

内蒙古自治区发表 SCI 论文数量较多的学科为多学科材料、环境科学、物理化学、多学科化学、应用物理学、电子与电气工程、外科学、植物学、能源与燃料、食品科学（表 3-152）。内蒙古自治区共有 6 个机构进入相关学科的 ESI 全球前 1% 行列（表 3-153）；发明专利申请量共 8248 件，全国排名第 25 位，发明专利申请量十强技术领域见表 3-154，发明专利申请量优势企业和科研机构见表 3-155。

表 3-152　2023 年内蒙古自治区主要学科发文量、被引频次

序号	学科	论文数/篇（全国排名，区内排名）	被引次数/次（全国排名，区内排名）	篇均被引/次（全国排名，区内排名）	国际合作率（全国排名，区内排名）	国际合作度（全国排名，区内排名）
1	多学科材料	434（27，1）	1486（27，1）	3.42（30，46）	0.07（28，79）	1.69（28，14）
2	环境科学	330（27，2）	1246（28，2）	3.78（28，41）	0.22（6，31）	2.59（22，3）
3	物理化学	252（27，3）	1232（29，3）	4.89（30，20）	0.09（29，67）	1.82（26，13）
4	多学科化学	207（28，4）	844（28，4）	4.08（28，33）	0.07（29，80）	2.17（25，6）
5	应用物理学	205（27，5）	700（28，6）	3.41（29，48）	0.08（29，75）	2.17（23，6）
6	电子与电气工程	170（27，6）	318（28，20）	1.87（29，115）	0.09（29，67）	3.0（21，1）
7	外科学	154（21，7）	66（27，65）	0.43（30，181）	nan（28，107）	nan（28，107）
8	植物学	152（28，8）	470（28，11）	3.09（23，57）	0.13（25，54）	1.21（28，32）
9	能源与燃料	152（27，8）	576（29，7）	3.79（29，40）	0.08（28，70）	1.83（23，12）
10	食品科学	128（28，10）	557（28，9）	4.35（27，26）	0.11（22，59）	1.4（28，20）

续表

序号	学科	论文数/篇（全国排名，区内排名）	被引次数/次（全国排名，区内排名）	篇均被引/次（全国排名，区内排名）	国际合作率（全国排名，区内排名）	国际合作度（全国排名，区内排名）
11	生物化学与分子生物学	126（29，11）	492（29，10）	3.9（22，37）	0.08（29，74）	1.33（28，23）
12	多学科	124（27，12）	470（26，11）	3.79（18，39）	0.15（22，47）	1.18（26，36）
13	冶金	119（26，13）	297（28，22）	2.5（30，85）	0.05（28，96）	1.25（27，30）
14	化学工程	116（28，14）	740（28，5）	6.38（27，8）	0.18（14，38）	1.45（28，18）
15	凝聚态物理	105（27，15）	443（27，13）	4.22（29，29）	0.04（29，98）	1.67（23，15）
16	农艺学	94（24，16）	321（26，19）	3.41（18，47）	0.24（10，26）	1.33（20，23）
17	纳米科学与技术	93（28，17）	431（28，15）	4.63（29，22）	0.1（28，64）	1.0（27，41）
18	微生物学	91（27，18）	366（22，16）	4.02（3，34）	0.08（27，71）	0.86（30，88）
19	绿色与可持续科技	90（27，19）	235（29，25）	2.61（30，81）	0.11（30，62）	0.88（30，86）
20	土木工程	89（26，20）	324（27，17）	3.64（29，42）	0.17（28，40）	1.11（27，38）

资料来源：科技大数据湖北省重点实验室

注：学科排序为发表的论文数量

表 3-153　2023 年内蒙古自治区各研究机构进入 ESI 前 1%的学科及排名

研究机构	综合	农业科学	化学	临床医学	工程科学	环境生态学	材料科学	植物学与动物学	机构进入 ESI 学科数
内蒙古大学	2459	—	1041	—	1509	1154	932	1552	5
内蒙古农业大学	3993	526	—	—	—	1517	—	1139	3
内蒙古医科大学	4136	—	—	2193	—	—	—	—	1
内蒙古科技大学	4264	—	—	—	1644	—	1035	—	2
内蒙古工业大学	4470	—	—	—	1479	—	1280	—	2
内蒙古科技大学包头医学院	7681	—	—	5150	—	—	—	—	1

表 3-154　2023 年内蒙古自治区发明专利申请量十强技术领域

序号	IPC 号（技术领域）	发明专利申请量/件
1	G01N（借助于测定材料的化学或物理性质来测试或分析材料）	453
2	G06F（电子数字数据处理）	316
3	G06Q（专门适用于行政、商业、金融、管理、监督或预测目的的数据处理系统或方法；其他类目不包含的专门适用于行政、商业、金融、管理、监督或预测目的的处理系统或方法）	298
4	B01D［分离（用湿法从固体中分离固体入 B03B、B03D，用风力跳汰机或摇床入 B03B，用其他干法入 B07；固体物料从固体物料或流体中的磁或静电分离，利用高压电场的分离入 B03C；离心机、涡旋装置入 B04B；涡旋装置入 B04C；用于从含液物料中挤出液体的压力机本身入 B30B 9/02）］	237
5	A23C［乳制品，如奶、黄油、干酪；奶或干酪的代用品；其制备（从食品中取得食用蛋白质组合物入 A23J 1/00；一般肽的制备，如蛋白质入 C07K 1/00）］	231
5	C22C［合金（合金的处理入 C21D、C22F）］	231
7	H02J（供电或配电的电路装置或系统；电能存储系统）	184
8	B65G［运输或贮存装置，例如装载或倾卸用输送机、车间输送机系统或气动管道输送机（包装用的入 B65B；搬运薄的或细丝状材料如纸张或细丝入 B65H；起重机入 B66C；便携式或可移动的举升或牵引器具，如升降机入 B66D；用于装载或卸载目的的升降货物的装置，如叉车，入 B66F 9/00；不包括在其他类目中的瓶子、罐、罐头、木桶、桶或类似容器的排空入 B67C 9/00；液体分配或转移入 B67D；将压缩的、液化的或固体化的气体灌入容器或从容器内排出入 F17C；流体用管道系统入 F17D）］	176

续表

序号	IPC 号（技术领域）	发明专利 申请量/件
9	C02F［水、废水、污水或污泥的处理（通过在物质中产生化学变化使有害的化学物质无害或降低危害的方法入 A62D 3/00；分离、沉淀箱或过滤设备入 B01D；有关处理水、废水或污水生产装置的水运容器的特殊设备，例如用于制备淡水入 B63J；为防止水的腐蚀用的添加物质入 C23F；放射性废液的处理入 G21F 9/04）］	167
10	C12N［微生物或酶；其组合物（杀生剂、害虫驱避剂或引诱剂，或含有微生物、病毒、微生物真菌、酶、发酵物的植物生长调节剂，或从微生物或动物材料产生或提取制得的物质入 A01N63/00；药品入 A61K；肥料入 C05F）；繁殖、保藏或维持微生物；变异或遗传工程；培养基（微生物学的试验介质入 C12Q1/00）］	162

资料来源：科技大数据湖北省重点实验室

表 3-155　2023 年内蒙古自治区发明专利申请量优势企业和科研机构列表

序号	优势企业	发明专利 申请量/件	序号	优势科研机构	发明专利 申请量/件
1	包头钢铁（集团）有限责任公司	534	1	内蒙古工业大学	490
2	华能伊敏煤电有限责任公司	483	2	内蒙古农业大学	244
3	国能神东煤炭集团有限责任公司	293	3	内蒙古大学	192
4	内蒙古伊利实业集团股份有限公司	196	4	内蒙古科技大学	167
5	内蒙古蒙牛乳业（集团）股份有限公司	177	5	包头稀土研究院	72
6	内蒙古电力（集团）有限责任公司 内蒙古电力科学研究院分公司	151	6	内蒙古民族大学	64
7	扎赉诺尔煤业有限责任公司	122	7	中国农业科学院草原研究所	55
8	北方魏家峁煤电有限责任公司	103	7	内蒙古自治区农牧业科学院	55
9	中国二冶集团有限公司	90	9	水利部牧区水利科学研究所	49
10	中核北方核燃料元件有限公司	75	10	鄂尔多斯应用技术学院	27
11	神华准格尔能源有限责任公司	64	11	内蒙古师范大学	22
12	内蒙古上都发电有限责任公司	60	12	内蒙古科技大学包头师范学院	18
13	中国移动通信集团内蒙古有限公司	50	12	呼伦贝尔学院	18
14	中国神华能源股份有限公司哈尔乌素露天煤矿	45	14	内蒙古金属材料研究所	17
15	北方联合电力有限责任公司乌海热电厂	43	14	锡林郭勒职业学院	17
16	内蒙古第一机械集团股份有限公司	40	16	赤峰学院	15
17	满洲里达赉湖热电有限公司	38	16	矿业大学（北京）内蒙古研究院	15
18	包头市英思特稀磁新材料股份有限公司	37	18	内蒙古医科大学	14
18	金宇保灵生物药品有限公司	37	19	上海交通大学内蒙古研究院	13
20	神华准能资源综合开发有限公司	36	20	内蒙古化工职业学院	12

资料来源：科技大数据湖北省重点实验室

3.3.30　青海省

2023 年，青海省基础研究竞争力指数为 35.5879，排名第 30 位。综合全省各学科论文数、被引量情况来看，青海省基础研究优势学科为多学科材料、环境科学、植物学、物理化学、多学科化学、化学工程、冶金、应用物理学、生物化学与分子生物学、多学科地球科学等。多学科材料学科的高频词包括微观结构、机械性能、镁合金、锂离子电池；环境科学学科的高频词包括青藏高原、气候变化、高山草甸；植物学学科的高频词包括青藏高原、高山草甸（表3-156）。

表3-156 2023年青海省基础研究优势学科及高频词

序号	活跃学科	SCI学科活跃度	高频词（词频）
1	多学科材料	5.23	微观结构（17）；机械性能（9）；镁合金（5）；锂离子电池（5）
2	环境科学	4.85	青藏高原（10）；气候变化（8）；高山草甸（6）
3	植物学	3.88	青藏高原（7）；高山草甸（5）
4	物理化学	3.22	微观结构（5）
5	多学科化学	2.54	—
6	化学工程	2.46	
7	冶金	2.43	微观结构（12）；机械性能（6）
8	应用物理学	2.39	—
9	生物化学与分子生物学	2.3	—
10	多学科地球科学	2.18	青藏高原（5）

资料来源：科技大数据湖北省重点实验室

2023年，综合本省各学科的发文数量和排名位次来看，2023年青海省基础研究在全国范围内较为突出的学科为地质学、地理学、寄生物学、解剖学、热带医学、危重症医学、湖沼生物学、进化生物学、渔业、古生物学等。

2023年，青海省科学技术支出经费11.86亿元，全国排名第30位。截至2023年12月，青海省拥有省级重点实验室84个，省实验室4个；拥有院士3位，全国排名第25位。

青海省发表SCI论文数量较多的学科为多学科材料、环境科学、植物学、物理化学、多学科化学、生物化学与分子生物学、电子与电气工程、应用物理学、多学科地球科学、冶金（表3-157）。青海省共有1个机构进入相关学科的ESI全球前1%行列（表3-158）；发明专利申请量共1790件，全国排名第30位，发明专利申请量十强技术领域见表3-159，发明专利申请量优势企业和科研机构见表3-160。

表3-157 2023年青海省主要学科发文量、被引频次

序号	学科	论文数/篇（全国排名，省内排名）	被引次数/次（全国排名，省内排名）	篇均被引/次（全国排名，省内排名）	国际合作率（全国排名，省内排名）	国际合作度（全国排名，省内排名）
1	多学科材料	107（30，1）	414（30，1）	3.87（29，22）	0.06（30，56）	1.0（30，17）
2	环境科学	101（30，2）	310（30，3）	3.07（31，39）	0.11（31，46）	1.08（30，16）
3	植物学	82（30，3）	174（30，6）	2.12（31，74）	0.08（31，51）	1.0（30，17）
4	物理化学	53（30，4）	319（30，2）	6.02（29，6）	0.18（9，29）	1.0（30，17）
5	多学科化学	52（30，5）	96（30，11）	1.85（31，85）	0.01（30，64）	1.0（30，17）
6	生物化学与分子生物学	45（30，6）	103（30，8）	2.29（31，70）	0.02（31，63）	1.0（30，17）
7	电子与电气工程	44（30，7）	49（30，33）	1.11（30，105）	0.07（31，52）	2.0（26，1）
8	应用物理学	44（30，7）	139（30，7）	3.16（30，33）	nan（31，65）	nan（31，65）

续表

序号	学科	论文数/篇（全国排名，省内排名）	被引次数/次（全国排名，省内排名）	篇均被引/次（全国排名，省内排名）	国际合作率（全国排名，省内排名）	国际合作度（全国排名，省内排名）
9	多学科地球科学	42（28，9）	98（30，10）	2.33（31，65）	0.23（18，22）	1.0（28，17）
10	冶金	37（29，10）	199（29，5）	5.38（11，7）	nan（30，65）	nan（30，65）
11	应用数学	36（30，11）	32（30，48）	0.89（30，118）	0.27（4，16）	1.5（25，10）
12	药学与药理学	35（30，12）	92（30，12）	2.63（27，50）	0.14（1，40）	1.25（28，12）
13	农艺学	35（29，12）	75（30，16）	2.14（31，72）	0.04（31，62）	1.0（28，17）
14	化学工程	35（30，12）	215（30，4）	6.14（28，5）	0.05（30，60）	0.5（30，60）
15	多学科	34（30，15）	40（30，37）	1.18（31，102）	0.1（29，48）	0.75（29，55）
16	微生物学	33（30，16）	73（30，19）	2.21（30，71）	0.16（11，33）	0.62（31，59）
17	数学	33（29，16）	31（30，49）	0.94（28，116）	0.28（2，15）	2.0（16，1）
18	食品科学	31（30，18）	80（30，14）	2.58（30，54）	0.13（14，41）	2.0（19，1）
19	遗传学	30（30，19）	71（29，21）	2.37（17，64）	0.04（29，61）	1.0（26，17）
20	计算机科学理论与方法	28（30，20）	16（30，71）	0.57（31，126）	0.2（25，24）	1.0（28，17）

资料来源：科技大数据湖北省重点实验室

注：学科排序为发表的论文数量

表 3-158　2023 年青海省研究机构进入 ESI 前 1%的学科及排名

研究机构	综合	农业科学	临床医学	工程科学	环境生态学	植物学与动物学	机构进入 ESI 学科数
青海大学	3741	1130	5467	1859	1465	1590	5

表 3-159　2023 年青海省发明专利申请量十强技术领域

序号	IPC 号（技术领域）	发明专利申请量/件
1	H02J（供电或配电的电路装置或系统；电能存储系统）	113
2	G06F（电子数字数据处理）	89
3	G01N（借助于测定材料的化学或物理性质来测试或分析材料）	84
4	G06Q（专门适用于行政、商业、金融、管理、监督或预测目的的数据处理系统或方法；其他类目不包含的专门适用于行政、商业、金融、管理、监督或预测目的的处理系统或方法）	66
5	G01R［测量电变量；测量磁变量（指示谐振电路的正确调谐入 H03J3/12）］	50
6	H02S［由红外线辐射、可见光或紫外光转换产生电能，如使用光伏（PV）模块（从放射性源获取电能入 G21H 1/12；无机光敏半导体器件入 H01L31/00；热电器件入 H01L35/00，H01L 37/00；有机光敏半导体器件入 H01L51/42）］	49
7	H02G［电缆或电线的安装，或光电组合电缆或电线的安装（带有便于安装或固定装置的绝缘导体或电缆入 H01B 7/40；装有开关的配电站入 H02B；引导式电话亲绳入 H04M 1/15；电缆管道或电报或电话交换局设备的安装入 H04Q 1/06）］	48
8	A61K［医用、牙科用或梳妆用的配制品（专门适用于将药品制成特殊的物理或服用形式的装置或方法 A61J 3/00；空气除臭，消毒或灭菌，或者绷带、敷料、吸收垫或外科用品的化学方面，或材料的使用入 A61L；肥皂组合物入 C11D）］	34
9	A01G［园艺；蔬菜、花卉、稻、果树、葡萄、啤酒花或海菜的栽培；林业；浇水（水果、蔬菜、啤酒花等类植物的采摘入 A01D46/00；繁殖单细胞藻类入 C12N1/12）］	33
10	C01B［非金属元素；其化合物（制备元素或二氧化碳以外无机化合物的发酵或用酶工艺入 C12P 3/00；用电解法或电泳法生产非金属元素或无机化合物入 C25B）］	29

资料来源：科技大数据湖北省重点实验室

表 3-160　2023 年青海省发明专利申请量优势企业和科研机构列表

序号	优势企业	发明专利申请量/件	序号	优势科研机构	发明专利申请量/件
1	中国水利水电第四工程局有限公司	71	1	中国科学院青海盐湖研究所	91
2	青海黄河上游水电开发有限责任公司	59	2	青海大学	86
3	华能青海发电有限公司新能源分公司	46	3	青海师范大学	51
4	国网青海省电力公司海北供电公司	41	4	中国科学院西北高原生物研究所	47
5	国网青海省电力公司信息通信公司	40	5	青海省农林科学院	36
6	国网青海省电力公司电力科学研究院	35	6	青海民族大学	28
7	国网青海省电力公司	34	7	青海建筑职业技术学院	9
7	国网青海省电力公司超高压公司	34	8	青海省地质调查院（青海省地质矿产研究院、青海省地质遥感中心）	6
9	国网青海省电力公司经济技术研究院	30	8	青海省畜牧兽医科学院	6
9	青海盐湖工业股份有限公司	30	10	西宁城市职业技术学院	4
11	国网青海省电力公司海西供电公司	29	10	青海交通职业技术学院	4
12	青海黄河上游水电开发有限责任公司西宁太阳能电力分公司	27	12	青海柴达木职业技术学院	3
13	国网青海省电力公司海东供电公司	25	12	青海省气象科学研究所	3
14	国网青海省电力公司果洛供电公司	24	12	青海高等职业技术学院（海东市中等职业技术学校）	3
15	国网青海省电力公司海南供电公司	21	15	青海柴达木职业技术学院（海西蒙古族藏族自治州职业技术学校）	1
16	国网青海省电力公司黄化供电公司	20	15	青海省核工业核地质研究院	1
16	德令哈华能拓日新能源发电有限公司	20			
18	国网青海省电力公司清洁能源发展研究院	19			
19	国网青海省电力公司西宁供电公司	18			
20	青海送变电工程有限公司	15			

资料来源：科技大数据湖北省重点实验室

3.3.31　西藏自治区

　　2023 年，西藏自治区基础研究竞争力指数为 33.9753，排名第 31 位。综合全区各学科论文数、被引量情况来看，西藏自治区基础研究优势学科为环境科学、水资源、微生物学、多学科、植物学、环境工程、多学科化学、农艺学、遗传学、电子与电气工程等。环境科学学科的高频词包括雅鲁藏布江；水资源学科的高频词包括雅鲁藏布江（表 3-161）。

表 3-161　2023 年西藏自治区基础研究优势学科及高频词

序号	活跃学科	SCI 学科活跃度	高频词（词频）
1	环境科学	6.83	雅鲁藏布江（4）
2	水资源	3.11	雅鲁藏布江（3）
3	微生物学	2.95	—
4	多学科	2.41	—
5	植物学	2.4	—

续表

序号	活跃学科	SCI 学科活跃度	高频词（词频）
6	环境工程	2.31	—
7	多学科化学	2.26	—
8	农艺学	1.94	—
9	遗传学	1.91	—
10	电子与电气工程	1.9	深度学习（3）；电子转移（3）

资料来源：科技大数据湖北省重点实验室

　　2023 年，综合本区各学科的发文数量和排名位次来看，2023 年西藏自治区基础研究在全国范围内较为突出的学科为危重症医学、核科学与技术、急诊医学、核物理学、真菌学、天文学与天体物理、渔业、粒子与场物理、医学检验技术、护理学等。

　　2023 年，西藏自治区科学技术支出经费 8.31 亿元，全国排名第 31 位。截至 2023 年 12 月，西藏自治区拥有国家重大科技基础设施 1 个，省级重点实验室 39 个；拥有院士 2 位，全国排名第 28 位。

　　西藏自治区发表 SCI 论文数量较多的学科为环境科学、微生物学、水资源、多学科、植物学、电子与电气工程、遗传学、生态学、多学科化学、生物化学与分子生物学（表 3-162）。西藏自治区共有 1 个机构进入相关学科的 ESI 全球前 1%行列（表 3-163）；发明专利申请量共625 件，全国排名第 31 位，发明专利申请量十强技术领域见表 3-164，发明专利申请量优势企业和科研机构见表 3-165。

表 3-162　2023 年西藏自治区主要学科发文量、被引频次

序号	学科	论文数/篇（全国排名，区内排名）	被引次数/次（全国排名，区内排名）	篇均被引/次（全国排名，区内排名）	国际合作率（全国排名，区内排名）	国际合作度（全国排名，区内排名）
1	环境科学	50（31，1）	156（31，1）	3.12（30，20）	0.16（23，20）	0.75（31，17）
2	微生物学	20（31，2）	51（31，5）	2.55（27，33）	0.22（2，16）	1.33（27，3）
3	水资源	18（31，3）	90（30，2）	5.0（6，5）	0.12（27，24）	0.5（31，20）
4	多学科	16（31，4）	37（31，7）	2.31（26，37）		
5	植物学	16（31，4）	36（31，8）	2.25（30，38）	0.15（18，21）	1.0（30，4）
6	电子与电气工程	14（31，6）	11（31，28）	0.79（31，82）	0.08（30，26）	1.0（31，4）
7	遗传学	13（31，7）	21（31，16）	1.62（30，60）	0.17（1，18）	0.67（31，19）
8	生态学	13（30，7）	14（31，24）	1.08（31，69）	0.15（25，21）	1.0（25，4）
9	多学科化学	12（31，9）	53（31，4）	4.42（27，12）		
10	生物化学与分子生物学	11（31，10）	31（31，9）	2.82（29，29）	0.14（7，23）	0.5（31，20）
11	绿色与可持续科技	10（31，11）	25（31，12）	2.5（31，34）	0.67（1，8）	1.0（26，4）
12	应用物理学	10（31，11）	15（31，22）	1.5（31，61）	0.17（7，18）	0.5（30，20）
13	多学科地球科学	9（31，13）	26（31，11）	2.89（30，28）	0.33（3，11）	1.0（28，4）
14	化学工程	9（31，13）	24（31，13）	2.67（31，30）		
15	环境研究	9（31，13）	16（31，19）	1.78（31，55）	0.67（1，8）	1.0（26，4）
16	多学科材料	9（31，13）	10（31，29）	1.11（31，68）		

续表

序号	学科	论文数/篇（全国排名，区内排名）	被引次数/次（全国排名，区内排名）	篇均被引/次（全国排名，区内排名）	国际合作率（全国排名，区内排名）	国际合作度（全国排名，区内排名）
17	能源与燃料	8 (31, 17)	27 (31, 10)	3.38 (31, 19)		
18	食品科学	8 (31, 17)	20 (31, 17)	2.5 (31, 34)		
19	兽医学	8 (31, 17)	16 (31, 19)	2.0 (24, 39)	0.27 (1, 14)	1.5 (10, 2)
20	环境工程	8 (31, 17)	62 (31, 3)	7.75 (30, 3)	0.5 (1, 10)	0.5 (30, 20)

资料来源：科技大数据湖北省重点实验室

注：学科排序为发表的论文数量

表 3-163　2023 年西藏自治区研究机构进入 ESI 前 1%的学科及排名

研究机构	综合	工程科学	机构进入 ESI 学科数
西藏大学	8121	2018	1

表 3-164　2023 年西藏自治区发明专利申请量十强技术领域

序号	IPC 号（技术领域）	发明专利申请量/件
1	A61K［医用、牙科用或梳妆用的配制品（专门适用于将药品制成特殊的物理或服用形式的装置或方法 A61J 3/00；空气除臭，消毒或灭菌，或者绷带、敷料、吸收垫或外科用品的化学方面，或材料的使用入 A61L；肥皂组合物入 C11D）］	42
2	G01N（借助于测定材料的化学或物理性质来测试或分析材料）	40
3	A01G［园艺；蔬菜、花卉、稻、果树、葡萄、啤酒花或海菜的栽培；林业；浇水（水果、蔬菜、啤酒花等类植物的采摘入 A01D46/00；繁殖单细胞藻类入 C12N1/12）］	33
4	G06F（电子数字数据处理）	30
5	A01K（畜牧业；禽类、鱼类、昆虫的管理；捕鱼；饲养或养殖其他类不包含的动物；动物的新品种）	27
6	C02F［水、废水、污水或污泥的处理（通过在物质中产生化学变化使有害的化学物质无害或降低危害的方法入 A62D 3/00；分离、沉淀箱或过滤设备入 B01D；有关处理水、废水或污水生产装置的水运容器的特殊设备，例如用于制备淡水入 B63J；为防止水的腐蚀用的添加物质入 C23F；放射性废液的处理入 G21F 9/04）］	15
6	G06Q（专门适用于行政、商业、金融、管理、监督或预测目的的数据处理系统或方法；其他类目不包含的专门适用于行政、商业、金融、管理、监督或预测目的的处理系统或方法）	15
8	A23L［不包含在 A21D 或 A23B 至 A23J 小类中的食品、食料或非酒精饮料；它们的制备或处理，例如烹调、营养品质的改进、物理处理（不能为本小类完全包含的成型或加工入 A23P）；食品或食料的一般保存（用于烘焙的面粉或面团的保存入 A21D）］	13
9	C12Q［包含酶、核酸或微生物的测定或检验方法（免疫检测入 G01N33/53）；其所用的组合物或试纸；这种组合物的制备方法；在微生物学方法或酶学方法中的条件反应控制］	12
9	G06T（图像数据处理）	12

资料来源：科技大数据湖北省重点实验室

表 3-165　2023 年西藏自治区发明专利申请量优势企业和科研机构列表

序号	优势企业	发明专利申请量/件	序号	优势科研机构	发明专利申请量/件
1	华能西藏雅鲁藏布江水电开发投资有限公司	65	1	西藏大学	27
2	西藏巨龙铜业有限公司	25	2	西藏农牧学院	22
3	西藏天虹科技股份有限责任公司	16	3	西藏自治区农牧科学院农业研究所	21
4	西藏宁算科技集团有限公司	13	4	西藏自治区农牧科学院水产科学研究所	15

续表

序号	优势企业	发明专利申请量/件	序号	优势科研机构	发明专利申请量/件
5	中广核新能源（阿里）有限公司	11	4	西藏自治区农牧科学院畜牧兽医研究所	15
6	海思科医药集团股份有限公司	9	6	西藏自治区农牧科学院蔬菜研究所	9
7	西藏众陶联供应链服务有限公司	8	7	西藏自治区农牧科学院草业科学研究所	8
8	国网西藏电力有限公司电力科学研究院	7	8	西藏藏医药大学	7
8	西藏晟源环境工程有限公司	7	9	西藏自治区农牧科学院农产品开发与食品科学研究所	5
10	安能西藏建设发展有限公司	6	9	拉萨市高原生物研究所	5
10	西藏希灵奥生物科技有限公司	6	11	西藏自治区高原生物研究所	4
10	西藏月王药诊生态藏药科技有限公司	6	12	西藏自治区农牧科学院农业质量标准与检测研究所	3
10	西藏水滴信息科技有限公司	6	13	西藏自治区农牧科学院	2
10	西藏矿业发展股份有限公司	6	13	西藏自治区食品药品检验研究院（西藏自治区医疗器械检测中心）	2
15	西藏龙擎电子科技有限公司	5	15	西藏自治区食品药品检验研究院	1
15	西藏金采科技股份有限公司	5	15	西藏自治区农牧科学院农业资源与环境研究所	1
15	西藏藏建科技股份有限公司	5	15	西藏自治区地质矿产勘查开发局中心实验室	1
15	西藏天路股份有限公司	5	15	西藏自治区林业调查规划研究院	1
15	西藏博星科技发展有限公司	5	15	西藏自治区林木科学研究院	1
15	西藏纽伟仕生物科技有限公司	5	15	西藏高原大气环境科学研究所	1

资料来源：科技大数据湖北省重点实验室

本章参考文献

[1] 中华人民共和国财政部. 2023 年全国一般公共预算支出决算表[EB/OL]. http://yss.mof.gov.cn/2023zyjs/202408/t20240830_3942884. htm[2024-08-30].

[2] 国家统计局. 2023 年全国科技经费投入统计公报[EB/OL]. https://www.stats.gov.cn/sj/zxfb/202410/t20241002_1956810.html[2024-10-02].

[3] 国家自然科学基金委员会. 国家自然科学基金委员会 2023 年度报告[R/OL]. https://www.nsfc.gov.cn/publish/portal0/ndbg/2023ndbg/qy/[2024-08-31].

[4] 鲁世林, 李侠. 国家重点实验室建设困境与重组思路[J]. 中国软科学, 2023（6）：66-78.

[5] 中国科学院. 中国科学院学部与院士[EB/OL]. http://casad.cas.cn/ysxx2022/ysmd/qtys/[2024-09-21].

[6] 中国工程院. 院士名单[EB/OL]. https://www.cae.cn/cae/html/main/col48/column_48_1.html[2024-09-21].

第4章 国际主要城市基础研究竞争力分析

4.1 国际主要城市基础研究竞争力排行榜

采用国际城市基础研究竞争力指数计算方法，代入对应时间期限内高端人才、一流大学、国际奖励、论文等数据，得出国际城市基础研究竞争力指数 TOP 100 排行榜（见附录）。

4.2 国际主要城市基础研究竞争力排行榜分析

4.2.1 纽约

2023 年，美国纽约基础研究竞争力指数为 77.3462，全球排名第 1 位。入选科睿唯安 2023 年度"全球高被引科学家"名单的人才有 192 人，入选 2024 年 THE 世界大学排行榜的高校有 3 所。

2023 年，纽约发表 SCI 论文共 13 584 篇，发表 SCI 论文数量最多的学科为外科学、肿瘤学、骨科学、临床神经病学、环境与职业健康、多学科、内科学、神经科学、放射医学与医学影像、精神病学（表 4-1）。

表 4-1　2023 年纽约 SCI 论文发文量 TOP 20 学科分布

序号	学科	论文数/篇	篇均被引次数/次
1	外科学	962	3.394
2	肿瘤学	787	6.9327
3	骨科学	658	3.2553
4	临床神经病学	613	4.4829
5	环境与职业健康	602	3.2741

序号	学科	论文数/篇	篇均被引次数/次
6	多学科	594	13.7391
7	内科学	517	7.3346
8	神经科学	449	6.0869
9	放射医学与医学影像	426	3.9577
10	精神病学	415	3.8867
11	心血管系统	395	7.0633
12	细胞生物学	328	14.8415
13	医疗科学与服务	319	3.5078
14	生物化学与分子生物学	296	13.6824
15	实验医学	269	8.6208
16	儿科学	265	2.4453
17	免疫学	246	8.0569
18	妇产科学	214	3.9112
19	泌尿科学和肾脏病学	211	4.4218
20	环境科学	185	5.3297

资料来源：科技大数据湖北省重点实验室

4.2.2 费城

2023 年，美国费城基础研究竞争力指数为 76.5663，全球排名第 2 位。入选科睿唯安 2023 年度"全球高被引科学家"名单的人才有 87 人，入选 2024 年 THE 世界大学排行榜的高校有 3 所。

2023 年，费城发表 SCI 论文共 6677 篇，发表 SCI 论文数量最多的学科为外科学、临床神经病学、儿科学、肿瘤学、多学科、内科学、骨科学、环境与职业健康、神经科学、放射医学与医学影像（表 4-2）。

表 4-2　2023 年费城 SCI 论文发文量 TOP 20 学科分布

序号	学科	论文数/篇	篇均被引次数/次
1	外科学	494	2.4534
2	临床神经病学	363	5.0468
3	儿科学	302	2.8079
4	肿瘤学	301	5.5083
5	多学科	266	8.5639
6	内科学	266	4.0526
7	骨科学	263	2.5817
8	环境与职业健康	258	2.7481
9	神经科学	239	4.2887
10	放射医学与医学影像	203	3.665
11	心血管系统	187	4.2353

续表

序号	学科	论文数/篇	篇均被引次数/次
12	生物化学与分子生物学	185	7.0
13	医疗科学与服务	180	3.1444
14	多学科材料	179	8.9609
15	细胞生物学	174	10.2471
16	实验医学	151	7.3311
17	精神病学	150	3.32
18	物理化学	136	7.3603
19	多学科化学	128	8.0234
20	免疫学	120	6.15

资料来源：科技大数据湖北省重点实验室

4.2.3　波士顿

2023 年，美国波士顿基础研究竞争力指数为 75.1976，全球排名第 3 位。入选科睿唯安 2023 年度"全球高被引科学家"名单的人才有 80 人，入选 2024 年 THE 世界大学排行榜的高校有 3 所。

2023 年，波士顿发表 SCI 论文共 11 655 篇，发表 SCI 论文数量最多的学科为外科学、环境与职业健康、临床神经病学、肿瘤学、多学科、内科学、神经科学、医疗科学与服务、儿科学、心血管系统（表 4-3）。

表 4-3　2023 年波士顿 SCI 论文发文量 TOP 20 学科分布

序号	学科	论文数/篇	篇均被引次数/次
1	外科学	814	3.3477
2	环境与职业健康	747	3.7323
3	临床神经病学	663	4.362
4	肿瘤学	631	6.7702
5	多学科	581	10.9948
6	内科学	578	10.9758
7	神经科学	480	5.0292
8	医疗科学与服务	457	3.7374
9	儿科学	444	2.7117
10	心血管系统	437	7.0732
11	精神病学	367	4.0245
12	实验医学	342	7.4649
13	放射医学与医学影像	338	4.4911
14	免疫学	331	6.5982
15	细胞生物学	309	13.0129
16	生物化学与分子生物学	299	11.2308
17	周围血管病	267	5.5543

序号	学科	论文数/篇	篇均被引次数/次
18	骨科学	266	3.2256
19	血液学	229	7.0699
20	呼吸病学	215	5.3907

资料来源：科技大数据湖北省重点实验室

4.2.4 剑桥

2023 年，美国剑桥基础研究竞争力指数为 74.8541，全球排名第 4 位。入选科睿唯安 2023 年度"全球高被引科学家"名单的人才有 342 人，入选 2024 年 THE 世界大学排行榜的高校有 2 所。

2023 年，剑桥发表 SCI 论文共 4836 篇，发表 SCI 论文数量最多的学科为多学科、多学科材料、天文学与天体物理、多学科化学、物理化学、应用物理学、纳米科学与技术、数学、生物化学与分子生物学、多学科物理学（表 4-4）。

表 4-4　2023 年剑桥 SCI 论文发文量 TOP 20 学科分布

序号	学科	论文数/篇	篇均被引次数/次
1	多学科	428	16.5397
2	多学科材料	329	11.0091
3	天文学与天体物理	286	8.1014
4	多学科化学	243	9.4486
5	物理化学	203	10.2463
6	应用物理学	201	10.4428
7	纳米科学与技术	172	10.6221
8	数学	171	1.2632
9	生物化学与分子生物学	149	13.3423
10	多学科物理学	141	9.617
11	凝聚态物理	122	13.4508
12	细胞生物学	115	15.9826
13	电子与电气工程	112	4.4018
14	粒子与场物理	105	8.3238
15	应用数学	92	2.1087
16	环境科学	91	7.9451
17	神经科学	90	8.8778
18	计算机跨学科应用	85	8.0588
19	实验医学	84	7.5238
20	药学与药理学	83	4.9036

资料来源：科技大数据湖北省重点实验室

4.2.5 北京

2023 年，中国北京基础研究竞争力指数为 71.9531，全球排名第 5 位。入选科睿唯安 2023 年度"全球高被引科学家"名单的人才有 465 人，入选 2024 年 THE 世界大学排行榜的高校有 9 所。

2023 年，北京发表 SCI 论文共 118 329 篇，发表 SCI 论文数量最多的学科为多学科材料、电子与电气工程、环境科学、应用物理学、多学科化学、能源与燃料、物理化学、人工智能、化学工程、纳米科学与技术、计算机信息系统、多学科地球科学、计算机科学理论与方法、环境工程、通信、多学科、凝聚态物理、生物化学与分子生物学、机械工程、冶金（表 4-5）。

表 4-5　2024 年北京 SCI 论文发文量 TOP 20 学科分布

序号	学科	论文数/篇	篇均被引次数/次
1	多学科材料	11 521	6.47
2	电子与电气工程	10 383	3.71
3	环境科学	9 056	5.44
4	应用物理学	6 772	5.79
5	多学科化学	6 117	8.25
6	能源与燃料	5 825	6.46
7	物理化学	5 805	8.86
8	人工智能	5 532	3.78
9	化学工程	4 502	6.99
10	纳米科学与技术	4 497	9.11
11	计算机信息系统	4 265	2.91
12	多学科地球科学	3 929	3.52
13	计算机科学理论与方法	3 247	2.32
14	环境工程	3 123	8.87
15	通信	2 981	3.11
16	多学科	2 977	7.32
17	凝聚态物理	2 788	9.28
18	生物化学与分子生物学	2 785	4.85
19	机械工程	2 777	4.3
20	冶金	2 631	4.41

资料来源：科技大数据湖北省重点实验室

4.2.6 上海

2023 年，中国上海基础研究竞争力指数为 69.7723，全球排名第 6 位。入选科睿唯安 2023 年度"全球高被引科学家"名单的人才有 91 人，入选 2024 年 THE 世界大学排行榜的高校有 9 所。

2023 年，上海发表 SCI 论文共 63 015 篇，发表 SCI 论文数量最多的学科为多学科材料、电子与电气工程、多学科化学、物理化学、应用物理学、环境科学、纳米科学与技术、人工智能、肿瘤学、化学工程、能源与燃料、生物化学与分子生物学、土木工程、光学、计算机信息系统、药学与药理学、凝聚态物理、机械工程、环境工程、多学科（表 4-6）。

表 4-6　2023 年上海 SCI 论文发文量 TOP 20 学科分布

序号	学科	论文数/篇	篇均被引次数/次
1	多学科材料	6485	6.79
2	电子与电气工程	4447	3.57
3	多学科化学	3938	8.46
4	物理化学	3542	8.62
5	应用物理学	3518	6.41
6	环境科学	2977	5.39
7	纳米科学与技术	2952	9.16
8	人工智能	2603	4.04
9	肿瘤学	2382	2.84
10	化学工程	2316	7.27
11	能源与燃料	2231	6.7
12	生物化学与分子生物学	1965	4.66
13	土木工程	1934	4.83
14	光学	1812	2.69
15	计算机信息系统	1656	2.75
16	药学与药理学	1654	4.18
17	凝聚态物理	1615	9.28
18	机械工程	1556	4.09
19	环境工程	1532	8.89
20	多学科	1530	6.48

资料来源：科技大数据湖北省重点实验室

4.2.7　伦敦

2023 年，英国伦敦基础研究竞争力指数为 69.4381，全球排名第 7 位。入选科睿唯安 2023 年度"全球高被引科学家"名单的人才有 191 人，入选 2024 年 THE 世界大学排行榜的高校有 18 所。

2023 年，伦敦发表 SCI 论文共 17 535 篇，发表 SCI 论文数量最多的学科为多学科、环境与职业健康、精神病学、内科学、神经科学、多学科材料、临床神经病学、外科学、医疗科学与服务、电子与电气工程（表 4-7）。

表 4-7　2023 年伦敦 SCI 论文发文量 TOP 20 学科分布

序号	学科	论文数/篇	篇均被引次数/次
1	多学科	753	8.1355
2	环境与职业健康	684	3.7675
3	精神病学	639	4.8341

序号	学科	论文数/篇	篇均被引次数/次
4	内科学	622	5.9357
5	神经科学	479	5.8246
6	多学科材料	472	7.8729
7	临床神经病学	462	5.9654
8	外科学	413	7.586
9	医疗科学与服务	396	3.9949
10	电子与电气工程	364	8.6538
11	多学科化学	333	8.2162
12	心血管系统	316	8.0759
13	生物化学与分子生物学	315	9.4698
14	放射医学与医学影像	312	4.9006
15	肿瘤学	310	8.4742
16	环境科学	299	7.5953
17	传染病学	290	6.4241
18	物理化学	287	8.7944
19	药学与药理学	287	5.2125
20	环境研究	272	4.2647

资料来源：科技大数据湖北省重点实验室

4.2.8　巴黎

2023 年，法国巴黎基础研究竞争力指数为 68.9956，全球排名第 8 位。入选科睿唯安 2023 年度"全球高被引科学家"名单的人才有 76 人，入选 2024 年 THE 世界大学排行榜的高校有 11 所。

2023 年，巴黎发表 SCI 论文共 10 498 篇，发表 SCI 论文数量最多的学科为多学科、多学科材料、数学、肿瘤学、生物化学与分子生物学、应用数学、物理化学、应用物理学、天文学与天体物理、神经科学（表 4-8）。

表 4-8　2023 年巴黎 SCI 论文发文量 TOP 20 学科分布

序号	学科	论文数/篇	篇均被引次数/次
1	多学科	460	6.163
2	多学科材料	436	5.0734
3	数学	325	1.3292
4	肿瘤学	297	6.6801
5	生物化学与分子生物学	293	5.7543
6	应用数学	287	1.6864
7	物理化学	286	4.8392
8	应用物理学	270	4.7593
9	天文学与天体物理	265	8.0943

续表

序号	学科	论文数/篇	篇均被引次数/次
10	神经科学	261	5.272
11	临床神经病学	258	4.4961
12	外科学	246	5.1341
13	多学科化学	243	4.893
14	多学科物理学	222	5.3604
15	内科学	220	7.0818
16	药学与药理学	207	2.3478
17	细胞生物学	203	6.2118
18	微生物学	197	4.9695
19	环境科学	188	5.5213
20	实验医学	180	4.3778

资料来源：科技大数据湖北省重点实验室

4.2.9 牛津

2023 年，英国牛津基础研究竞争力指数为 65.3669，全球排名第 9 位。入选科睿唯安 2023 年度"全球高被引科学家"名单的人才有 63 人，入选 2024 年 THE 世界大学排行榜的高校有 2 所。

2023 年，牛津发表 SCI 论文共 5004 篇，发表 SCI 论文数量最多的学科为多学科、多学科化学、多学科材料、宗教研究、内科学、环境与职业健康、数学、神经科学、天文学与天体物理、物理化学（表 4-9）。

表 4-9　2023 年牛津 SCI 论文发文量 TOP 20 学科分布

序号	学科	论文数/篇	篇均被引次数/次
1	多学科	241	9.8299
2	多学科化学	179	9.095
3	多学科材料	165	8.3939
4	宗教研究	148	0.2432
5	内科学	147	19.5782
6	环境与职业健康	127	4.4488
7	数学	118	1.2881
8	神经科学	117	6.5043
9	天文学与天体物理	107	12.8037
10	物理化学	107	9.3925
11	生物化学与分子生物学	107	8.2336
12	环境科学	107	7.8972
13	精神病学	87	6.0115
14	生态学	82	5.1951
15	细胞生物学	81	10.1975

续表

序号	学科	论文数/篇	篇均被引次数/次
16	应用数学	81	2.4938
17	医疗科学与服务	77	4.0649
18	遗传学	76	6.5263
19	生物学	76	5.75
20	多学科地球科学	73	4.7123

资料来源：科技大数据湖北省重点实验室

4.2.10 南京

2023年，中国南京基础研究竞争力指数为65.3379，全球排名第10位。入选科睿唯安2023年度"全球高被引科学家"名单的人才有76人，入选2024年THE世界大学排行榜的高校有9所。

2023年，南京发表SCI论文共39 726篇，发表SCI论文数量最多的学科为多学科材料、电子与电气工程、环境科学、应用物理学、多学科化学、物理化学、土木工程、化学工程、纳米科学与技术、能源与燃料（表4-10）。

表4-10　2023年南京SCI论文发文量TOP 20学科分布

序号	学科	论文数/篇	篇均被引次数/次
1	多学科材料	4367	8.673
2	电子与电气工程	3969	5.9345
3	环境科学	3564	6.9694
4	应用物理学	2551	7.4343
5	多学科化学	2361	10.6523
6	物理化学	2119	11.8636
7	土木工程	1789	7.114
8	化学工程	1702	10.6469
9	纳米科学与技术	1670	12.2443
10	能源与燃料	1538	9.4701
11	环境工程	1297	12.9275
12	计算机信息系统	1271	5.4076
13	生物化学与分子生物学	1203	5.9493
14	通信	1197	6.3726
15	多学科地球科学	1104	5.4484
16	建造技术	1024	8.3896
17	凝聚态物理	1016	12.1388
18	光学	1009	3.8612
19	仪器与仪表	1006	4.5537
20	力学	978	7.2689

资料来源：科技大数据湖北省重点实验室

4.2.11　香港

2023 年，中国香港基础研究竞争力指数为 63.4423，全球排名第 11 位。入选科睿唯安 2023 年度"全球高被引科学家"名单的人才有 122 人，入选 2024 年 THE 世界大学排行榜的高校有 6 所。

2023 年，香港发表 SCI 论文共 10 947 篇，发表 SCI 论文数量最多的学科为多学科材料、电子与电气工程、多学科化学、环境科学、土木工程、应用物理学、物理化学、纳米科学与技术、多学科、能源与燃料（表 4-11）。

表 4-11　2023 年香港 SCI 论文发文量 TOP 20 学科分布

序号	学科	论文数/篇	篇均被引次数/次
1	多学科材料	796	12.441
2	电子与电气工程	788	6.7525
3	多学科化学	512	14.0449
4	环境科学	500	8.764
5	土木工程	442	8.6538
6	应用物理学	425	12.3247
7	物理化学	414	16.3502
8	纳米科学与技术	401	15.182
9	多学科	364	14.2143
10	能源与燃料	362	12.5221
11	计算机信息系统	326	5.316
12	建造技术	307	9.9577
13	人工智能	296	9.75
14	环境与职业健康	294	4.0714
15	环境工程	281	12.6406
16	语言学	242	3.657
17	通信	225	6.2978
18	凝聚态物理	222	17.8153
19	力学	220	9.0409
20	计算机跨学科应用	218	8.5459

资料来源：科技大数据湖北省重点实验室

4.2.12　慕尼黑

2023 年，德国慕尼黑基础研究竞争力指数为 62.7426，全球排名第 12 位。入选科睿唯安 2023 年度"全球高被引科学家"名单的人才有 85 人，入选 2024 年 THE 世界大学排行榜的高校有 2 所。

2023 年，慕尼黑发表 SCI 论文共 4923 篇，发表 SCI 论文数量最多的学科为多学科、肿瘤学、临床神经病学、电子与电气工程、外科学、放射医学与医学影像、神经科学、内科学、多学科化学、生物化学与分子生物学（表 4-12）。

表 4-12　2023 年慕尼黑 SCI 论文发文量 TOP 20 学科分布

序号	学科	论文数/篇	篇均被引次数/次
1	多学科	216	6.1759
2	肿瘤学	200	6.46
3	临床神经病学	197	4.9086
4	电子与电气工程	190	5.1158
5	外科学	185	2.6595
6	放射医学与医学影像	183	6.2842
7	神经科学	164	4.8841
8	内科学	150	4.62
9	多学科化学	144	5.7639
10	生物化学与分子生物学	131	7.7786
11	多学科材料	129	6.5426
12	心血管系统	120	3.725
13	精神病学	114	3.5
14	细胞生物学	106	9.4434
15	天文学与天体物理	100	6.27
16	计算机信息系统	99	3.8889
17	骨科学	98	3.4592
18	环境与职业健康	97	2.8969
19	环境科学	90	6.0667
20	粒子与场物理	87	5.2414

资料来源：科技大数据湖北省重点实验室

4.2.13　武汉

2023 年，中国武汉基础研究竞争力指数为 62.3063，全球排名第 13 位。入选科睿唯安 2023 年度"全球高被引科学家"名单的人才有 66 人，入选 2024 年 THE 世界大学排行榜的高校有 5 所。

2023 年，武汉发表 SCI 论文共 32 749 篇，发表 SCI 论文数量最多的学科为多学科材料、电子与电气工程、环境科学、应用物理学、多学科化学、物理化学、能源与燃料、纳米科学与技术、化学工程、多学科地球科学（表 4-13）。

表 4-13　2023 年武汉 SCI 论文发文量 TOP 20 学科分布

序号	学科	论文数/篇	篇均被引次数/次
1	多学科材料	3840	9.4641
2	电子与电气工程	2735	6.0102
3	环境科学	2654	7.6564
4	应用物理学	2181	8.2572
5	多学科化学	2018	11.1938
6	物理化学	1917	13.1914

序号	学科	论文数/篇	篇均被引次数/次
7	能源与燃料	1704	10.2136
8	纳米科学与技术	1441	13.4754
9	化学工程	1360	11.4551
10	多学科地球科学	1273	6.2459
11	土木工程	1091	7.3676
12	生物化学与分子生物学	1091	6.4271
13	环境工程	1005	13.5881
14	计算机信息系统	1002	5.2355
15	遥感	970	6.167
16	仪器与仪表	887	5.6798
17	凝聚态物理	873	13.8786
18	多学科	860	8.4221
19	光学	835	3.9281
20	人工智能	825	8.5903

资料来源：科技大数据湖北省重点实验室

4.2.14 洛桑

2023 年，瑞士洛桑基础研究竞争力指数为 61.4033，全球排名第 14 位。入选科睿唯安 2023 年度"全球高被引科学家"名单的人才有 23 人，入选 2024 年 THE 世界大学排行榜的高校有 2 所。

2023 年，洛桑发表 SCI 论文共 2590 篇，发表 SCI 论文数量最多的学科为多学科、多学科化学、多学科材料、电子与电气工程、物理化学、生物化学与分子生物学、应用物理学、神经科学、纳米科学与技术、环境科学（表 4-14）。

表 4-14　2023 年洛桑 SCI 论文发文量 TOP 20 学科分布

序号	学科	论文数/篇	篇均被引次数/次
1	多学科	172	12.6512
2	多学科化学	148	9.3986
3	多学科材料	144	8.4306
4	电子与电气工程	93	5.6667
5	物理化学	90	11.3889
6	生物化学与分子生物学	85	7.2706
7	应用物理学	77	7.8961
8	神经科学	77	6.2338
9	纳米科学与技术	75	9.4667
10	环境科学	69	4.8116
11	内科学	58	2.1724
12	应用数学	56	2.25

序号	学科	论文数/篇	篇均被引次数/次
13	精神病学	52	2.6538
14	土木工程	51	4.9216
15	放射医学与医学影像	51	4.1765
16	外科学	51	2.3725
17	细胞生物学	48	10.3125
18	流体与等离子体物理	48	4.0625
19	能源与燃料	46	8.8043
20	肿瘤学	46	8.0217

资料来源：科技大数据湖北省重点实验室

4.2.15 新加坡

2023 年，新加坡新加坡基础研究竞争力指数为 59.3108，全球排名第 15 位。入选科睿唯安 2023 年度"全球高被引科学家"名单的人才有 107 人，入选 2024 年 THE 世界大学排行榜的高校有 2 所。

2023 年，新加坡发表 SCI 论文共 7555 篇，发表 SCI 论文数量最多的学科为多学科材料、电子与电气工程、多学科化学、应用物理学、纳米科学与技术、多学科、物理化学、内科学、人工智能、计算机信息系统（表 4-15）。

表 4-15　2023 年新加坡 SCI 论文发文量 TOP 20 学科分布

序号	学科	论文数/篇	篇均被引次数/次
1	多学科材料	747	10.7336
2	电子与电气工程	627	11.0686
3	多学科化学	451	12.8337
4	应用物理学	356	10.427
5	纳米科学与技术	355	12.6958
6	多学科	353	10.6657
7	物理化学	329	14.6383
8	内科学	300	3.03
9	人工智能	279	15.405
10	计算机信息系统	228	10.2588
11	凝聚态物理	198	14.6515
12	化学工程	183	11.4918
13	土木工程	180	7.3722
14	能源与燃料	176	11.8466
15	通信	176	9.9318
16	环境科学	163	7.638
17	外科学	157	2.5669
18	环境与职业健康	156	3.6346

序号	学科	论文数/篇	篇均被引次数/次
19	生物化学与分子生物学	143	4.2238
20	医疗科学与服务	138	3.5652

资料来源：科技大数据湖北省重点实验室

4.2.16　洛杉矶

2023 年，美国洛杉矶基础研究竞争力指数为 58.5530，全球排名第 16 位。入选科睿唯安 2023 年度"全球高被引科学家"名单的人才有 62 人，入选 2024 年 THE 世界大学排行榜的高校有 2 所。

2023 年，洛杉矶发表 SCI 论文共 6969 篇，发表 SCI 论文数量最多的学科为外科学、多学科、环境与职业健康、神经科学、肿瘤学、临床神经病学、内科学、多学科材料、多学科化学、生物化学与分子生物学（表 4-16）。

表 4-16　2023 年洛杉矶 SCI 论文发文量 TOP 20 学科分布

序号	学科	论文数/篇	篇均被引次数/次
1	外科学	438	3.5479
2	多学科	340	8.0941
3	环境与职业健康	270	3.6111
4	神经科学	255	5.9882
5	肿瘤学	237	6.481
6	临床神经病学	237	4.346
7	内科学	225	5.9422
8	多学科材料	191	9.2356
9	多学科化学	173	9.0636
10	生物化学与分子生物学	170	6.0059
11	心血管系统	167	5.6347
12	精神病学	166	4.7651
13	放射医学与医学影像	152	5.7763
14	儿科学	149	2.8054
15	医疗科学与服务	148	2.7568
16	细胞生物学	144	8.625
17	环境科学	141	6.8865
18	骨科学	140	2.3286
19	物理化学	130	10.1308
20	电子与电气工程	130	6.0462

资料来源：科技大数据湖北省重点实验室

4.2.17　杭州

2023 年，中国杭州基础研究竞争力指数为 57.9032，全球排名第 17 位。入选科睿唯安

2023 年度"全球高被引科学家"名单的人才有 51 人，入选 2024 年 THE 世界大学排行榜的高校有 4 所。

2023 年，杭州发表 SCI 论文共 24 636 篇，发表 SCI 论文数量最多的学科为多学科材料、电子与电气工程、环境科学、多学科化学、应用物理学、物理化学、化学工程、纳米科学与技术、能源与燃料、生物化学与分子生物学（表 4-17）。

表 4-17　2023 年杭州 SCI 论文发文量 TOP 20 学科分布

序号	学科	论文数/篇	篇均被引次数/次
1	多学科材料	2381	9.0899
2	电子与电气工程	2116	5.5473
3	环境科学	1704	7.9137
4	多学科化学	1494	10.0649
5	应用物理学	1488	7.3421
6	物理化学	1217	11.9688
7	化学工程	1078	9.9889
8	纳米科学与技术	1038	12.5154
9	能源与燃料	942	8.5297
10	生物化学与分子生物学	930	6.3462
11	光学	822	4.3151
12	计算机信息系统	817	4.5006
13	多学科	797	8.3413
14	环境工程	737	13.4071
15	食品科学	729	7.9781
16	药学与药理学	679	5.0957
17	仪器与仪表	658	4.4696
18	人工智能	636	7.8868
19	植物学	565	6.7841
20	肿瘤学	557	4.009

资料来源：科技大数据湖北省重点实验室

4.2.18　剑桥

2023 年，英国剑桥基础研究竞争力指数为 57.5561，全球排名第 18 位。入选科睿唯安 2023 年度"全球高被引科学家"名单的人才有 72 人，入选 2024 年 THE 世界大学排行榜的高校有 2 所。

2023 年，剑桥发表 SCI 论文共 4403 篇，发表 SCI 论文数量最多的学科为多学科、多学科材料、多学科化学、生物化学与分子生物学、天文学与天体物理、细胞生物学、物理化学、神经科学、应用物理学、纳米科学与技术（表 4-18）。

表 4-18　2023 年剑桥 SCI 论文发文量 TOP 20 学科分布

序号	学科	论文数/篇	篇均被引次数/次
1	多学科	313	11.2812
2	多学科材料	207	8.9758
3	多学科化学	185	8.6811
4	生物化学与分子生物学	160	16.1687
5	天文学与天体物理	146	10.226
6	细胞生物学	143	9.7133
7	物理化学	136	9.2426
8	神经科学	133	6.2105
9	应用物理学	121	6.2066
10	纳米科学与技术	103	7.7087
11	宗教研究	92	0.2717
12	环境科学	89	5.7528
13	环境研究	87	5.9885
14	数学	83	1.1205
15	环境与职业健康	79	2.9494
16	内科学	78	5.1538
17	多学科地球科学	78	4.3718
18	生物学	75	5.0267
19	生态学	71	5.1268
20	临床神经病学	70	8.1286

资料来源：科技大数据湖北省重点实验室

4.2.19　悉尼

2023 年，澳大利亚悉尼基础研究竞争力指数为 57.4430，全球排名第 19 位。入选科睿唯安 2023 年度"全球高被引科学家"名单的人才有 83 人，入选 2024 年 THE 世界大学排行榜的高校有 6 所。

2023 年，悉尼发表 SCI 论文共 1844 篇，发表 SCI 论文数量最多的学科为电子与电气工程、多学科材料、人工智能、多学科、计算机信息系统、应用物理学、神经科学、环境与职业健康、物理化学、环境科学（表 4-19）。

表 4-19　2023 年悉尼 SCI 论文发文量 TOP 20 学科分布

序号	学科	论文数/篇	篇均被引次数/次
1	电子与电气工程	137	10.5912
2	多学科材料	124	16.7823
3	人工智能	85	13.0824
4	多学科	85	11.7882
5	计算机信息系统	71	10.1408
6	应用物理学	68	20.5588

序号	学科	论文数/篇	篇均被引次数/次
7	神经科学	66	5.5152
8	环境与职业健康	64	3.7969
9	物理化学	60	14.3333
10	环境科学	60	7.65
11	多学科化学	56	16.25
12	精神病学	49	5.449
13	能源与燃料	48	22.6458
14	纳米科学与技术	47	14.8298
15	临床神经病学	47	4.766
16	生态学	46	7.4348
17	土木工程	44	9.5455
18	肿瘤学	43	6.907
19	内科学	41	13.2927
20	生物化学与分子生物学	39	6.1538

资料来源：科技大数据湖北省重点实验室

4.2.20 广州

2023 年，中国广州基础研究竞争力指数为 56.7835，全球排名第 20 位。入选科睿唯安 2023 年度"全球高被引科学家"名单的人才有 62 人，入选 2024 年 THE 世界大学排行榜的高校有 7 所。

2023 年，广州发表 SCI 论文共 30 681 篇，发表 SCI 论文数量最多的学科为多学科材料、环境科学、多学科化学、电子与电气工程、物理化学、应用物理学、生物化学与分子生物学、纳米科学与技术、肿瘤学、化学工程（表 4-20）。

表 4-20　2023 年广州 SCI 论文发文量 TOP 20 学科分布

序号	学科	论文数/篇	篇均被引次数/次
1	多学科材料	2763	10.2584
2	环境科学	2210	8.1511
3	多学科化学	1830	11.7923
4	电子与电气工程	1754	5.9681
5	物理化学	1584	13.7266
6	应用物理学	1445	9.9619
7	生物化学与分子生物学	1364	6.3629
8	纳米科学与技术	1333	13.0923
9	肿瘤学	1137	5.5268
10	化学工程	1093	12.0128
11	环境工程	1055	13.8294
12	药学与药理学	1049	5.8675

续表

序号	学科	论文数/篇	篇均被引次数/次
13	能源与燃料	1028	10.3794
14	食品科学	917	7.7459
15	多学科	826	7.4213
16	计算机信息系统	770	5.5455
17	植物学	750	6.288
18	应用化学	742	10.0957
19	土木工程	707	8.2801
20	人工智能	702	8.2265

资料来源：科技大数据湖北省重点实验室

4.2.21 西安

2023 年，中国西安基础研究竞争力指数为 56.0527，全球排名第 21 位。入选科睿唯安 2023 年度"全球高被引科学家"名单的人才有 56 人，入选 2024 年 THE 世界大学排行榜的高校有 4 所。

2023 年，西安发表 SCI 论文共 31 548 篇，发表 SCI 论文数量最多的学科为多学科材料、电子与电气工程、应用物理学、物理化学、环境科学、能源与燃料、多学科化学、纳米科学与技术、化学工程、机械工程（表 4-21）。

表 4-21　2023 年西安 SCI 论文发文量 TOP 20 学科分布

序号	学科	论文数/篇	篇均被引次数/次
1	多学科材料	4718	8.9646
2	电子与电气工程	4279	6.3781
3	应用物理学	2824	7.1732
4	物理化学	2135	14.0778
5	环境科学	1861	6.9404
6	能源与燃料	1767	10.9847
7	多学科化学	1734	10.707
8	纳米科学与技术	1423	12.7667
9	化学工程	1394	11.5007
10	机械工程	1372	7.5124
11	土木工程	1260	7.1254
12	力学	1214	7.3806
13	人工智能	1204	9.1055
14	光学	1171	3.2425
15	冶金	1155	7.8433
16	计算机信息系统	1133	5.962
17	通信	1106	6.3816
18	仪器与仪表	1071	4.7171

序号	学科	论文数/篇	篇均被引次数/次
19	多学科工程	1039	6.0192
20	热力学	973	8.2384

资料来源：科技大数据湖北省重点实验室

4.2.22 苏黎世

2023 年，瑞士苏黎世基础研究竞争力指数为 55.6511，全球排名第 22 位。入选科睿唯安 2023 年度"全球高被引科学家"名单的人才有 39 人，入选 2024 年 THE 世界大学排行榜的高校有 2 所。

2023 年，苏黎世发表 SCI 论文共 5391 篇，发表 SCI 论文数量最多的学科为多学科、多学科化学、多学科材料、神经科学、环境科学、物理化学、电子与电气工程、应用物理学、多学科地球科学、生物化学与分子生物学（表 4-22）。

表 4-22 2023 年苏黎世 SCI 论文发文量 TOP 20 学科分布

序号	学科	论文数/篇	篇均被引次数/次
1	多学科	325	10.0185
2	多学科化学	289	8.09
3	多学科材料	273	8.5055
4	神经科学	186	3.371
5	环境科学	185	7.1946
6	物理化学	183	10.3279
7	电子与电气工程	169	6.8757
8	应用物理学	155	9.5613
9	多学科地球科学	148	5.7365
10	生物化学与分子生物学	132	16.0076
11	放射医学与医学影像	132	6.5
12	纳米科学与技术	129	11.1395
13	临床神经病学	129	3.6357
14	内科学	127	5.0157
15	数学	123	1.6016
16	外科学	115	3.4957
17	多学科物理学	109	6.1927
18	兽医学	108	1.75
19	生态学	107	6.6542
20	骨科学	98	2.8265

资料来源：科技大数据湖北省重点实验室

4.2.23 合肥

2023 年，中国合肥基础研究竞争力指数为 55.6440，全球排名第 23 位。入选科睿唯安

2023 年度"全球高被引科学家"名单的人才有 50 人，入选 2024 年 THE 世界大学排行榜的高校有 1 所。

2023 年，合肥发表 SCI 论文共 14 388 篇，发表 SCI 论文数量最多的学科为多学科材料、电子与电气工程、应用物理学、多学科化学、物理化学、环境科学、纳米科学与技术、光学、能源与燃料、计算机信息系统（表 4-23）。

表 4-23　2023 年合肥 SCI 论文发文量 TOP 20 学科分布

序号	学科	论文数/篇	篇均被引次数/次
1	多学科材料	1721	8.6508
2	电子与电气工程	1349	5.9281
3	应用物理学	1157	7.4261
4	多学科化学	1036	12.2597
5	物理化学	948	11.9072
6	环境科学	819	6.895
7	纳米科学与技术	773	12.1565
8	光学	605	3.2579
9	能源与燃料	582	9.4914
10	计算机信息系统	504	7.6528
11	化学工程	498	10.8474
12	仪器与仪表	474	4.1076
13	凝聚态物理	459	12.6405
14	人工智能	451	9.1996
15	多学科	415	13.8169
16	生物化学与分子生物学	411	5.8954
17	分析化学	342	4.9181
18	多学科物理学	340	4.3971
19	药学与药理学	331	5.2054
20	通信	326	7.8926

资料来源：科技大数据湖北省重点实验室

4.2.24　普林斯顿

2023 年，美国普林斯顿基础研究竞争力指数为 55.4916，全球排名第 24 位。入选科睿唯安 2023 年度"全球高被引科学家"名单的人才有 19 人，入选 2024 年 THE 世界大学排行榜的高校有 1 所。

2023 年，普林斯顿发表 SCI 论文共 1835 篇，发表 SCI 论文数量最多的学科为天文学与天体物理、多学科、数学、流体与等离子体物理、多学科材料、多学科物理学、物理化学、应用物理学、多学科化学、粒子与场物理（表 4-24）。

表 4-24　2023 年普林斯顿 SCI 论文发文量 TOP 20 学科分布

序号	学科	论文数/篇	篇均被引次数/次
1	天文学与天体物理	118	10.7119
2	多学科	112	13.2946
3	数学	108	2.4167
4	流体与等离子体物理	96	3.1979
5	多学科材料	84	8.0833
6	多学科物理学	80	8.925
7	物理化学	74	8.2973
8	应用物理学	68	7.4853
9	多学科化学	65	12.4
10	粒子与场物理	54	11.6296
11	气象与大气科学	54	5.7778
12	环境科学	44	8.7955
13	应用数学	44	3.0909
14	多学科地球科学	42	3.9762
15	药学与药理学	41	3.8049
16	宗教研究	38	0.2105
17	电子与电气工程	36	7.9722
18	能源与燃料	35	10.7714
19	凝聚态物理	34	10.2059
20	化学工程	34	6.4118

资料来源：科技大数据湖北省重点实验室

4.2.25　纽黑文

2023 年，美国纽黑文基础研究竞争力指数为 55.0897，全球排名第 25 位。入选科睿唯安 2023 年度"全球高被引科学家"名单的人才有 49 人，入选 2024 年 THE 世界大学排行榜的高校有 1 所。

2023 年，纽黑文发表 SCI 论文共 3347 篇，发表 SCI 论文数量最多的学科为多学科、外科学、精神病学、环境与职业健康、神经科学、肿瘤学、内科学、心血管系统、临床神经病学、生物化学与分子生物学（表 4-25）。

表 4-25　2023 年纽黑文 SCI 论文发文量 TOP 20 学科分布

序号	学科	论文数/篇	篇均被引次数/次
1	多学科	219	12.2831
2	外科学	173	2.8844
3	精神病学	163	4.2147
4	环境与职业健康	156	3.1923
5	神经科学	142	6.3099
6	肿瘤学	131	8.8321

序号	学科	论文数/篇	篇均被引次数/次
7	内科学	127	26.7323
8	心血管系统	104	6.5096
9	临床神经病学	100	6.46
10	生物化学与分子生物学	99	6.2424
11	细胞生物学	98	8.2449
12	放射医学与医学影像	85	3.6824
13	环境科学	75	8.2933
14	医疗科学与服务	71	4.1831
15	骨科学	71	2.9437
16	实验医学	68	5.9853
17	药物滥用	67	3.597
18	儿科学	62	2.8548
19	免疫学	61	5.459
20	临床心理学	61	5.0656

资料来源：科技大数据湖北省重点实验室

4.2.26 芝加哥

2023 年，美国芝加哥基础研究竞争力指数为 55.0076，全球排名第 26 位。入选科睿唯安 2023 年度"全球高被引科学家"名单的人才有 32 人，入选 2024 年 THE 世界大学排行榜的高校有 4 所。

2023 年，芝加哥发表 SCI 论文共 7155 篇，发表 SCI 论文数量最多的学科为外科学、临床神经病学、环境与职业健康、内科学、多学科、神经科学、肿瘤学、儿科学、医疗科学与服务、骨科学（表 4-26）。

表 4-26　2023 年芝加哥 SCI 论文发文量 TOP 20 学科分布

序号	学科	论文数/篇	篇均被引次数/次
1	外科学	483	2.7598
2	临床神经病学	312	4.5
3	环境与职业健康	286	2.8846
4	内科学	284	4.7394
5	多学科	262	10.1832
6	神经科学	254	4.8701
7	肿瘤学	246	7.0894
8	儿科学	229	2.6769
9	医疗科学与服务	211	4.6161
10	骨科学	200	2.78
11	生物化学与分子生物学	166	6.9398
12	心血管系统	162	4.0494

序号	学科	论文数/篇	篇均被引次数/次
13	多学科化学	156	8.0641
14	多学科材料	156	6.2115
15	放射医学与医学影像	148	3.3986
16	实验医学	146	5.0068
17	精神病学	144	3.5347
18	物理化学	138	6.4783
19	细胞生物学	130	7.5615
20	护理学	127	4.4094

资料来源：科技大数据湖北省重点实验室

4.2.27 深圳

2023 年，中国深圳基础研究竞争力指数为 54.9108，全球排名第 27 位。入选科睿唯安 2023 年度"全球高被引科学家"名单的人才有 41 人，入选 2024 年 THE 世界大学排行榜的高校有 2 所。

2023 年，深圳发表 SCI 论文共 11 367 篇，发表 SCI 论文数量最多的学科为多学科材料、电子与电气工程、应用物理学、多学科化学、纳米科学与技术、物理化学、环境科学、光学、人工智能、计算机信息系统（表 4-27）。

表 4-27 2023 年深圳 SCI 论文发文量 TOP 20 学科分布

序号	学科	论文数/篇	篇均被引次数/次
1	多学科材料	1732	11.5219
2	电子与电气工程	1298	6.6256
3	应用物理学	980	11.2071
4	多学科化学	976	14.6373
5	纳米科学与技术	899	14.3949
6	物理化学	811	16.1566
7	环境科学	579	8.8325
8	光学	496	4.5423
9	人工智能	480	8.9437
10	计算机信息系统	452	6.5973
11	能源与燃料	426	11.7394
12	通信	419	7.3699
13	凝聚态物理	417	18.47
14	土木工程	383	7.4935
15	化学工程	378	12.6984
16	多学科	363	14.551
17	环境工程	363	13.3388
18	仪器与仪表	338	4.7722

序号	学科	论文数/篇	篇均被引次数/次
19	生物化学与分子生物学	337	5.8961
20	分析化学	272	5.5368

资料来源：科技大数据湖北省重点实验室

4.2.28 伯克利

2023 年，美国伯克利基础研究竞争力指数为 54.8464，全球排名第 28 位。入选科睿唯安 2023 年度"全球高被引科学家"名单的人才有 59 人，入选 2024 年 THE 世界大学排行榜的高校有 1 所。

2023 年，伯克利发表 SCI 论文共 3003 篇，发表 SCI 论文数量最多的学科为多学科材料、多学科、物理化学、多学科化学、应用物理学、天文学与天体物理、环境科学、纳米科学与技术、生物化学与分子生物学、环境与职业健康（表 4-28）。

表 4-28 2023 年伯克利 SCI 论文发文量 TOP 20 学科分布

序号	学科	论文数/篇	篇均被引次数/次
1	多学科材料	242	8.6198
2	多学科	219	13.5753
3	物理化学	211	8.1706
4	多学科化学	185	10.9459
5	应用物理学	149	7.3221
6	天文学与天体物理	142	9.5563
7	环境科学	122	6.9426
8	纳米科学与技术	110	8.1636
9	生物化学与分子生物学	105	10.6381
10	环境与职业健康	91	5.3516
11	能源与燃料	89	10.0674
12	凝聚态物理	89	8.6404
13	原子、分子与化学物理学	77	4.7922
14	数学	76	1.0526
15	电子与电气工程	71	3.6338
16	生态学	68	5.3676
17	多学科物理学	66	9.0758
18	粒子与场物理	60	6.8333
19	生物学	60	6.4667
20	微生物学	58	6.1207

资料来源：科技大数据湖北省重点实验室

4.2.29 首尔

2023 年，韩国首尔基础研究竞争力指数为 54.7266，全球排名第 29 位。入选科睿唯安

2023 年度"全球高被引科学家"名单的人才有 38 人，入选 2024 年 THE 世界大学排行榜的高校有 15 所。

2023 年，首尔发表 SCI 论文共 23 411 篇，发表 SCI 论文数量最多的学科为多学科材料、电子与电气工程、应用物理学、多学科化学、多学科、物理化学、内科学、纳米科学与技术、计算机信息系统、生物化学与分子生物学（表 4-29）。

表 4-29　2023 年首尔 SCI 论文发文量 TOP 20 学科分布

序号	学科	论文数/篇	篇均被引次数/次
1	多学科材料	2190	6.9516
2	电子与电气工程	1718	3.3818
3	应用物理学	1445	5.4221
4	多学科化学	1293	6.3357
5	多学科	1243	4.3677
6	物理化学	1073	9.1892
7	内科学	1015	2.3773
8	纳米科学与技术	1008	9.0298
9	计算机信息系统	926	2.879
10	生物化学与分子生物学	777	4.148
11	肿瘤学	770	3.5325
12	外科学	756	2.4709
13	环境科学	714	5.4216
14	通信	712	3.1573
15	能源与燃料	654	8.8318
16	化学工程	608	8.4523
17	凝聚态物理	544	8.2482
18	药学与药理学	499	3.2184
19	放射医学与医学影像	498	3.498
20	分析化学	466	4.3348

资料来源：科技大数据湖北省重点实验室

4.2.30　柏林

2023 年，德国柏林基础研究竞争力指数为 54.3398，全球排名第 30 位。入选科睿唯安 2023 年度"全球高被引科学家"名单的人才有 40 人，入选 2024 年 THE 世界大学排行榜的高校有 4 所。

2023 年，柏林发表 SCI 论文共 6771 篇，发表 SCI 论文数量最多的学科为多学科材料、多学科、多学科化学、应用物理学、物理化学、环境科学、生物化学与分子生物学、神经科学、环境与职业健康、临床神经病学（表 4-30）。

表 4-30　2023 年柏林 SCI 论文发文量 TOP 20 学科分布

序号	学科	论文数/篇	篇均被引次数/次
1	多学科材料	361	5.7258
2	多学科	307	8.1173
3	多学科化学	280	6.1857
4	应用物理学	234	5.5
5	物理化学	231	7.4545
6	环境科学	231	5.8052
7	生物化学与分子生物学	190	5.3
8	神经科学	187	4.8556
9	环境与职业健康	174	3.0
10	临床神经病学	166	5.1867
11	内科学	156	4.141
12	环境研究	143	5.7552
13	精神病学	142	4.1831
14	纳米科学与技术	132	7.3561
15	肿瘤学	130	3.1846
16	应用数学	129	2.6047
17	外科学	117	2.5897
18	免疫学	116	6.931
19	电子与电气工程	115	3.7826
20	凝聚态物理	112	5.7589

资料来源：科技大数据湖北省重点实验室

附录 国际城市基础研究竞争力指数排行榜

排名	城市（中文/英文）	国家	基础研究竞争力指数
1	纽约/New York	美国	77.3462
2	费城/Philadelphia	美国	76.5663
3	波士顿/Boston	美国	75.1976
4	剑桥/Cambridge	美国	74.8541
5	北京/Beijing	中国	71.9531
6	上海/Shanghai	中国	69.7723
7	伦敦/London	英国	69.4381
8	巴黎/Paris	法国	68.9956
9	牛津/Oxford	英国	65.3669
10	南京/Nanjing	中国	65.3379
11	香港/Hong Kong	中国	63.4423
12	慕尼黑/Munich	德国	62.7426
13	武汉/Wuhan	中国	62.3063
14	洛桑/Lausanne	瑞士	61.4033
15	新加坡/Singapore	新加坡	59.3108
16	洛杉矶/Los Angeles	美国	58.5530
17	杭州/Hangzhou	中国	57.9032
18	剑桥/Cambridge	英国	57.5561
19	悉尼/Sydney	澳大利亚	57.4430
20	广州/Guangzhou	中国	56.7835
21	西安/Xian	中国	56.0527
22	苏黎世/Zurich	瑞士	55.6511
23	合肥/Hefei	中国	55.6440
24	普林斯顿/Princeton	美国	55.4916
25	纽黑文/New Haven	美国	55.0897

排名	城市（中文/英文）	国家	基础研究竞争力指数
26	芝加哥/Chicago	美国	55.0076
27	深圳/Shenzhen	中国	54.9108
28	伯克利/Berkeley	美国	54.8464
29	首尔/Seoul	韩国	54.7266
30	柏林/Berlin	德国	54.3398
31	成都/Chengdu	中国	54.2766
32	西雅图/Seattle	美国	53.7430
33	圣路易斯/City of Saint Louis	美国	53.6660
34	墨尔本/Melbourne	澳大利亚	53.5399
35	旧金山/San Francisco	美国	50.9707
36	贝塞斯达/Bethesda	美国	50.8362
37	东京/Tokyo	日本	50.7900
38	天津/Tianjin	中国	50.2848
39	哥本哈根/Copenhagen	丹麦	50.2024
40	阿姆斯特丹/Amsterdam	荷兰	49.2896
41	阿德莱德/Adelaide	澳大利亚	49.0933
42	哥伦布/Columbus	美国	49.0670
43	帕萨迪纳/Pasadena	美国	49.0651
44	休斯敦/Houston	美国	48.8265
45	米兰/Milan	意大利	48.6493
46	伊萨卡/Ithaca	美国	48.3681
47	华盛顿/Washington	美国	48.3362
48	斯德哥尔摩/Stockholm	瑞典	47.9948
49	布里斯班/Brisbane	澳大利亚	47.9100
50	长沙/Changsha	中国	47.6755
51	维也纳/Vienna	奥地利	47.1906
52	匹兹堡/Pittsburgh	美国	46.6671
53	哈尔滨/Harbin	中国	46.2893
54	巴塞罗那/Barcelona	西班牙	46.0084
55	海德堡/Heidelberg	德国	45.8503
56	青岛/Qingdao	中国	45.7206
57	奥斯汀/Austin	美国	45.6152
58	巴尔的摩/Baltimore	美国	45.2002
59	圣迭戈/San Diego	美国	44.9508
60	马德里/Madrid	西班牙	44.1423
61	安娜堡/Ann Arbor	美国	44.0647
62	教堂山/Chapel Hill	美国	43.9400
63	博尔德/Boulder	美国	43.8699
64	厦门/Xiamen	中国	43.8131

排名	城市（中文/英文）	国家	基础研究竞争力指数
65	珀斯/Perth	澳大利亚	43.7155
66	都柏林/Dublin	爱尔兰	43.5471
67	埃文斯顿/Evanston	美国	43.4761
68	鲁汶/Leuven	比利时	43.1068
69	达勒姆/Durham	美国	43.0456
70	重庆/Chongqing	中国	42.7163
71	罗马/Rome	意大利	42.6074
72	福州/Fuzhou	中国	42.1895
73	莫斯科/Moscow	俄罗斯	41.8789
74	昆明/Kunming	中国	41.8484
75	奥胡斯/Aarhus	丹麦	41.7331
76	达拉斯/Dallas	美国	41.3863
77	乌特勒支/Utrecht	荷兰	41.3169
78	苏州/Suzhou	中国	41.2319
79	麦迪逊/Madison	美国	41.1990
80	格罗宁根/Groningen	荷兰	40.8688
81	汉堡/Hamburg	德国	40.8529
82	纳什维尔/Nashville	美国	40.7708
83	长春/Changchun	中国	40.7094
84	圣巴巴拉/Santa Barbara	美国	40.5906
85	雷霍沃特/Rehovot	以色列	40.5074
86	明尼阿波利斯/Minneapolis	美国	40.4539
87	巴塞尔/Basel	瑞士	40.2446
88	莱顿/Leiden	荷兰	40.2308
89	亚特兰大/Atlanta	美国	40.2240
90	京都/Kyoto	日本	40.1388
91	济南/Jinan	中国	39.8008
92	乌普萨拉/Uppsala	瑞典	39.4480
93	沈阳/Shenyang	中国	39.1798
94	厄巴纳-香槟/Urbana-Champaign	美国	38.8881
95	克利夫兰/Cleveland	美国	38.6527
96	郑州/Zhengzhou	中国	38.5231
97	日内瓦/Geneva	瑞士	37.7788
98	太原/Taiyuan	中国	37.7262
99	东兰辛/East Lansing	美国	37.7228
100	德累斯顿/Dresden	德国	37.6918